黄河内蒙古河段河床演变研究

吴保生　王　平　张原锋／著

科学出版社

北京

内 容 简 介

本书以黄河内蒙古冲积河段为研究对象，采用实测资料分析、实体模型试验及数值模拟等方法，在系统分析内蒙古河段水沙变化及泥沙输移特点的基础上，探讨了内蒙古河段冲淤和主槽过流能力对水沙变化的复杂响应关系，建立了内蒙古河段输沙量和平滩流量的计算方法，揭示了高含沙洪水交汇区的水沙运动特征和沙坝形成机理，提出了交汇区河床形态的分区模式及沙坝形成的判别方法。本书研究成果可为促进黄河上游重大水利工程的合理开发利用，减缓内蒙古河段的洪凌灾害等提供科学依据。

本书可供从事河流动力学、河床演变学、河流地貌学及河道整治与规划、防洪减灾、河流生态修复等方面研究和管理的科技人员及高等院校有关专业的师生参考使用。

图书在版编目（CIP）数据

黄河内蒙古河段河床演变研究／吴保生，王平，张原锋著．—北京：科学出版社，2016

ISBN 978-7-03-048712-4

Ⅰ.①黄⋯ Ⅱ.①吴⋯②王⋯③张⋯ Ⅲ.①黄河流域–河道演变–研究–内蒙古 Ⅳ.①TV147

中国版本图书馆 CIP 数据核字（2016）第 129249 号

责任编辑：王　倩／责任校对：张凤琴
责任印制：张　倩／封面设计：无极书装

科 学 出 版 社 出版

北京东黄城根北街 16 号

邮政编码：100717

http://www.sciencep.com

中国科学院印刷厂 印刷

科学出版社发行　各地新华书店经销

*

2016 年 6 月第　一　版　　开本：720×1000 1/16
2016 年 6 月第一次印刷　　印张：18 1/2　插页：2
字数：400 000

定价：128.00 元

（如有印装质量问题，我社负责调换）

前　　言

　　黄河内蒙古河段位于黄河上游的下段，系典型的冲积型河段，其南岸分布有库布齐沙漠和十大孔兑（蒙语，山洪沟）。由于十大孔兑发源于水土流失极为严重的砒砂岩丘陵沟壑区，又流经库布齐沙漠，极易形成高含沙洪水，对黄河干流的泥沙输移和河床演变具有重要的影响。因此，内蒙古河段是沙漠与河流交互影响的典型区域，也是黄河上游水沙变化及河床演变最为复杂的河段。自20世纪60年代开始，随着社会经济的不断发展，黄河上游的沿程灌溉引水不断增加，导致进入内蒙古河段的水量不断减少，特别是龙羊峡水库1986年投入运用以来，水沙过程显著改变，使得内蒙古河段出现了严重淤积，河道主槽萎缩，平滩流量减小，水位不断抬升，给防洪和防凌带来一系列问题，引起了各方面的高度重视。

　　黄河内蒙古河段径流主要来自兰州以上干流，而泥沙主要来自支流祖历河、清水河及十大孔兑，具有水沙异源的特点。黄河上游龙羊峡水库等虽然对水流条件具有较大的调节作用，但对大量区间入汇泥沙缺乏控制，加剧了内蒙古河段水沙搭配关系的不协调，使得区间入汇泥沙的淤积作用更为明显。这种情况与黄河下游河道在三门峡水库和小浪底水库分别于1960年和1999年投入运用后出现的持续冲刷现象形成鲜明对比。因此，研究内蒙古河段在上游修建水库后发生的持续淤积问题，需要注意到内蒙古河段的水沙特性及地理位置与黄河下游河道的差异。

　　来自十大孔兑的高含沙洪水在交汇区形成的沙坝淤堵是黄河内蒙古河段特有的河床演变现象。由于孔兑的高含沙洪水具有陡涨陡落、峰高量大、含沙量高的特点，当支流高含沙洪水与干流交汇后，泥沙往往会在交汇区大量淤积，形成沙坝淤堵，导致干流水位急剧抬升，造成严重的洪水灾害。由于孔兑高含沙洪水具有较强的突发性，历时短，河床冲淤变形剧烈，对高含沙交汇区的现场观测十分困难，关于高含沙交汇区水沙运动和河床形态的实测资料有限，目前还缺乏系统的理论分析和试验研究。此外，由于高含沙水流的含沙量介于一般含沙水流和泥石流之间，高含沙水流交汇区的水沙运动和河床形态与一般含沙水流和泥石流交汇区相比，既有相同之处又有其个性特点，了解不同类型水流交汇区的共性与个性有助于对高含沙水流交汇区沙坝淤堵规律的分析和认识。

　　本书针对黄河内蒙古河段不同时空尺度下的河道冲淤调整和沙坝淤堵等关键科学问题，采用实测资料分析、实体模型试验及数值模拟等方法，在系统分析内蒙古河段水沙变化特点及河道泥沙输移规律的基础上，一是探讨了内蒙古河段冲淤和主槽过流能力对水沙变化的复杂响应关系，建立了内蒙古河段输沙量和平滩流量的计算方法，定量分析了上游水库运用对内蒙古河段冲淤及平滩流量的影响作用。二是分析了支流高含沙洪水运动特性和交汇区沙坝淤堵特征，揭示了高含沙水流交汇区的水沙运动特性与沙坝形成机理，提出了交汇区河床形态的分区模式及沙坝淤堵的判别方法，得到了高含沙水流交汇区相对较优的沙坝冲刷流量。以上成果丰富了河流地貌学和河床演变学的研究内容，可为黄河上游重大水利工程的合理开发利用，减缓内蒙古河段的洪凌灾害等提供科学依据。

　　本书研究中具有显著创新性的成果主要有平滩流量的滞后响应模型、高含沙水流交汇区的异重流运动现象和淤积形态分区模式。基于河床演变自动调整原理和变率模型建立的内蒙古河段平滩流量的滞后响应模型，给出了河流非平衡调整过程的模拟方法，实现了河床演变过程由定性描述向定量计算的发展，能够较好地描述平滩流量随水沙条件变化的调整规律，揭示了河床滞后响应（前期影响）的物理本质，发展了河床演变学的理论和方法。通过实体模型试验发现的高含沙水流交汇区的异重流运动现象，拓展了对高含沙水流交汇区水沙运动规律的认识。提出的高含沙水流交汇区的淤积形态分区模式，包括壅水区淤积体、回流区带状淤积体、输水输沙主槽及回流区下游的淤积沙洲，是对一般含沙水流交汇区、泥石流交汇区演变模式的补充，完善了交汇区的河床演变理论体系。

　　本书相关研究和出版得到了国家重点基础研究发展计划（973 计划）课题"塌岸淤床过程与河道冲淤演变规律"（2011CB403304）、国家科技支撑计划课题"黄河中下游高含沙洪水调控关键技术研究"（2012BAB02B02）和专项课题"黄河内蒙古河段二期防洪工程可行性研究"的资助，在此表示感谢。参加课题研究的主要人员有：吴保生、张原锋、王平、申红彬、许仁义、侯素珍、贾望奇、王彦君、申冠卿、胡恬、郭秀吉、楚卫斌、郭彦、林秀芝、李婷、常温花、王普庆、郑珊、王永强、刘可晶等。

　　限于作者的水平，书中难免出现疏漏之处，敬请读者批评指正。

作　者

2015 年 12 月

目　　录

|第 1 章|　　绪　　　论

1.1　内蒙古河段概况

1.1.1　内蒙古河段基本概况

黄河内蒙古河段位于黄河上游下段，地处黄河流域最北端，在 106°10′E ~ 112°50′E, 37°35′N ~ 41°50′N。干流从宁夏的石嘴山入境，至鄂尔多斯准格尔旗马栅乡出境，全长约 823.0km。如图 1.1 所示，该河段南岸分布有库布齐沙漠和

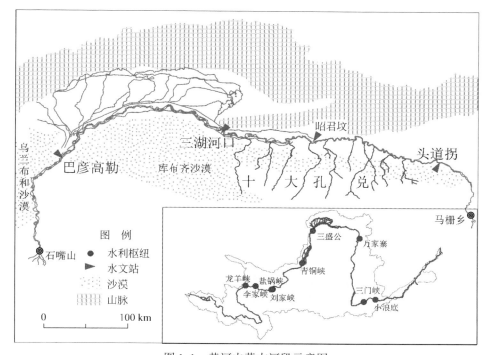

图 1.1　黄河内蒙古河段示意图

十大孔兑（蒙语，山洪沟），包括毛不拉沟、卜尔色太沟、黑赖沟、西柳沟、罕台川、壕庆河、哈什拉川、母花沟、东柳沟和呼斯太河。由于十大孔兑极易形成高含沙洪水，在短时间内携带大量泥沙涌入黄河干流，对干流的泥沙输移和河床演变具有十分重要的影响，使内蒙古河段成为黄河水沙变化及河床演变最为复杂的河段之一。

本书研究的重点是位于内蒙古的巴彦高勒～头道拐河段，沿程有巴彦高勒、三湖河口、昭君坟和头道拐4个水文站。研究河段分为3个具有不同河道特性的河段，各河段主要参数见表1.1。为便于参考，表1.1中还列出了内蒙古其他河段的相关参数。

表1.1　黄河内蒙古河段河道特性表

序号	河段	河型	河长/km	比降/‰	平均河宽/m	主槽宽/m	平均弯曲率
1	石嘴山～旧磴口	峡谷型	86.4	0.56	400	400	1.50
2	三盛公库区	过渡型	54.2	0.15	2000	1000	1.31
3	巴彦高勒～三湖河口	游荡型	221.1	0.17	3500	750	1.28
4	三湖河口～昭君坟	过渡型	126.4	0.12	4000	710	1.45
5	昭君坟～头道拐	弯曲型	184.1	0.10	上段3000 下段2000	600	1.42
6	头道拐～马栅乡	峡谷型	150.8				
合计			823.0				

资料来源：黄河勘测规划设计有限公司，2011

1）巴彦高勒～三湖河口河段。巴彦高勒～三湖河口河段属游荡型河道，河长221.1km。该河段河身顺直，断面宽浅，水流散乱。河道内洲滩密布，主流摆动剧烈。本河段河宽2500～5000m，平均河宽3500m，主槽宽500～900m，平均宽约750m；河道纵比降0.17‰，弯曲系数1.28。

2）三湖河口～昭君坟河段。三湖河口～昭君坟河段属过渡型河道，河长126.4km。该河段黄河横跨乌拉山山前倾斜平原，北岸为乌拉山，南岸为鄂尔多斯台地。由于河道宽阔，河岸黏性土分布不连续，加上南岸有三大孔兑泥沙的汇入，该河段主流摆动幅度仍然较大，其河床演变特性介于游荡型与弯曲型河段之间。本河段河宽2000～7000m，平均河宽约4000m，主槽宽500～900m，平均宽约 710m；河道纵比降 0.12‰，弯曲系数 1.45。

3）昭君坟～头道拐河段。昭君坟～头道拐河段属弯曲型河道，河长 184.1km。该河段黄河自包头折向东南，沿北岸土默川平原南边缘与南岸准格尔台地奔向喇嘛湾。河道平面上呈弯曲状，由连续的弯道组成，南岸有七大孔兑汇入，北岸由数条阴山支流汇入。本河段河宽 1200～5000m，上段较宽，平均宽约 3000m，下段较窄，平均宽约 2000m。主槽宽 400～900m，平均宽约 600m；河道纵比降 0.10‰，弯曲系数 1.42。

1.1.2 内蒙古河段的上下游控制节点

黄河内蒙古河段是典型的冲积型河段之一，头道拐断面是该河段的下游侵蚀基点。如图 1.2 所示，黑山峡至河曲河段所处地区的地质构造以断陷盆地、褶皱山地及鄂尔多斯台地为主，构成其基本的地貌构架，加之黄河长期流水的侵蚀、堆积，形成了一束一放的葫芦状地貌（杨根生等，1991）。内蒙古河道平面形状呈倒 U 形大弯曲，上有石嘴山峡谷控制，下有晋陕峡谷控制，内蒙古盆地则位于上、下游两个峡谷之间。头道拐断面作为内蒙古河段的下游控制断面，位于内蒙古冲积河段与黄河北干流峡谷河段的交界处，所处位置属基岩河道（图 1.3），断面比较稳定，对内蒙古河段起到侵蚀基准面的作用（黄河水利委员会黄河水利科学研究院，2012）。因此，头道拐断面可以视为内蒙古冲积河段的局部侵蚀基准面。

图 1.4 为头道拐附近河段的河道 DEM 图。可以看到，头道拐站至断面 WD68 之间有长约 29.5km 的较宽河段，断面 WD68 之下急剧变窄，进入峡谷河段。图 1.5 为根据 2012 年汛后实测大断面资料得到的内蒙古河段实测河道深泓剖面图。可以看到，内蒙古河道为一下凹形曲线，可以用二次方程来表示。根据比降方程可得，巴彦高勒附近河段的比降为 1.65‰，至三湖河口附近河段减小为 1.25‰，到头道拐附近进一步减小为 0.685‰。由头道拐附近河道的放大图可以看到，位于头道拐水文站以下约 29.5km 处的断面 WD68 之后，河道比降快速变陡，进入晋陕峡谷。图 1.4 的 DEM 图和图 1.5 的河床比降均说明，断面 WD68 可以看作是内蒙古河道进入晋陕峡谷的转折点，是内蒙古河段下游的实际侵蚀基准点。考虑到头道拐站具有较为系统的实测断面和水沙资料，且距断面 WD68 较近，在实际应用中往往视头道拐站为内蒙古河段下游的局部侵蚀基准点。

至于内蒙古河段的上游入口控制站，考虑到石嘴山断面以下峡谷的河床冲淤变化相对较小，且碛口至巴彦高勒之间建有三盛公水利枢纽，干流水沙关系受到水库调节作用和内蒙古灌区引水引沙的影响，一般把巴彦高勒作为分析内蒙古冲积河段河道冲淤变化的入口控制站。

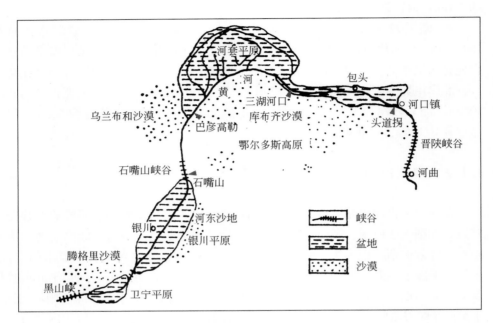

图 1.2　黄河黑山峡至河曲河段自然地貌分布示意图（引自杨根生等，1991）

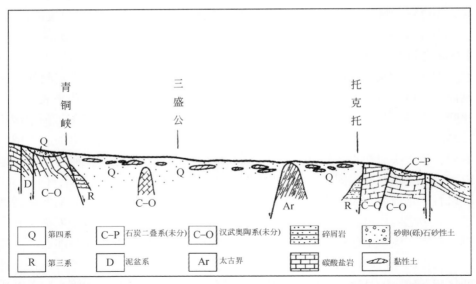

图 1.3　黄河内蒙古河段河谷地质纵剖面略图（根据黄河水利委员会勘测规划设计院，1993）

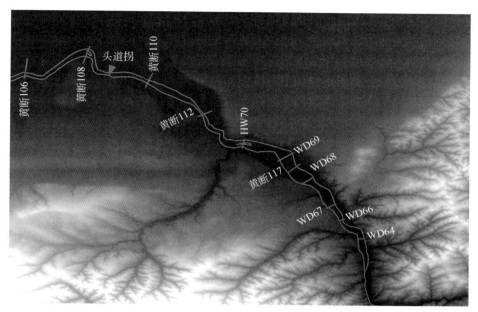

图 1.4 头道拐附近河道 DEM 图

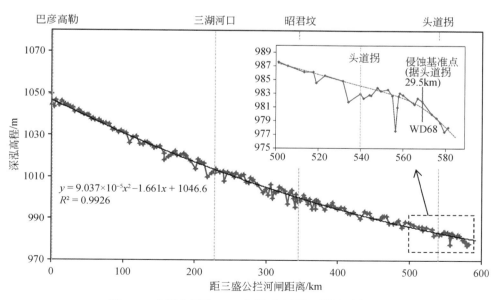

$$y = 9.037 \times 10^{-5} x^2 - 1.661x + 1046.6$$
$$R^2 = 0.9926$$

图 1.5 内蒙古河段 2012 年汛后实测河道深泓剖面图

1.1.3 内蒙古河段地理位置的特殊性

黄河干流上分布着三个不同的冲积性河段,分别为上游的宁蒙河段、中游的龙门至潼关河段(小北干流)和黄河下游河道(Long and Chien,1986;张晓华等,2002;郑艳爽等,2012)。由于所处的地理位置不同,各冲积河段的水沙条件、河道输沙特性及冲淤演变规律具有一定的差异,但总的来说,由于水少沙多,各河段均以淤积抬升为主要特征。

自20世纪80年代以来,由于气候变化和人类活动的影响,特别是一系列干支流水库的修建,改变了进入干流河道的来水来沙条件,主要表现在洪水流量减小,水流含沙量降低。虽然不同水库的调节导致的水沙条件变化具有非常相似的特点,但却给不同河段的冲淤演变带来了迥异的影响。例如,自1999年10月小浪底水库投入运用后,黄河下游河道发生持续冲刷,截至2010年累计冲刷达20.8亿t,同时主槽平滩流量不断增大,防洪能力有所提高。而黄河上游龙羊峡水库自1986年10月投入运用后,位于其下游的宁蒙河段河道却发生了持续性淤积,特别是内蒙古巴彦高勒~头道拐河段的淤积严重,1986~2010年累计淤积达13.2亿t,河道主槽萎缩,平滩流量减小,水位抬升,给防洪和防凌带来一系列问题。

黄河内蒙古河段在上游修建水库后发生的持续淤积现象,与内蒙古河段所处地区的地理位置的特殊性有关(吴保生等,2015a),主要表现在:

1)黄河上游径流的98%来自兰州以上的干流,泥沙主要来自支流和孔兑(占总来沙的比例1952~1968年为50.9%、1986~2005年增大到70.1%),具有水沙异源的特点。

2)龙羊峡水库的投入运用改变了进入内蒙古河段的水沙条件,主要表现在汛期水量减少,洪水流量调平,对汛期输沙产生不利影响。特别是由于水沙异源,水库对大量的区间入汇泥沙缺乏调节和控制,相对于减弱的水流动力条件,突出了区间入汇泥沙的淤积作用。

3)随着社会经济的不断发展,沿程灌溉引水不断增加,进入内蒙古干流河段的水量不断减少。

4)内蒙古河段的比降小、流速低、泥沙粒径粗,导致河道的输沙能力很小(黄河干流水库调水调沙关键技术研究与龙羊峡、刘家峡水库运用方式调整研究课题组,2008),洪水期的冲淤平衡来沙系数只有0.0038kg·s/m⁶,仅为黄河下游河道洪水期冲淤平衡来沙系数 $0.01kg \cdot s/m^6$ 的约1/3(申冠卿和张晓华,2006;张晓华等,2008a),使得内蒙古河段的河道冲淤对水沙变化比较敏感。

5）头道拐断面位于内蒙古冲积河段与晋陕峡谷的交界处附近，是内蒙古河段的下游侵蚀基准面，内蒙古河段的冲淤发展受到了该侵蚀基准面的约束。

由于黄河内蒙古河段所处地理位置的特殊性，关于内蒙古河段输沙特性及河床演变的研究必须注意到这些特点。

1.1.4　十大孔兑交汇区概况

1.1.4.1　交汇区地理地貌特点

内蒙古河段南岸支流十大孔兑为季节性河流，发源于鄂尔多斯台地，经库布齐沙漠，汇入黄河干流，如图 1.6 所示。十大孔兑自西向东依次为毛不拉沟、卜尔色太沟、黑赖沟、西柳沟、罕台川、壕庆河、哈什拉川、母花沟、东柳沟和呼斯太河。各孔兑河长在 65～110km，河道平均比降在 2.67‰～5.25‰，总流域面积约 1.1 万 km²。孔兑流域地势南高北低，上游为砒砂岩丘陵沟壑区，地表支离破碎，沟壑纵横，植被稀疏，水土流失严重。该区地表覆盖风沙残积土，颗粒较粗，大于 0.05mm 以上粗泥沙占 60% 左右（支俊峰和时明立，2002）。中部为库布齐沙漠，横贯东西，孔兑穿越沙漠而过，季风期大量风沙堆积在河道中，成为洪水的重要沙源。孔兑下游为冲积扇区，地势相对平坦。

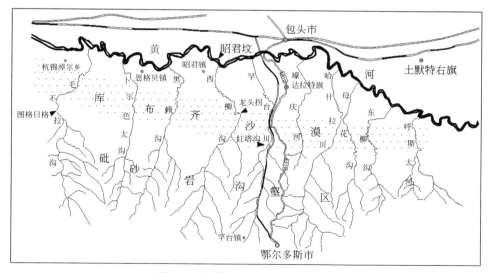

图 1.6　内蒙古十大孔兑流域简图

鄂尔多斯台地丘陵沟壑区面积为 4760.50km²，植被稀少，地形破碎，沟壑纵横，侵蚀模数达 6500～8800t/（km²·a）。沙漠风沙区面积为 4042.60km²，多为流动半流动沙丘，既是沙尘风暴中心，也是暴雨中心。暴雨期间，这些支流极易形成高含沙洪水，在短时间内携带大量泥沙涌入黄河干流，形成典型的高含沙洪水交汇区，并在交汇区产生严重淤积，甚至形成沙坝淤堵干流，引起水患。

十大孔兑 1953~2010 年的年均来沙量为 0.256 亿 t，为三湖河口~头道拐段总来沙量的 25%（吴保生，2014）。孔兑中以西柳沟洪水阻塞黄河次数最多，危害最甚。自 1960 年以来有明确记载的孔兑洪水淤堵黄河事件共有 8 次。例如，1989 年 7 月 21 日孔兑暴发洪水，西柳沟最大洪峰流量为 6940m³/s，最大含沙量达 1380kg/m³，黄河干流流量为 1230m³/s，洪水携带大量泥沙进入干流后，在西柳沟与干流交汇区形成了"高 2~4m、长达 600~1000m、上下游宽 7km"的沙坝（支俊峰和时明立，2002）。孔兑高含沙洪水淤堵干流过程中往往造成上游水位长时间壅高，增大了洪水风险，严重情况下则会造成大堤决口。例如，2003 年 7 月 29 日毛不拉沟洪水在干流形成沙坝后水位壅高，造成大堤溃决，淹没杭锦淖尔乡堤外耕地数万亩。在西柳沟入黄口上游附近的干流河道中有包头钢铁（集团）有限责任公司的取水口，西柳沟洪水形成的沙坝多次长时间堵塞该取水口，导致该公司因无法取水而停产，造成巨大经济损失。例如，1998 年 7 月 5 日和 12 日，西柳沟接连发生两场洪水，洪峰流量分别为 1600m³/s 和 1800m³/s，含沙量分别达 1150kg/m³ 和 1350kg/m³。洪水在干流"形成一座长 10km、宽 1.5km、厚 6.27m、淤积量近 1 亿 m³ 的巨型沙坝，将黄河拦腰截断，黄河主槽淤满，包头钢铁（集团）有限责任公司的 3 个取水口深埋河下 0.3m。该公司再次停产，影响产值 1 亿元，同时山洪淹没农田 800hm²"（赵昕等，2001）。

十大孔兑中的西柳沟最具代表性，高含沙洪水较多，洪峰流量大、水沙量多，多次淤堵黄河，危害较大。西柳沟河长 106.5km，河道形态呈上陡下缓（图 1.7）、上窄下宽的态势。距河口约 43km 以上为砒砂岩沟壑区，河道比降超过

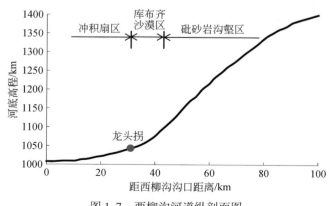

图 1.7　西柳沟河道纵剖面图

5‰；龙头拐（距河口约 31km）至距河口 43km 处，为库布齐沙漠，风沙堆积区，河道比降约为 2‰，相应河道断面窄深；龙头拐以下逐步进入冲积扇区，地势逐渐平坦，比降逐步降低至 1‰左右，相应河道断面也逐渐变宽。

1.1.4.2　交汇区研究现状

流域系统中，两条水流相遇，相互顶托、掺混，形成了水流交汇区。水流交汇区是河流系统的节点和基本特征，水流动力复杂，河床地形独特，对其下游的水流、泥沙及污染物的运动及河床演变具有重要的调节作用（Biron and Lane，2008）。交汇区的特性取决于交汇水流的水沙特性及交汇区的河床边界条件。当交汇水流为清水时，交汇区水位上升、水深增加；当交汇水流为含沙水流时，交汇区还将发生明显的冲淤变化。冲积河流系统中存在大量的含沙水流交汇区，根据入汇支流的泥沙输移特性，可分为低含沙水流交汇区、高含沙水流交汇区及泥石流交汇区。高含沙水流和泥石流交汇区，往往发生大量泥沙淤积，造成河道水位的突然上升，形成洪水灾害。交汇区的水流结构复杂，河床演变剧烈，地貌过程复杂，对交汇区及其下游河床演变及稳定产生重要影响，是河流地貌及河床演变学研究面临的难点问题之一。

低含沙水流交汇区，特别是以推移质运动为主的交汇区，已有大量关于水流结构、河床形态及泥沙输移等方面的研究。Best（1987）系统总结了交汇区水流结构的特点，并在已有研究基础上提出了水流结构模型（图 1.8）。模型基本上描述了交汇区的水流运动特点，将交汇区分为邻近下游交汇角的分离区（flow separation zone）、紧邻上游交汇角的停滞区（stagnation zone）、水流偏转区（flow deflection zone）、最大流速区（maximum velocity）、干支流交汇形成的剪切层（shear layer）以及交汇后的水流恢复区（flow recovery）等，影响这些水流结构区的主要因子为汇流比（支流流量与干流之比）及交汇角。Weber 等（2001）和王协康等（2006）研究了各水力结构区的三维流场和紊动特性，并在分离区观测到了回流、分离区下游观测到了次生环流。由于分离区的回流特性，因此该区也被叫作回流区。Best 和 Reid（1984）针对分离区水流结构的特性，提出了分离区的宽度和长度随着交汇角及支流流量的增加而增大的认识。Shakibainia 等（2010）利用三维数学模型计算发现，随着交汇角、弗劳德数的增加及汇流比、河宽比的减少，分离区尺度增大、高流速区速度增加，螺旋流结构更明显。Sukhodolov 和 Rhoads（2001）对三条野外河流的观测表明，交汇区上游端的剪切层，其紊动能是周围水体的 2～3 倍。近年来，Liu 等（2012）的实验研究，证实了上述汇流比对分离区发展的影响，并提出当支流为清水时，最大冲刷坑位于剪切层下游。除上述研究外，还有大量关于交汇区水深变化、干支流河床高差对水流结构等方面的研究（Biron et al.，1996；Ribeiro et al.，2012）。

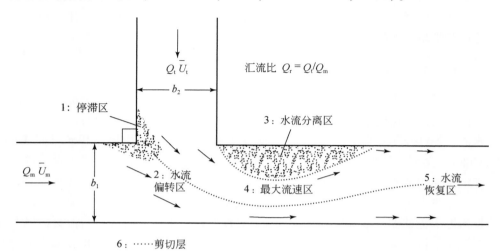

$Q_t \bar{U}_t$

汇流比 $Q_r = Q_t/Q_m$

b_2

1：停滞区

3：水流分离区

$Q_m \bar{U}_m$

b_1

2：水流偏转区

4：最大流速区

5：水流恢复区

6：……剪切层

图 1.8　交汇区水流结构模型

　　水流结构分区往往反映了交汇区的河床形态特征（Best，1987，1988；Szupiany et al.，2009）。Best（1988）、Best 和 Rhoads（2008）提出了交汇区河床形态及泥沙输移的概念模型，即交汇区河床形态包括干支流交汇口坡面（avalanche face）、冲刷坑（scour hole）及分离区沙洲（separation zone bar）、停滞区淤积及河槽中的沙洲，如图 1.9 所示。固定河宽条件下，河床形态的控制因素主要为交汇角和汇流比（Best，1988；Best and Rhoads，2008），冲刷坑方向沿汇流角对角线，冲刷坑深度随交汇角的增大而增加，随泥沙量的增加而减少，随汇流比的增大而增加，且沿冲刷坑两侧泥沙输移率最大（Mosley，1976）。紧贴河岸的分离区沙洲的大小与分离区密切相关，随交汇角和汇流比的增加而增加，

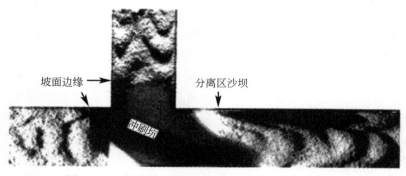

坡面边缘　　　　　　　　　分离区沙坝

冲刷坑

图 1.9　一般含沙水流交汇区床面形态（Best，1988）

且其泥沙粒径较周围的淤积物细（Best，1988）。Kenworthy 和 Rhoads（1995）建立了交汇区悬移质含沙量沿断面的分布与上游含沙量和动量比之间的函数关系。Roy 和 Bergeron（1990）研究了不同水位条件下，交汇区泥沙输移的路径。Ghobadian 和 Bajestan（2007）提出了包括汇流比、密度弗劳德数等因子的冲刷坑尺寸计算公式。这些研究均反映出交汇区河床形态及泥沙输移与干支流的水文泥沙特性关系密切（Biron et al.，1993；Rhoads et al.，2009；Boyer et al.，2010）。

　　泥石流交汇区是一种特殊的含沙水流交汇区，具有明显的淤积特征。泥石流密度大、流速高、动量大，往往产生于比降陡、土石疏松的山区，沿程冲刷，但入汇干流后，产生大量淤积，淤堵河道，且逐渐形成扇形堆积（Hooke，1967；Bigelow et al.，2007）。Tsai（2006）的实验表明，泥石流淤积扇具有相似性，其平面形状可近似为圆形，纵、横剖面可用 Gaussian 曲线描述，如图 1.10 所示。陈德明等（2002）的实验研究，证实了泥石流在交汇区的扇形淤积，并利用支、干流的动量比提出了如下堵河条件：

$$\frac{\gamma_s Q_1 V_1}{\gamma Q V} \geqslant C_r \qquad (1.1)$$

式中，Q_1 和 Q 分别为支流、干流流量；V_1 和 V 分别为支流、干流的水流流速；γ 和 γ_s 分别为清水、泥沙容重。

图 1.10　泥石流交汇区床面形态（Tsai，2006）

　　陈春光等（2004）提出了泥石流潜入交汇和分层交汇模式，并在上述堵河条件的基础上，考虑了泥石流总量对堵河的影响，建立了相应的堵河判别式（陈春光等，2013）。党超等（2009）提出的堵河判别式中，还引进了泥石流抗剪强度及主河坡度。郭志学等（2004）试验研究了交汇角、汇流比等对交汇区泥石流淤积量及淤积深度的影响，提出淤积量基本上随汇流比的增大而增大。

　　高含沙水流的密度、含沙量介于清水和泥石流之间，高含沙水流交汇区不同于泥石流交汇区及一般含沙水流交汇区。位于黄河上游内蒙古河段南岸的十大孔兑与干流交汇后，形成了典型的高含沙水流交汇区。支俊峰和时明立（2002）以

1989 年黄河上游支流西柳沟高含沙洪水形成的沙坝事件为对象，分析了支流高含沙洪水、交汇区形成的沙坝等基本特征，并总结出了沙坝形成的支流水沙条件及相应的干流水位条件。总的来讲，由于高含沙洪水具有突发性，历时短，河床冲淤剧烈，很难对交汇区的泥沙运动过程、河床形态等进行野外观测。因此，目前对高含沙洪水交汇区的研究相对较少。

1.2　内蒙古河段存在的主要问题

天然情况下，内蒙古河段总体表现为微淤。1960 年以来，随着上游青铜峡、刘家峡和龙羊峡等水利枢纽工程的陆续投入运用，受天然水沙丰枯变化、农业灌溉引水及水库调蓄的综合影响，内蒙古河段水沙关系逐步恶化，导致内蒙古河道暴露出来的问题日趋严重，主要表现在如下几个方面（胡建华等，2008；黄河水利委员会，2008；吴保生等，2010；陈建国和王嵩浩，2011）：

1）内蒙古河段水沙条件发生较大变化，水沙关系恶化。由于上游引黄水量增加，内蒙古河道来水量大幅减少。同时，龙羊峡水库和刘家峡水库的联合运用，使得非汛期水量所占比例增加，汛期洪峰流量大幅减少，流量过程调平，加剧了内蒙古河段水沙关系的不协调。

2）内蒙古河段淤积严重，平滩流量减小。来水量减少及汛期大流量历时的缩短，导致内蒙古河段的泥沙淤积严重，据输沙率法计算，内蒙古河段 1986 年 11 月 ~2010 年 10 月年平均淤积量达 0.748 亿 t。大量泥沙淤积在主河道内，导致主槽过流能力大幅降低，平滩流量急剧减小，如三湖河口站的平滩流量由 1986 年的 4100m³/s，减小到 2004 年的 1100m³/s 左右。

3）内蒙古河段防洪、防凌问题突出。内蒙古河段的游荡型河段较长，河道摆动剧烈，汛期洪水灾害频繁；近期河床的淤积抬升及主槽过流能力的降低，加剧了河道的防洪防凌风险。1949 年以来，出现过两次大洪水，1964 年 7 月 29日，青铜峡站洪峰流量达 5930m³/s；1981 年 9 月 17 日青铜峡站洪峰流量达 6040m³/s，相应巴彦高勒站、三湖河口站的洪峰流量分别达 5380m³/s 和 5450m³/s。两次洪水均给国家和当地人民群众造成了严重损失。

除汛期洪水外，内蒙古河段的冰凌洪水灾害也十分严重，每年均有较为严重的凌汛发生。凌汛主要表现为冰塞、冰坝壅水，往往造成堤防决溢，凌汛影响的程度大、范围广，给沿岸人民群众的生命财产造成了巨大损失。据统计，1950 ~ 1968 年（刘家峡水库运用前）的 19 年间，开河结坝达 236 处，平均每年 13 处；1968 ~ 2005 年的 38 年中，尽管水库控制运用，但开河结坝仍有 137 处，平均每年 4 处。

4）十大孔兑泥沙淤堵黄河现象时有发生。十大孔兑属季节性河流，遇暴雨时常形成历时较短的高含沙洪水，洪峰平均含沙量为 911kg/m³，最大可达 1550kg/m³（1973 年 7 月 17 日）。孔兑高含沙洪水与干流交汇后，当支流的流量或汇流比较大时，支流高含沙洪水往往逼迫干流向对岸涌去，形成的混合层贯穿整个河宽，迅速壅高干流水位，降低干流流速，甚至发生流量骤减的情况。交汇区水位壅高后，一方面交汇区上游干流的流速减小，水流输沙能力降低，来流泥沙落淤；另一方面，支流挟带的大量泥沙同时向交汇区的上下游扩散，逐渐落淤形成沙坝。随着支流大量泥沙的涌入，沙坝规模不断增大，直至淤堵黄河干流，造成严重的洪水灾害。

1.3 研究内容和安排

1.3.1 研究内容

本书主要针对黄河内蒙古河段不同时空尺度下的河道冲淤调整和沙坝淤堵等关键科学问题，通过实测资料分析、实体模型试验及数值模拟等研究方法，阐明河床调整对水沙变化的复杂响应关系，揭示高含沙支流入黄沙坝的形成机理与条件，为黄河上游重大水利工程的合理开发利用，减缓黄河内蒙古河段洪凌灾害提供科学支撑。

具体研究内容包括：①分析河道冲淤调整的主要影响因子及河道冲淤和主槽过流能力对水沙变化的复杂响应关系，建立内蒙古河段输沙量和平滩流量的计算方法，阐明上游水库运用对内蒙古河段冲淤量及平滩流量的影响作用。②分析支流高含沙洪水运动特性和交汇区沙坝淤堵特征，揭示高含沙水流交汇区的水沙运动特性与沙坝形成机理，识别交汇区沙坝演变的关键驱动因子并建立沙坝淤堵的判别方法。

1.3.2 本书安排

全书共分 8 章。第 1 章为绪论，概要介绍内蒙古河段概况和存在的主要问题，本书的主要研究内容和安排；第 2 章为内蒙古河段来水来沙变化特点，包括内蒙古河段水文测站及资料情况，干流主要水文站水沙变化特点，区间支流入汇水沙与沿程入黄风沙特点，区间入汇水沙对干流水沙的影响，内蒙古河段流量频率变化及成因，内蒙古河段有效输沙流量变化分析；第 3 章为内蒙古河段泥沙输移规律，包括汛期输沙率与流量关系，汛期输沙量与径流量关系，非汛期输沙量与径流量关系，不同河段输沙量计算方法；第 4 章为内蒙古河段冲淤调整规律，包括内蒙古河段的冲淤概况，内蒙古河段冲淤的主要影响因素，不同河段冲淤计算方法，黄河上游水库运行对内蒙古河段冲淤量的影响，累计淤积量与同流量水位及比降的关系；第 5 章为主槽过流能力与水沙条件响应关系，包括内蒙古河段不同时期断面形态调整变化，内蒙古河段不同时期主槽过流能力变化，内蒙古河段平滩流量对水沙条件的滞后响应，内蒙古河段平滩流量滞后响应模型，内蒙古河段年内水沙分配对平滩流量的影响；第 6 章为交汇区河床演变过程的模型试验，包括交汇区模型设计与验证，交汇区水沙运动与河床形态，沙坝冲刷过程；第 7 章为交汇区河床演变过程的数值模拟，包括模型介绍，地形处理，流速验证，沙坝形成机理模拟，交汇区流场和含沙量分析，典型洪水交汇区演变过程的模拟分析；第 8 章为交汇区沙坝淤堵条件及防治措施，包括支流淤堵干流的影响因素，沙坝淤堵判别方法，沙坝淤堵条件，沙坝防治措施。

第2章 内蒙古河段来水来沙变化特点

2.1 内蒙古河段水文测站及资料情况

2.1.1 干流沿程主要水文站简介

黄河内蒙古河段沿程主要分布有石嘴山、磴口、巴彦高勒、三湖河口、昭君坟和头道拐6个水文站。其中，磴口至巴彦高勒之间建有三盛公水利枢纽，水沙关系受到水库调节的影响，因此，选择巴彦高勒站作为内蒙古冲积型河段的进口控制水文站。另外，磴口与昭君坟水文站分别于1990年和1995年停测。本次主要研究范围选择为内蒙古河段巴彦高勒~头道拐区间，干流水文站主要为巴彦高勒、三湖河口、头道拐3个水文站。干流水文站布置及区间水沙入汇情况如图2.1所示（黄河勘测规划设计有限公司，2011）。各水文站观测的主要项目包括：水位、流量、泥沙、水温和冰情等。

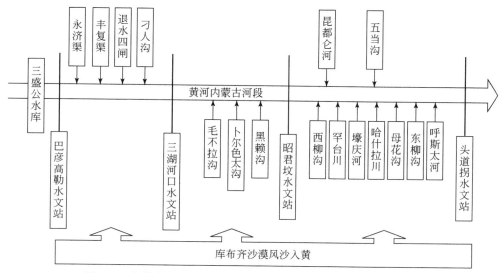

图 2.1 内蒙古冲积河段干流水文站布置及区间水沙入汇示意图

2.1.2 区间入汇水沙简介

内蒙古河段的支流、引水渠、排水沟众多，不同河段的水沙入汇情况存在一定的差异。其中，巴彦高勒~三湖河口段位于河套灌区南缘，灌区内永济渠、丰复渠、总干渠二闸、三闸、四闸、六闸和退水渠等从北岸汇入河道，另外还有刁人沟等山洪沟也从北岸汇入河道。三湖河口~头道拐段北岸有昆都仑河和五当沟两条支流入汇，南岸有毛不拉沟、卜尔色太沟、黑赖沟、西柳沟、罕台川、壕庆河、哈什拉川、母花沟、东柳沟和呼斯太河十大孔兑入汇。另外，内蒙古河段南岸紧临库布齐沙漠，沙漠横贯东西，且多为半固定沙丘，季风一到，沙漠内黄沙滚滚，造成大量风沙入黄。

2.1.3 水沙及断面资料情况

1）干流水文站资料。黄河内蒙古河段巴彦高勒、三湖河口、头道拐3个干流水文站的水沙资料比较齐全，资料年限均截至2010年。

2）支流入汇水沙资料。黄河内蒙古河段部分支流入汇水沙资料比较齐全，有些中间部分年份缺测。其中，巴彦高勒~三湖河口河段主要包括北岸的永济渠、丰复渠、退水四闸、总排干沟等入汇水沙资料，资料年限截至2010年；三湖河口~头道拐河段主要包括北岸的昆都仑河、五当沟及南岸的毛不拉沟、西柳沟和罕台川等孔兑入汇水沙资料，资料年限截至2010年。

3）沿程风沙入黄资料。黄河内蒙古河段沿程风沙入黄资料主要根据中国科学院黄土高原综合考察队于1991年3月完成的《黄土高原地区北部风沙区土地沙漠化综合治理》报告成果，通过推算得到内蒙古河段不同区间多年平均入黄风沙量。另外，根据中国科学院寒区旱区环境与工程研究所于2009年2月完成的《黄河宁蒙河道泥沙来源与淤积变化过程研究》报告，对内蒙古河段的入黄风沙量进行了修正。

4）河道大断面资料。黄河内蒙古巴彦高勒至蒲滩拐河段实测大断面共7次，分别为1962年、1982年、1991年、2000年、2004年、2008年和2012年。该河段布设断面113个，平均间距4.6km。由于各次测量的断面个数不一致，给资料分析带来一定的误差。

5）资料的插补延长。黄河内蒙古河段部分支流、排水沟水沙资料缺乏或不全。对于有水无沙资料情况的处理，根据其与上下游测站含沙量的关系或利用本站已有资料建立的水沙关系进行推求；对于无水沙资料情况的处理，采用已有资料的平均值代替或根据其他方法（如根据输沙模数推算支流来沙量）推算得到。

2.2 干流主要水文站水沙变化特点

黄河内蒙古河段干流水沙条件的变化集中体现在以下几方面（吴保生等，2010）：一是受降水丰枯变化的影响，来水来沙的年际变化很大；二是受气候变化和沿程引水增加的影响，来水来沙量呈不断减少的趋势；三是受上游水库调蓄作用导致汛期来水量减小，非汛期水量增加，水量年内分配趋向均匀化；四是洪峰流量大幅度减小，洪水场次减少；五是汛期大流量历时缩短，小流量历时大幅度增加。

2.2.1 来水来沙的年际变化大

黄河内蒙古河段的来水来沙量存在丰枯相间的年际变化。图 2.2 和图 2.3 为巴彦高勒站非汛期（11～次年 6 月）、汛期（7～10 月）及全年（运用年，即非汛期+汛期）径流量和输沙量的历年变化过程。

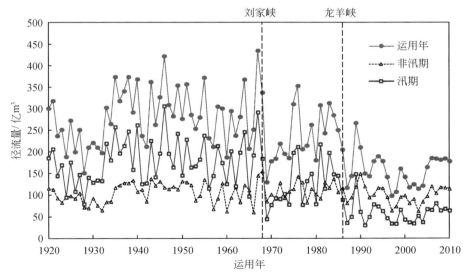

图 2.2　巴彦高勒站运用年、非汛期、汛期径流量变化过程

表 2.1 为巴彦高勒站年水沙量特征值统计。1920～2010 年多年平均径流量为 240.7 亿 m³，年际间丰枯不均。1967 年年径流量最大，达 436.2 亿 m³，1997年最小仅有 97.8 亿 m³，二者相差 3.5 倍。多年平均输沙量为 1.293 亿 t，各年之

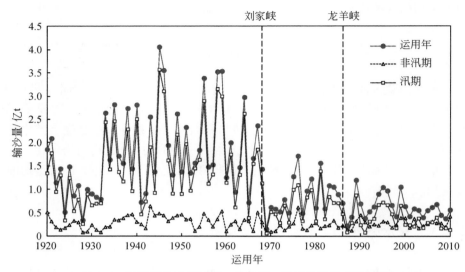

图 2.3　巴彦高勒站运用年、非汛期、汛期输沙量变化过程

间差别很大，其中 1945 年输沙量为历年最大值，达 4.054 亿 t，1969 年输沙量最小，仅 0.152 亿 t，二者相差 25.7 倍。年输沙量的变化幅度远远大于年径流量的变化幅度。多年平均含沙量为 4.99kg/m³，1945 年最高为 12.38kg/m³，1969 年最低为 1.17kg/m³，最高和最低含沙量相差 9.6 倍。

表 2.1　巴彦高勒站年水沙量特征值统计

时段	项目	平均值	最大值（出现年份）	最小值（出现年份）	最大最小之比
运用年	径流量/亿 m³	240.7	436.2（1967）	97.8（1997）	4.5
	输沙量/亿 t	1.293	4.054（1945）	0.152（1969）	26.7
	含沙量/（kg/m³）	4.99	12.38（1945）	1.17（1969）	10.5
非汛期	径流量/亿 m³	105.0	154.2（1968）	60.1（1966）	2.6
	输沙量/亿 t	0.282	0.648（1943）	0.080（1928）	8.1
	含沙量/（kg/m³）	2.61	4.71（1943）	0.97（1970）	4.9
汛期	径流量/亿 m³	135.7	306.3（1946）	30.2（1991）	10.1
	输沙量/亿 t	1.011	3.567（1945）	0.061（1969）	58.5
	含沙量/（kg/m³）	6.81	18.19（1945）	1.37（1969）	13.3

资料来源：吴保生等，2010，依据 1920～2010 年资料

汛期水沙量变幅大，1920～2010 年汛期多年平均径流量为 135.7 亿 m³，变化在 30.2 亿～306.3 亿 m³，最大和最小值相差 9.1 倍；汛期多年平均输沙量 1.011 亿 t，在 0.061 亿～3.567 亿 t 变化，最大和最小值相差 57.5 倍；汛期多年

平均含沙量 6.81kg/m³, 在 1.37 ~ 18.19kg/m³ 变化, 最大和最小值相差高达 12.3 倍。非汛期水沙量变幅小, 多年平均径流量 105.0 亿 m³, 在 60.1 亿 ~ 154.2 亿 m³ 变化, 最大和最小值相差 1.6 倍; 多年平均输沙量为 0.282 亿 t, 在 0.080 亿 ~ 0.648 亿 t 变化, 最大和最小值相差 7.1 倍; 平均含沙量 2.61kg/m³, 在 0.97 ~ 4.71kg/m³ 变化, 最大和最小值相差 3.9 倍。

2.2.2 来水来沙量呈减小趋势

表 2.2 为 1950 ~ 2010 年内蒙古河段巴彦高勒站不同时段的来水、来沙量统计结果 (非汛期为 11 ~ 6 月, 汛期为 7 ~ 10 月, 运用年为非汛期+汛期)。根据黄河上游刘家峡、龙羊峡水库投入运用时间划分为 3 个时段: 1950 ~ 1968 年、1969 ~ 1986 年和 1987 ~ 2010 年。表中给出了相应 1950 ~ 1968 年、1969 ~ 1986 年及 1987 ~ 2010 年的平均来水来沙情况, 此外, 表中还给出了汛期径流量与输沙量占年径流量与输沙量的百分比。

表 2.2 巴彦高勒站不同时期水沙特征统计表

时段	径流量				输沙量			
	非汛期 /亿 m³	汛期 /亿 m³	全年 /亿 m³	汛期占全年 百分比/%	非汛期 /亿 t	汛期 /亿 t	全年 /亿 t	汛期占全年 百分比/%
1950 ~ 1968 年	108.2	180.3	288.5	62.5	0.31	1.62	1.93	83.9
1969 ~ 1986 年	110.2	124.5	234.8	53.0	0.22	0.63	0.85	74.1
1987 ~ 2010 年	100.0	57.5	157.4	36.5	0.28	0.35	0.62	56.5
1950 ~ 2010 年	105.6	115.5	221.1	52.3	0.27	0.83	1.10	75.5

图 2.2、图 2.3 及表 2.2 反映了年径流量和年输沙量随时间呈现不断减少的趋势, 同时也反映出了它们与水库修建和运行情况的响应关系。从表 2.2 可以看到, 1950 ~ 1968 年的年均径流量为 288.5 亿 m³, 年均输沙量为 1.93 亿 t; 1969 ~ 1986 年的年均径流量为 234.8 亿 m³, 年均输沙量为 0.85 亿 t, 较前一时段分别减少 18.6% 和 55.9%; 1987 ~ 2010 年的年均径流量为 157.4 亿 m³, 年均输沙量为 0.62 亿 t, 较 1950 ~ 1968 年分别减少 45.4% 和 67.6%, 为典型的枯水少沙系列。径流量和输沙量的减少主要发生在汛期, 1950 ~ 1968 年的汛期平均径流量为 180.3 亿 m³, 平均输沙量为 1.62 亿 t; 1969 ~ 1986 年的汛期平均径流量为 124.5 亿 m³, 平均输沙量为 0.63 亿 t, 较前一时段分别减少 30.9%、61.1%; 1987 ~ 2010 年的汛期平均径流量仅 57.5 亿 m³, 平均输沙量为 0.35 亿 t, 较 1950 ~ 1968 年分别减少 68.18% 和 78.4%。非汛期径流和输沙量较为稳定, 没有明显的

趋势性变化。

图 2.4 和图 2.5 分别给出了巴彦高勒站 1950～2010 年的累计径流量和累计输沙量的变化曲线,可以从总体上观测来水来沙量随时间的趋势性变化。不难看出,以刘家峡水库和龙羊峡水库投入运用时间为界,可以分为三个不同的时段,每个时段的累计径流量和输沙量均随时间近似直线变化,但三个时段的斜率依次减小(注意斜率与时段均值略有不同),显示了来水来沙量的减小趋势,且以刘家峡水库 1968 年、龙羊峡水库 1986 年投入运用为节点,具有一定的阶段性。对于累计径流量而言,1950～1968 年的斜率为 278.99 亿 m³/a,1969～1986 年的斜率减小为 247.77 亿 m³/a,1987～2010 年的斜率进一步减小为 150.38 亿 m³/a。对于累计输沙量而言,1950～1968 年的斜率为 2.01 亿 t/a,1969～1986 年的斜率减小为 0.943 亿 t/a,1987～2010 年的斜率进一步减小为 0.658 亿 t/a。

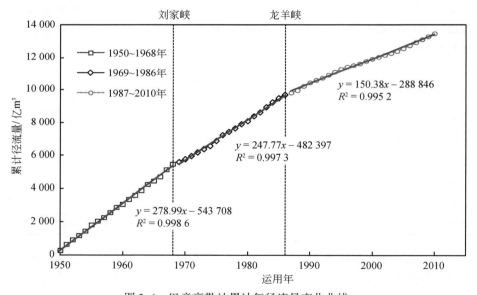

图 2.4 巴彦高勒站累计年径流量变化曲线

总的来看,随着时间的发展,巴彦高勒站全年和汛期的径流量与输沙量均总体上呈现出减少的趋势,且随刘家峡水库 1968 年、龙羊峡水库 1986 年投入运用,水量、沙量的减少具有一定的阶段性特点;水量、沙量的减少主要发生在汛期,非汛期水、沙量没有明显的趋势性变化,此外,沙量的减少幅度大于水量。

双累计曲线(double mass curve,DMC)是检验两个参数间关系一致性及其变化的常用方法。图 2.6 给出了巴彦高勒站水沙量的双累计曲线,同样可以按刘家峡水库和龙羊峡水库投入运用时间为节点分为三个时段,每个时段的累计输沙

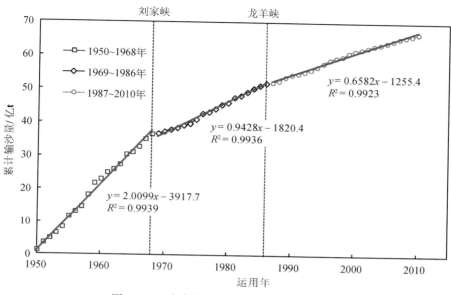

图 2.5　巴彦高勒站累计年输沙量变化曲线

量与累计径流量之间均具有较好的相关关系，相关系数 R^2 均达 0.99。

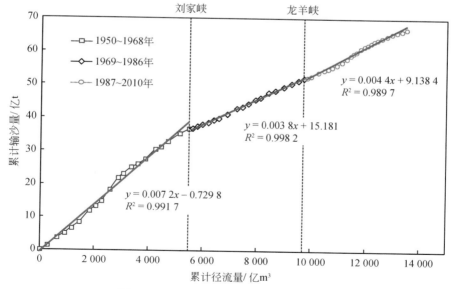

图 2.6　巴彦高勒站年水沙量双累计曲线

由图 2.6 可以看到，刘家峡水库投入运用的 1968 年是双累计曲线发生显著转折的拐点，曲线斜率由 1968 年前的 7.2kg/m³，降低为 1968 后的 3.8kg/m³，表明 1968 年后来水的含沙量显著减少；1986 年龙羊峡水库投入运用后的来水含沙量较前一时段略有增加，但增加幅度不大，基本维持了 1968 年以来的趋势。

前面的累计径流量曲线（图 2.4）和累计输沙量曲线（图 2.5）显示，1987～2010 年的累计径流量和累计输沙率均较 1969～1986 年时段有进一步的减缓趋势。与图 2.4 和图 2.5 显示的 1987～2010 年累计径流量和累计输沙量减少趋势不同，图 2.6 显示的 1987～2010 年水沙量双累计曲线却表现出与前一时段基本相同或略有增加的趋势，不存在明显的转折，说明总体上水量和沙量各自减少的比例与前一时段接近，也就是来水的含沙量大小接近。

图 2.7 给出了巴彦高勒站年平均含沙量的历年变化过程。总体上看，1920～2010 年的多年平均含沙量为 4.99kg/m³，但不同年份的含沙量变幅较大，最大值 12.38kg/m³（1945 年）是最小值 1.17kg/m³（1969 年）的 10.6 倍。1950～1968 年的含沙量总体偏大，多数年份大于均值；1969～1986 年的含沙量总体偏小，多数年份小于均值；1987～2010 年较前一时段有增大。

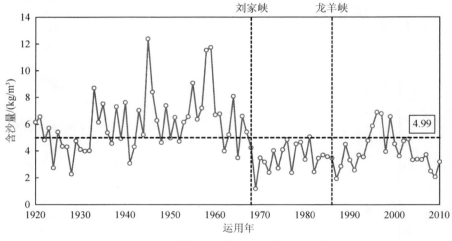

图 2.7　巴彦高勒站年平均含沙量的历年变化过程

来沙系数（定义为 $\xi = S/Q$，S 为悬沙含沙量，Q 为流量）是代表来水来沙条件协调性的重要参数（吴保生和申冠卿，2008），来沙系数的大小和变化情况决定了泥沙输移及河道冲淤量的变化特性。图 2.8 为巴彦高勒站年平均来沙系数的历年变化过程。可以看到，年均来沙系数（运用年的年均含沙量除以年均流量）的多年平均值为 0.0068kg·s/m⁶。1968 年以前，来沙系数有一定变化，但多数年份变化不大；1969~1986年来沙系数均偏小；1986年以后，来沙系数大幅增加，最大值达到0.0219 kg·s/m^6（1997年），是多年均值的3.2倍，来沙系数的持续偏大说明这一时段的水沙关系恶化，是造成该时段河道淤积严重的重要原因。

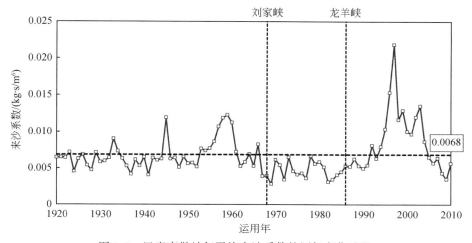

图 2.8　巴彦高勒站年平均来沙系数的历年变化过程

2.2.3　汛期水沙量减小、水沙量年内分配趋于均匀化

由于黄河上游降雨分布和泥沙来源地区不同，天然情况下的水、沙量在年内分布极不均匀，每年的水、沙量主要集中在汛期7~10月。但受上游水库调度运用的影响，水、沙量在年内的分配也发生了较大变化。表现在汛期的来水来沙量占全年来水来沙量的比例在不断减小，而非汛期的来水来沙量占全年来水来沙量的比例在增加。从绝对量上看，水量和沙量的减少主要集中在汛期，而非汛期的水、沙量变化不大。

从表2.2看，1950~1968年巴彦高勒站平均年径流量为288.5亿m³，汛期为180.3亿m³，占全年的62.5%；1969~1986年的平均年径流量为234.8亿m³，汛期为124.5亿m³，均小于1950~1968年平均值，汛期径流量占全年的比例由建库前的62.5%减少为53.0%；1987~2010年的年均径流量仅157.4亿m³，汛期为57.5亿m³，远小于前两个时段，汛期径流量占全年的比例只有36.5%。

1950~1968年巴彦高勒站年均输沙量为1.93亿t，汛期为1.62亿t，占全年的83.9%；1969~1986年的年均输沙量为0.85亿t，汛期为0.63亿t，均小于1968年以前的相应值，汛期占全年的比例减少为74.1%；1987~2010年的平均输沙量为 0.62 亿 t，汛期只有 0.35 亿 t，仅占全年的 56.5%。

图 2.9 和图 2.10 分别给出了巴彦高勒站不同时段的径流量与输沙量年内分配的情况。可以看到，龙羊峡和刘家峡水库投入运用后，汛期水、沙量占全年的百分数减少，整个年内水、沙量分配趋于均匀化。

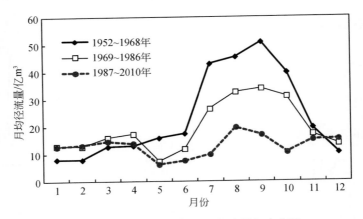

图 2.9　巴彦高勒站不同时段径流量年内分配

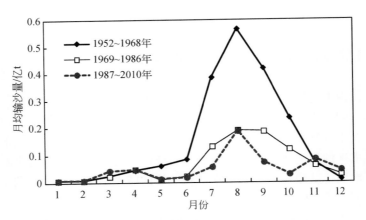

图 2.10　巴彦高勒站不同时段输沙量年内分配

2.2.4　洪峰流量减小、洪水场次减少

图 2.11 为巴彦高勒站历年汛期最大日均流量。从不同时段看，在 1950～1968 年汛期最大日均流量平均值为 3239m³/s，最大值为 5050m³/s（1964 年），最小值为

1940m³/s（1957 年）；15 年中大于 4000m³/s 的有 2 年，大于 3000m³/s 的有 9 年，占 60%；大于 2000m³/s 的有 14 年，占 93.3%；小于 2000m³/s 的只有 1 年。1969 ～ 1986 年最大日均流量平均值为 2872.8m³/s，较前一时段减小 11.3%；最大值为 5210m³/s（1981 年），最小值为 1230m³/s（1969 年）；18 年中年最大日均流量大于 4000m³/s 的只有 1 年；大于 3000m³/s 的有 8 年，占 44.4%；大于 2000m³/s 的有 15 年，占 83.3%；小于 2000m³/s 的有 3 年，占 16.7%，其中有 1 年小于 1500m³/s，较小流量的比例已有所增加。1987 ～ 2010 年最大日均流量平均值为 1432.3m³/s，较前一时段减小 50.0%，只有 1989 年最大日均流量大于 2000m³/s，1998 年只有 817m³/s，是 1954 年有记载以来洪峰流量最小的一年；小于 1500m³/s 的年份占 37.5%，有 3 年最大日均流量小于 1000m³/s。

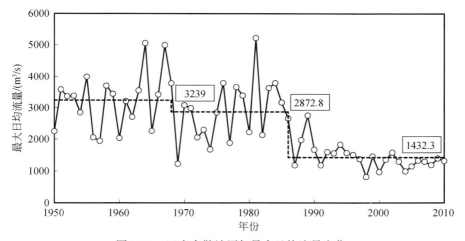

图 2.11 巴彦高勒站历年最大日均流量变化

在最大洪峰流量减小的同时，洪水场次减少，见表 2.3。洪峰流量大于 3000m³/s 的洪水 1968 年以前平均每年出现 1 次，1969 ～ 1986 年平均每两年 1 次，1987 年后没有出现过。洪峰流量大于 2000m³/s 的洪水 1968 年以前平均每年出现 1.88 次，1969 ～ 1986 年平均每年出现 1.39 次，1987 ～ 2010 年 24 年仅出现 1 次，即使洪峰流量大于 1500m³/s 的洪水 24 年仅出现 9 次。

表 2.3　巴彦高勒站不同量级洪水年平均出现场次

时段	洪峰流量 /（m³/s）		
	>3000	>2000	>1500
1953 ～ 1968 年	1.00	1.88	2.12
1969 ～ 1986 年	0.50	1.39	2.00

时段	洪峰流量 / (m³/s)		
	>3000	>2000	>1500
1987~2010 年	0.00	0.04	0.36
1953~2010 年	0.44	0.98	1.37

总之，随着天然洪峰流量的减小和上游水库的调蓄运用，大洪水出现的概率大大减少，较大洪峰流量基本消失，洪水多以小洪峰的形式出现。

2.2.5　汛期大流量历时缩短、小流量历时增长

洪峰流量和洪水场次的减少，相应造成汛期大流量的历时缩短，小流量历时增长。表 2.4 统计了龙羊峡、刘家峡水库运用前后各时期巴彦高勒站汛期不同流量级天数。在刘家峡水库运用以前的 1953~1968 年，巴彦高勒流量在 3000m³/s 以上年均有 7.5 天，在 2000m³/s 以上有 37.5 天，占汛期天数的 30.5%；流量在 1000m³/s 以上有 96.1 天，占汛期天数的 78.1%；1000m³/s 以下流量出现天数仅有 26.9 天，占汛期天数的 21.9%。

表 2.4　巴彦高勒站汛期各级流量年均历时

项目	时段	<500m³/s	500~1000m³/s	1000~1500m³/s	1500~2000m³/s	2000~3000m³/s	>3000m³/s
天数/天	1953~1968 年	3.9	23.1	27.8	30.8	30.0	7.5
	1969~1986 年	27.8	39.8	21.1	13.4	15.0	5.9
	1987~2010 年	67.4	41.6	11.1	1.2	1.7	0
径流量/亿 m³	1953~1968 年	1.11	15.96	30.01	46.48	62.21	23.71
	1969~1986 年	6.92	25.37	22.07	20.16	31.62	18.22
	1987~2010 年	15.45	25.28	11.35	1.77	3.39	0
输沙量/亿 t	1953~1968 年	0.0024	0.0673	0.2141	0.4100	0.6824	0.2640
	1969~1986 年	0.0080	0.0640	0.0853	0.1137	0.2209	0.1364
	1987~2010 年	0.0400	0.1428	0.1176	0.0260	0.0218	0

刘家峡水库运用后的 1969~1986 年，巴彦高勒站流量在 3000m³/s 以上的天数年均为 5.9 天，2000m³/s 以上流量的天数减少到 20.9 天，占汛期天数的 17.0%；流量在 1000m³/s 以上有 55.4 天，占汛期天数的 45.1%；1000m³/s 流量以下出现天数增加到 67.6 天，占汛期天数的 54.9%。

  龙羊峡水库运用后的 1987～2010 年，巴彦高勒站流量均小于 3000m³/s，而且 1000m³/s 以上各级流量的天数均有不同程度的减少。其中，2000m³/s 流量以上的天数年均仅有 1.7 天；流量在 1000m³/s 以上的天数年均仅 14.0 天，占汛期天数的 11.4%；流量在 1000m³/s 以下的天数显著增加，年均达 109.0 天，占汛期天数的 88.6%。特别是流量小于 500m³/s 的天数均有大幅度增加，1987 年以后年均达到 67.4 天，远多于 1968 年以前的 3.9 天及 1969～1986 年的 27.8 天，出现天数占汛期总天数的 54.8%。

  与各流量级出现天数对应，1953～1968 年水、沙量集中在 1500～3000m³/s 流量级范围；1987～2006 年水、沙量集中在 1500m³/s 以下量级范围，以流量在 500～1000m³/s 区间的偏多。同时也说明，1968 年以前泥沙的输送主要依靠大流量过程，而 1987 年后只能依靠在 1500m³/s 以下的小流量输送。

2.3 区间支流入汇水沙与沿程入黄风沙特点

2.3.1 巴彦高勒至三湖河口段

  表 2.5 为黄河内蒙古河段巴彦高勒～三湖河口区间永济渠、丰复渠、退水四闸不同时段的年平均退水和退沙情况。根据北岸永济渠、丰复渠、退水四闸等入汇水沙资料，得到巴彦高勒～三湖河口区间历年区间入汇水沙情况，如图 2.12 和图 2.13 所示。从表 2.5 及图 2.12 和图 2.13 可以看出，内蒙古巴彦高勒～三湖河口段全年、汛期及非汛期的退水退沙入黄量均呈现出增大的趋势；其中，在 20 世纪 60～80 年代，灌区退水退沙入黄量增长较快，90 年代后，退水退沙量增幅不大，但 2010 年的年退水退沙入黄量有明显增大，分别达到 190 159.4 万 m³、773.92 万 t，值得关注。

表 2.5 巴彦高勒～三湖河口段不同时期年均入汇水沙量情况

时段	永济渠		丰复渠		退水四闸		总计	
	退水量 /万 m³	退沙量 /万 t	退水量 /万 m³	退沙量 /万 t	退水量 /万 m³	退沙量 /万 t	退水量 /万 m³	退沙量 /万 t
1968 年以前	33 412.2	151.2			8 054.2	14.6	41 466.4	165.8
1969～1986 年	36 344.6	140.4	22 292.2	56.0	16 541.4	28.6	75 178.2	225.0
1987～2010 年	45 689.8	176.3	24 164.8	47.4	21 762.0	34.1	91 616.6	257.8

  根据黄河内蒙古河段巴彦高勒～三湖河口区间 1966～2010 年各月入汇水沙

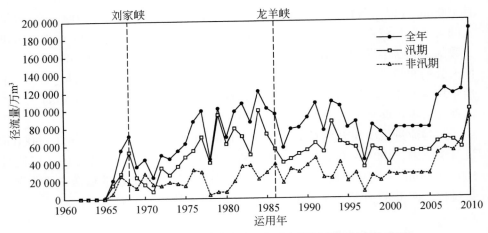

图 2.12　巴彦高勒～三湖河口段区间入汇径流量历年变化过程

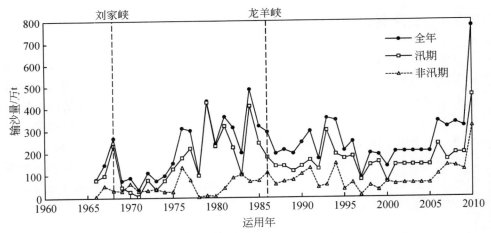

图 2.13　巴彦高勒～三湖河口段区间入汇沙量历年变化过程

资料，统计巴彦高勒～三湖河口区间不同时段汛期退水量与退沙量占年退水量与退沙量的百分比，见表 2.6。如图 2.14 所示为多年平均月退水退沙情况。可以看出，黄河内蒙古河段巴彦高勒～三湖河口区间退水退沙主要集中在 6～9 月，其中 7 月、8 月、9 月均属于汛期，从而造成汛期退水量与退沙量占年退水量与退沙量的百分比较大，达到 60% 以上。

表 2.6 巴彦高勒 ~ 三湖河口段不同时期入汇年内水沙量平均分配情况

时段	退水量				退沙量			
	非汛期 /万 m³	汛期 /万 m³	全年 /万 m³	汛期占 百分比/%	非汛期 /万 t	汛期 /万 t	全年 /万 t	汛期占 百分比/%
1968 年以前	12 922.1	28 544.4	41 466.4	68.8	29.3	136.5	165.8	82.3
1969 ~ 1986 年	21 920.9	53 257.4	75 178.2	70.8	54.3	170.7	225.0	75.9
1987 ~ 2010 年	34 439.7	57 176.9	91 616.6	62.4	86.8	171.1	257.8	66.3

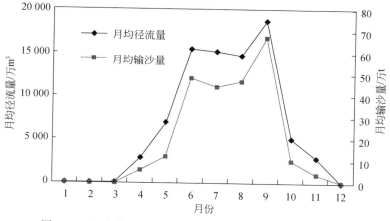

图 2.14 巴彦高勒 ~ 三湖河口段月均退水退沙量分配对比

分别根据黄河内蒙古河段巴彦高勒 ~ 三湖河口区间进出口水文站巴彦高勒、三湖河口站 1966 ~ 2010 年实测径流输沙资料,分析不同时段内灌区年均退水量占三湖河口站年均径流量的百分比,退沙量占巴彦高勒站年输沙量的百分比,见表 2.7。

表 2.7 巴彦高勒 ~ 三湖河口段不同时期灌区退水退沙量占干流水沙量比例表

时段	年均退水量占三湖河口站径流量比例/%			年均退沙量占巴彦高勒站输沙量比例/%		
	非汛期	汛期	全年	非汛期	汛期	全年
1968 年以前	1.1	1.3	1.2	1.0	0.9	0.9
1969 ~ 1986 年	1.9	4.1	3.1	2.5	2.7	2.6
1987 ~ 2010 年	3.4	9.1	5.5	3.1	4.9	4.1

从表 2.7 可以看出如下一些特点:

1)由于干流水文站巴彦高勒站和三湖河口站年径流量与输沙量随着时间发

展总体上呈现出减少的趋势，而巴彦高勒～三湖河口区间年退水退沙入黄量总体上呈现出增大的趋势，两者综合作用，使得灌区年均退水退沙量占干流年均径流量、输沙量的百分比随着时间发展总体上呈现出增大的趋势。

2）巴彦高勒～三湖河口区间不同时段内年均退水退沙量占干流年均径流量、输沙量的百分比总体不大，其中年均退水量占出口三湖河口站年均径流量的百分比最小为1.2%、最大达5.5%，年均退沙量占进口巴彦高勒站年均来沙量的百分比最小为0.9%、最大达4.1%。

3）巴彦高勒～三湖河口区间不同时段内非汛期、汛期退水退沙量占三湖河口站非汛期、汛期径流量、输沙量的百分比总体差别不大。

2.3.2 三湖河口至头道拐段

黄河内蒙古三湖河口～头道拐段北岸有昆都仑河、五当沟两条支流入汇，南岸有毛不拉沟、卜尔色太沟、黑赖沟、西柳沟、罕台川、壕庆河、哈什拉川、母花沟、东柳沟和呼斯太河十大孔兑入汇。其中，十大孔兑为季节性河流，汛期才有洪水，峰高量大，陡涨陡落；另外，十大孔兑地势南高北低，上游为丘陵沟壑区，该区地表支离破碎，沟壑纵横，植被稀疏，水土流失严重，中游流经库布齐沙漠，季风一到，沙漠内黄沙滚滚，大量风沙堆积在河床两岸，孔兑洪水又把堆积在河道内的泥沙带入黄河。

根据三湖河口～头道拐区间北岸昆都仑河、五当沟与南岸毛不拉沟、西柳沟和罕台川孔兑入汇水沙资料，以及经推求得到的其他孔兑入汇水沙资料，绘制历年区间入汇水沙情况如图2.15和图2.16所示。

表2.8为黄河内蒙古河段三湖河口～头道拐区间不同时段的平均入汇水沙情况，表中给出了汛期入汇径流量与输沙量占年入汇径流量与输沙量的百分比。图2.17为黄河内蒙古河段三湖河口～头道拐区间支流多年平均各月入汇水沙情况。从图2.15～图2.17及表2.8可以看出：

1）随着时间的发展，黄河内蒙古三湖河口～头道拐段区间支流入汇水沙总量变化不大，其中，多年平均入汇径流量为18 183.2万 m³，多年平均入汇泥沙量为2779.3万 t。

2）黄河内蒙古河段三湖河口～头道拐段区间不同时段内支流入汇年内水沙分配比例变化不大，水沙量主要集中在汛期7月、8月，泥沙集中现象更为明显。汛期多年平均入汇径流量占年入汇径流量的百分比为67.9%，汛期多年平均入汇泥沙量占年入汇泥沙量的百分比达到98%。

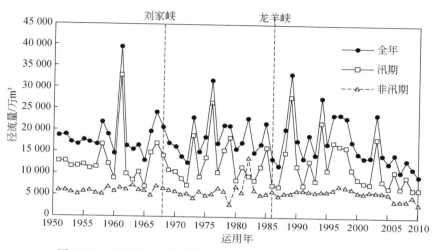

图 2.15 三湖河口~头道拐段区间入汇径流量历年变化过程

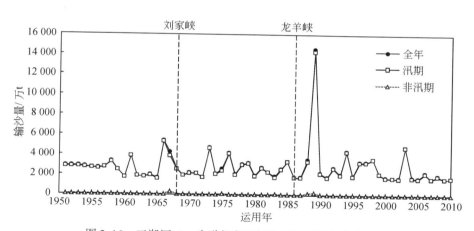

图 2.16 三湖河口~头道拐段区间入汇沙量历年变化过程

表 2.8 三湖河口~头道拐段不同时期年内入汇水沙量分配情况

时段	径流量				输沙量			
	非汛期 /万 m³	汛期 /万 m³	全年 /万 m³	汛期占全年 百分比/%	非汛期 /万 t	汛期 /万 t	全年 /万 t	汛期占全年 百分比/%
1951~1968 年	6 036.9	13 115.3	19 152.3	68.5	63.7	2 745.6	2 809.4	97.7
1969~1986 年	5 983.1	12 371.4	18 354.5	67.4	47.0	2 519.4	2 566.4	98.2

时段	径流量				输沙量			
	非汛期 /万 m³	汛期 /万 m³	全年 /万 m³	汛期占全年 百分比/%	非汛期 /万 t	汛期 /万 t	全年 /万 t	汛期占全年 百分比/%
1987~2010 年	5 573.6	11 754.3	17 327.9	67.8	54.3	2 862.2	2 916.5	98.1
平均值	5 835.5	12 347.7	18 183.2	67.9	55.0	2 724.4	2 779.3	98.0

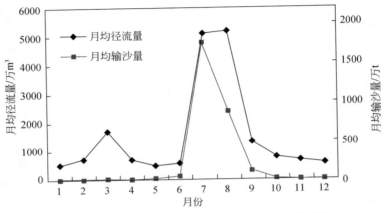

图 2.17 三湖河口~头道拐段月均入汇水沙分配对比

表 2.9 为黄河内蒙古河段三湖河口~头道拐区间北岸昆都仑河、五当沟、南岸毛不拉沟、西柳沟、罕台川孔兑以及其他孔兑不同时段的年平均入汇水沙情况。

表 2.9　三湖河口~头道拐段不同时期年均入汇水沙量情况

时段	昆都仑河		五当沟		十大孔兑							
					毛不拉沟		西柳沟		罕台川		其他孔兑	
	径流量 /万 m³	输沙量 /万 t	径流量 /万 m³	输沙量 /万 t	径流量 /万 m³	输沙量 /万 t	径流量 /万 m³	输沙量 /万 t	径流量 /万 m³	输沙量 /万 t	径流量 /万 m³	输沙量 /万 t
1951~1968 年	3043	73.3	2807.3	196.2	903.7	269	3208.5	381.7	1919.9	255.8	7300	1630
1969~1986 年	2927.5	83.1	3149.3	180.4	405.7	73.9	2801.5	327.7	1801.1	268	7300	1630
1987~2010 年	2144.7	63.3	2640.9	88.6	1629.2	578.4	2757.8	439.6	894.6	116	7300	1630

分别根据黄河内蒙古河段三湖河口~头道拐区间进出口水文站三湖河口、头道拐站 1951~2010 年实测径流输沙资料，分析不同时段支流年均径流量占头道拐站年均径流量的百分比，支流年均输沙量占三湖河口站年来沙量的百分比，见

表 2.10。

表 2.10 三湖河口～头道拐段不同时期支流入汇水沙量占干流水沙量比例表

时段	全部支流百分比						十大孔兑百分比					
	径流量/%			输沙量/%			径流量/%			输沙量/%		
	非汛期	汛期	全年	非汛期	汛期	全年	非汛期	汛期	全年	非汛期	汛期	全年
1951～1968 年	0.6	0.8	0.7	1.6	15.0	12.5	0.4	0.6	0.5	0.7	13.7	11.4
1969～1986 年	0.6	1.0	1.9	2.4	34.4	27.6	0.3	0.7	1.3	1.5	31.0	24.9
1987～2010 年	0.6	1.9	1.1	2.6	98.7	58.3	0.3	1.5	0.8	1.8	94.0	55.5
平均值	0.6	1.2	0.9	2.3	34.8	27.3	0.3	0.9	0.6	1.4	32.2	25.2

从表 2.10 可以看出:

1）内蒙古河段三湖河口～头道拐区间支流入汇径流量占出口头道拐站年均径流量的百分比较小,且随时间发展总体变化不大,而支流入汇泥沙量占进口三湖河口站年均输沙量的百分比较大,且随时间发展呈现出总体增大的趋势。

2）内蒙古河段三湖河口～头道拐区间多年平均非汛期、汛期和全年入汇径流量占头道拐站年均径流量的百分比分别为 0.6%、1.2% 和 0.9%;支流入汇泥沙主要集中在汛期,并以十大孔兑为主,全部支流多年平均非汛期、汛期和全年入汇沙量占头道拐站年均沙量的百分比分别为 2.3%、34.8% 和 27.3%,其中仅十大孔兑多年平均非汛期、汛期和全年入汇沙量占头道拐站年均沙量的百分比就分别达到 1.4%、32.2% 和 25.2%。

2.3.3　沿程风沙入黄量

黄河内蒙古河段南岸紧临库布齐沙漠,沙漠横贯东西,多为半固定沙丘,是黄河风沙活动的主要分布区之一。季风一到,沙漠内黄沙滚滚,极易造成大量风沙入黄。

内蒙古河段风沙入黄主要有 3 种方式:

1）黄河干流南岸库布齐沙漠内的风沙直接被吹入黄河;

2）通过流经库布齐沙漠的十大孔兑,两岸的流沙于风季带入沟内,洪水季节洪水携带风沙进入黄河;

3）干流两岸冲洪积平原上覆盖的片状流沙地、半固定起伏沙地,在大风、特大风时,被吹入黄河。

根据中国科学院黄土高原综合考察队于 1991 年 3 月完成的《黄土高原地区北部风沙区土地沙漠化综合治理》报告,内蒙古河段三盛公～头道拐区间 1971～1980

年多年平均入黄风沙量为 978 万 t。通过按河段进行分配，可以得到不同区间多年平均入黄风沙情况，见表 2.11。以托克托气象站观测到的各月大风日、沙尘暴日及扬沙日所占比例对内蒙古河段不同区间多年平均入黄风沙量进行逐月分配，并进行修正，得到的结果见表 2.12（黄河勘测规划设计有限公司，2011）。从表 2.11 和表 2.12 可以看出，受气候因素影响，黄河内蒙古河段多年平均月入黄风沙量以 4 月、5 月居多，而以 8 月、9 月偏少。

表 2.11　内蒙古河段不同区间多年平均风沙入黄量　（单位：万 t）

河段	非汛期 (11~6 月)	汛期 (7~10 月)	运用年 (头年 11 月~当年 10 月)
三盛公~三湖河口	354	53	407
三湖河口~昭君坟	202	30	232
昭君坟~头道拐	295	44	339

表 2.12　内蒙古河段不同区间多年平均月风沙入黄量　（单位：万 t）

河段	1 月	2 月	3 月	4 月	5 月	6 月	7 月	8 月	9 月	10 月	11 月	12 月
巴彦高勒~三湖河口	27	28	41	74	74	53	27	8	7	11	25	30
三湖河口~昭君坟	16	16	24	42	43	31	15	5	4	6	14	17
昭君坟~头道拐	23	23	34	61	62	45	22	7	6	9	21	25
三盛公~头道拐	66	68	99	177	179	129	64	19	17	26	61	73

在表 2.12 中，根据中国科学院寒区旱区环境与工程研究所于 2009 年 2 月完成的《黄河宁蒙河道泥沙来源与淤积变化过程研究》报告，对内蒙古河段三湖河口~头道拐区间直接吹入黄河的风沙量较少，主要通过十大孔兑洪水携带进入黄河。因此，在内蒙古河段三湖河口~头道拐区间冲淤计算中，风沙入黄量包含在十大孔兑入黄沙量中。

2.3.4　十大孔兑水沙特性

十大孔兑中只有毛不拉沟、西柳沟和罕台川三条孔兑设有水文观测站。西柳沟为龙头拐水文站，1960 年 4 月开始观测，测站位置几经变动，目前位置距河口距离为 22.7km，有至今较为连续的水文泥沙观测数据。毛不拉沟于 1958 年首设官长井水文站，距河口 10.1km。1969~1981 年该站停测，1982 年重设图格日格水文站，距河口 42.1km，观测至今。罕台川 1980 年开始有观测资料，中间有停测。其中，1980 年 6 月~1982 年 9 月为瓦窑水文站，距入黄口 30.3km；1984 年

7 月～1998 年为红塔沟水文站，距入黄口 42.1km；1999 年后为响沙湾水文站，距入黄口 32.0km。本节以这三条孔兑的观测资料，对孔兑水沙特性进行分析。

2.3.4.1 径流和输沙特点

十大孔兑径流泥沙主要产生在暴雨期，主要特点如下。

（1）水少沙多

水少沙多是孔兑水沙的特点之一。三条孔兑中，毛不拉沟多年平均径流量为 1281 万 m^3，输沙量为 416 万 t；西柳沟多年平均径流量为 2830 万 m^3，输沙量为 428 万 t；罕台川多年平均径流量为 956 万 m^3，输沙量为 177 万 t（表 2.13）。三站年径流量之和为 5067 万 m^3，输沙量之和为 1021 万 t。相近时段内黄河巴彦高勒站（1960～2012 年）平均年径流量为 208 亿 m^3，年输沙量为 8575 万 t。孔兑三站年均径流量之和仅为巴彦高勒年均径流量的 0.24%，但年均输沙量之和却为巴彦高勒年均输沙量的 11.3%。

表 2.13 主要孔兑与黄河干流（巴彦高勒站）年均水沙量

孔兑/站名	资料系列	年均径流量 /万 m^3	年均输沙量 /万 t	年均含沙量 /（kg/m^3）
毛不拉沟	1958～1968 年 1982～2012 年	1281	416	325
西柳沟	1960～2012 年	2830	428	151
罕台川	1980～2012 年	956	177	185
三站合计		5067	1021	—
巴彦高勒	1960～2012 年	$208×10^4$	8575	4.1
三站与巴彦高勒之比/%		0.24	11.3	—

孔兑之间水沙量差异较大。西柳沟年均径流量显著多于毛不拉沟和罕台川，分别为后二者的 2.2 倍和 2.8 倍，但年均输沙量与毛不拉沟相当。罕台川径流量和输沙量均小于西柳沟和毛不拉沟。西柳沟、毛不拉沟和罕台川年均含沙量分别为 154kg/m^3、330kg/m^3 和 184kg/m^3。图 2.18 是三条孔兑径流量和输沙量关系图，可以看出年径流量在 3000 万 m^3 以上时三条孔兑年输沙量和年径流量关系一致，但相同年径流量下毛不拉沟年输沙量略大于西柳沟和罕台川。年径流量低于 3000 万 m^3 以后，西柳沟年输沙量随年径流量的减小而迅速减小，偏离毛不拉沟和罕台川的变化趋势，相同径流量下的输沙量远低于毛不拉沟和罕台川。同时还可以看出，西柳沟年径流量基本不低于 1000 万 m^3。

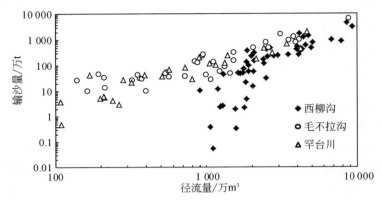

图 2.18　主要孔兑年径流量和输沙量关系图

（2）年际变化大

孔兑径流量和输沙量年际差异极大，如图 2.19 所示。毛不拉沟年径流量在 3.9 万 ~ 8741.5 万 m³，最大值（1989 年）为最小值（1962 年）的 2241 倍；年输沙量在 0.035 万 ~ 7144 万 t，最大值（1989 年）为最小值（2011 年）的 204 211 倍。西柳沟龙头拐站实测年径流量在 769 万 ~ 9543 万 m³，最大值（1961 年）为最小值（2011 年）的 12.4 倍；年输沙量在 0.013 万 ~ 4749 万 t，最大值（1989 年）为最小值（2011 年）的 365 277 倍。罕台川年径流量在 0.0051 万 ~ 4600 万 m³，2011 年只有 3 ~ 4 月有细流、6 ~ 9 月汛期仍断流，全年径流量仅 0.0051 万 m³；年输沙量在 0.060 万 ~ 2183 万 t，最大值（1981 年）为最小值（2011 年）的 36 383 倍。

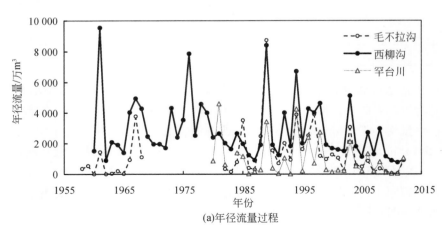

(a)年径流量过程

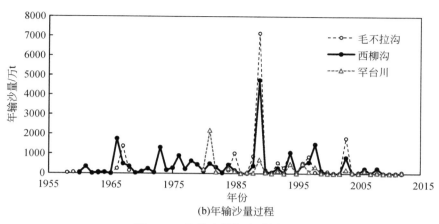

(b)年输沙量过程

图 2.19　孔兑实测年水沙量过程

（3）水沙年内分配极度不均

孔兑径流泥沙主要由暴雨洪水产生，因此其径流泥沙主要集中在降雨较多的6～9月。毛不拉沟多年平均6～9月径流量占全年比例为83.6%，西柳沟为65.0%，罕台川最大，为93.7%；多年平均6～9月输沙量占全年的比重均在99%以上（表2.14）。6～9月水沙又集中来源于7月、8月，径流量占83.6%～93.7%，输沙量占93.9%～97.5%；与多年平均径流量和输沙量相比，7月、8月占全年比重毛不拉沟分别为75.7%和96.8%，西柳沟为53.8%和93.9%，罕台川为88.3%和97.5%。

表 2.14　孔兑汛期水沙量及占全年百分比

| 孔兑 | 6～9月 | | 7～8月 | | 全年 | | 6～9月占年 | | 7～8月占年 | |
	径流量/万 m³	输沙量/万 t	径流量/万 m³	输沙量/万 t	径流量/万 m³	输沙量/万 t	径流/%	输沙/%	径流/%	输沙/%
毛不拉沟	1071.6	412.8	969.7	402.6	1280.9	415.8	83.6	99.3	75.7	96.8
西柳沟	1838.9	426.2	1521.7	401.9	2829.7	427.9	65.0	99.6	53.8	93.9
罕台川	895.8	176.7	843.8	172.7	956.1	177.1	93.7	99.8	88.3	97.5

2.3.4.2　流量和含沙量关系

孔兑流量和含沙量变幅极大，非汛期和汛期的非洪水期常处于干河状态，有水的情况下流量变化范围在零至每秒数千立方米，含沙量在零至每立方上千千克。西柳沟龙头拐实测最大流量为6940m³/s（1989年7月21日），最大含沙量为 1550kg/m³（1973 年 7 月 17 日），毛不拉沟实测最大流量为 5600m³/s（1989 年 7 月 21 日），最大含沙量为 1500kg/m³（1989 年 7 月 21 日），罕台川实测最大流量为 3090m³/s（1989 年 7 月 21 日），最大含沙量为 1440kg/m³（1981 年 7 月 1 日），实测最大流量和含沙量不一定同步。总的来看，孔兑流量超过 1000m³/s 的情况较少出现，多数情况下流量在 1000m³/s 以下，甚至集中在 100m³/s 以下，如图 2.20 ~ 图 2.22 所示。

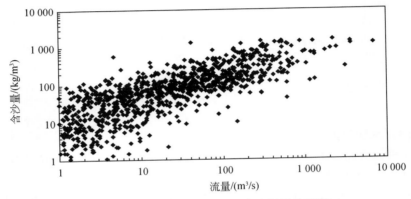

图 2.20　西柳沟龙头拐站流量与含沙量关系图

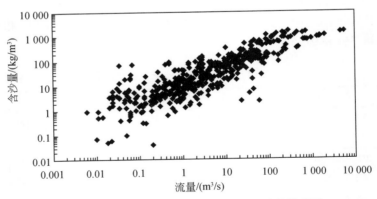

图 2.21　毛不拉沟图格日格站流量与含沙量关系图

在同一流量下含沙量差异也极大，通常可以相差几十甚至上百倍，如西柳沟龙头拐流量在 10m³/s 时，含沙量变化在 2 ~ 200kg/m³，变幅为 99 倍，流量在 100m³/s 时，含沙量在 50 ~ 600kg/m³ 变化，变幅为 11 倍。毛不拉沟和罕台川孔兑含沙量变幅有同样的特点。

暴雨洪水期间，冲积河流洪水含沙量随流量的增加而增加。但是，黄河中游

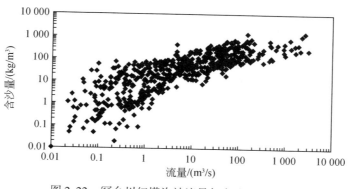

图 2.22　罕台川红塔沟站流量与含沙量关系图

黄土丘陵沟壑区的实测资料表明，由于受河道边界条件和流域泥沙补给能力的影响，当流量增大到一定程度后，随着流量继续增大，含沙量不再增大而是维持在一定值即存在一个极限含沙量，如黄土沟壑区小流域最大含沙量在 1000kg/m³ 左右（费祥俊和邵学军，2004），而中游皇甫川、孤山川和窟野河等最大含沙量在 1400～1600kg/m³（钱宁，1989）。西柳沟等孔兑实测资料反映的洪水流量与含沙量关系与此基本一致，即含沙量随流量增大而增大的趋势明显，存在含沙量最大值，如西柳沟和毛不拉沟最大含沙量在 1500kg/m³ 左右，罕台川最大含沙量在 1000kg/m³ 左右。孔兑之间最大含沙量的异同与流域下垫面条件、降雨等影响产流产沙的主要因素有关。孔兑高含沙洪水密切的水沙关系还表现在洪峰流量与洪水水量、沙量之间的关系上（图 2.23），显然洪峰流量越大的洪水过程相应的洪水总量和输沙总量也越大，特别是洪峰流量大于 1000m³/s 后这种趋势尤为明显。

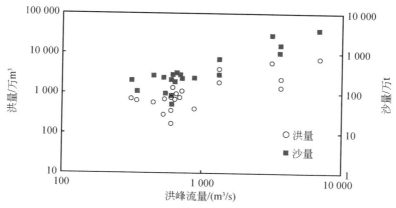

图 2.23　西柳沟典型洪水洪峰流量与洪量、沙量的关系

2.3.4.3　孔兑高含沙洪水特点

十大孔兑洪水主要由暴雨形成，且河道短，坡降大，汇流快，具有以下特点。

（1）陡涨陡落、持续时间短

对西柳沟龙头拐站 1961～2008 年 33 场洪水的统计表明，从起涨至洪水峰值出现的时间为 0.1～4.9h，平均为 1.4h，洪水持续时间为 5～40h（表 2.15），平均为 19h。1961 年 7 月 31 日洪水，西柳沟龙头拐站 5 时 59 分流量仅为 11.6m³/s，至 6 时流量骤然升至 2360m³/s，1min 之内流量增大 2349m³/s，6 时 12 分流量达到峰值 3180m³/s，从起涨至洪峰出现用时仅 13min（图 2.24）。其他孔兑洪水具有同样特点，如毛不拉沟图格日格站 1967 年 8 月 5 日洪水（图 2.25），从起涨（21 时 40 分，流量 0.04m³/s）至洪峰出现（22 时 18 分，流量 5600m³/s），用时仅 38min，洪水持续约 15h。

表 2.15　西柳沟龙头拐站场次洪水与全年水沙特征值

年份	时间	历时 /h	洪峰 /(m³/s)	最大含沙量 /(kg/m³)	洪量 /万 m³	输沙量 /万 t	年水量 /万 m³	年沙量 /万 t	洪水水沙量占全年百分比/%	
									水量	沙量
1961	7 月 30 日	29.9	1330	447	556	295	9307	3317	6	9
	8 月 21～22 日	28.0	3180	1200	5842	2968	9307	3317	63	89
1966	8 月 13～14 日	22.0	3660	1380	2246	1651	4152	1755	54	94
1971	8 月 31 日～9 月 1 日	12.3	602	1420	356	217	1996	244	18	89
1973	7 月 9～10 日	14.3	640	563	677	192	4430	1313	15	15
	7 月 17～18 日	10.8	3620	1550	1372	1065	4430	1313	31	81
1976	7 月 28～29 日	20.0	604	194	761	86	7821	898	10	10
	8 月 2～3 日	35.5	1330	371	3966	728	7821	898	51	81
1978	8 月 12～13 日	10.9	722	404	1102	233	4588	638	24	37
	8 月 30～31 日	19.0	618	342	1345	292	4588	638	29	46
1979	7 月 26～27 日	21.0	342	775	655	111	3986	454	16	24
	8 月 11～13 日	12.5	701	1150	736	291	3986	454	18	64
1981	7 月 1 日	6.7	884	1370	396	243	2658	494	15	49
	7 月 26～27 日	14.5	312	955	711	209	2658	494	27	42
1982	9 月 16～17 日	14.0	449	1320	580	278	2079	318	28	87
1984	8 月 9～10 日	21.7	660	651	924	324	2502	436	37	74

续表

年份	时间	历时/h	洪峰/(m³/s)	最大含沙量/(kg/m³)	洪量/万 m³	输沙量/万 t	年水量/万 m³	年沙量/万 t	洪水水沙量占全年百分比/%	
									水量	沙量
1985	8 月 24 ~ 25 日	24.4	547	294	693	98	2083	158	33	62
1988	7 月 20 ~ 21 日	18.0	609	631	169	52	1873	385	9	14
	9 月 9 日	5.1	531	1290	285	246	1873	385	15	64
1989	7 月 21 日	14.1	6940	1240	7275	4743	8562	4749	85	85
1990	8 月 27 ~ 28 日	40.0	286	314	232.7	38.4	1764.2	75.6	13.2	50.9
1991	7 月 27 日	13.5	204	413	161.2	40.9	1304.2	45.7	12.4	89.5
1992	8 月 8 日	19.9	509	343	743.4	99.0	4125.5	269.2	18.0	36.8
1994	8 月 31 日	24.0	561	319	512.1	77.9	6770.3	1050.8	7.6	7.4
1996	8 月 9 日	13.5	1110	637	1021.9	248.3	4311.4	434.4	23.7	57.2
1997	8 月 13 日	15.5	935	614	959.0	295.5	3977.3	563.6	24.1	52.4
1998	7 月 5 日	17.2	1470	682	1061.5	409.7	4741.9	1480.1	22.4	27.7
	7 月 12 ~ 14 日	21.5	1700	764	2151.9	1068.5	4741.9	1480.1	45.4	72.2
1999	7 月 13 日	11.3	802	947	243.9	135.0	1837.0	138.7	13.3	97.3
2003	7 月 25 ~ 26 日	25.5	1100	256	1319.3	238.2	5084.2	804.1	25.9	29.6
	7 月 30 ~ 31 日	30.5	2410	704	2189.2	567.0	5084.2	804.1	43.1	70.5
2004	7 月 26 日	15.3	202	42	137.9	3.2	1822.0	4.9	7.6	65.7
2008	7 月 30 ~ 31 日	29.7	1100	290	1821.6	247.6	2985.1	254.0	61.0	97.5

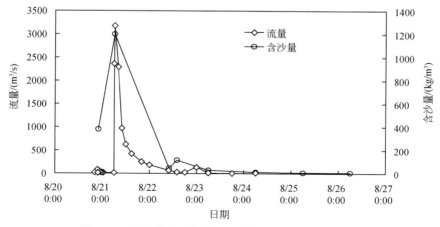

图 2.24　西柳沟龙头拐站 1961 年 8 月 21 日洪水过程

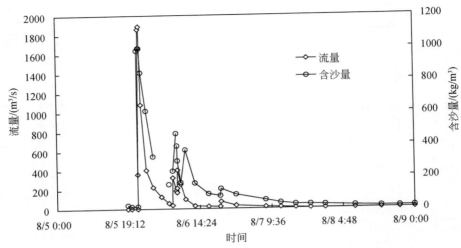

图 2.25　毛不拉沟图格日格站 1967 年 8 月 5 日洪水过程

（2）含沙量高、洪峰流量大、输沙量多

孔兑洪水含沙量极大，即使每秒数百立方米的小洪水含沙量也可达数百甚至上千千克（表 2.15，表 2.16），如 1971 年 8 月 31 日~9 月 1 日、1979 年 8 月 11~13 日、1981 年 7 月 1 日和 1988 年 9 月 9 日洪水。最大洪水的洪峰流量达每秒数千立方米，含沙量达 1000 多千克每立方米，洪水总量和输沙量均很大。例如，西柳沟龙头拐站 1961 年 8 月 21 日、1966 年 8 月 13 日和 1989 年 7 月 21 日洪水，其中 1989 年 7 月 21 日洪水（图 2.26）洪峰流量达 6940 m³/s，最大含沙量达 1240kg/m³，洪水总量为 7275 万 m³，输沙量为 4743 万 t，洪峰、洪量和输沙量均为历次洪水之最。毛不拉沟图格日格站 1989 年 7 月 21 日洪水（图 2.27）洪峰流量达 5600 m³/s，最大含沙量达 1500kg/m³，洪水总量为 6110 万 m³，输沙量为 6690 万 t，均为历次洪水之最。

表 2.16　毛不拉沟和罕台川洪水特征值统计

河名	时间	洪峰 /(m³/s)	最大含沙量 /(kg/m³)	洪量 /万 m³	输沙量 /万 t	年水量 /万 m³	年沙量 /万 t	洪水水沙量占全年百分比/%	
								水量	沙量
毛不拉沟	1961 年 8 月 1 日	232	718	568	336	1415	350	40	96
	1966 年 8 月 13 日	971	620	692	218	917	252	75	87
	1967 年 8 月 5 日	1890	998	1500	922	3716	1384	40	67
	1967 年 8 月 25 日	953	1210	1190	287	3716	1384	32	21
	1984 年 8 月 9 日	235	1250	164	133	830	161	20	83

续表

河名	时间	洪峰 /(m³/s)	最大含沙量 /(kg/m³)	洪量 /万 m³	输沙量 /万 t	年水量 /万 m³	年沙量 /万 t	洪水水沙量占全年百分比/%	
								水量	沙量
毛不拉沟	1989 年 6 月 11 日	453	1340	269	192	8785	7160	3	3
	1989 年 7 月 21 日	5600	1500	6110	6690	8785	7160	70	93
	1990 年 7 月 11 日	407	1110	144.7	55.6	1503.5	168.9	9.6	32.9
	1992 年 8 月 7 日	575	1020	994.5	447.7	2022.2	531.9	49.2	84.2
	1993 年 8 月 20 日	456	1110	243.6	234.5	936.6	284.4	26.0	82.4
	1994 年 8 月 1 日	383	1140	629.0	229.0	4067.3	1074.4	15.5	21.3
	1997 年 8 月 5 日	666	1180	1760.1	571.2	3853.1	846.0	45.7	67.5
	1998 年 8 月 21 日	330	263	213.8	46.6	1188.1	62.1	18.0	75.1
	1999 年 7 月 11 日	286	243	249.7	25.1	977.7	48.1	25.5	52.1
	2000 年 7 月 7 日	440	397	863.1	91.0	1276.0	98.1	67.6	92.7
	2003 年 7 月 25 日	528	1460	435.7	269.1	3079.0	1787.5	14.2	15.1
	2003 年 7 月 29 日	1760	1270	2184.2	1507.5	3079.0	1787.5	70.9	84.3
罕台川	1981 年 7 月 1 日	2580	1440	2200	1760	4640	2182	47	81
	1981 年 7 月 2 日	1590	751	1070	341	4640	2182	23	16
	1981 年 7 月 13 日	485	402	387	118	4640	2182	8	5
	1984 年 7 月 30 日	946	656	571	204	1390	258	41	79
	1985 年 8 月 24 日	270	206	326	44	1150	109	28	40
	1987 年 8 月 23 日	182	794	108	36	1150	109	9	33
	1989 年 7 月 21 日	3090	433	3120	689	3424	697	91	99
	1994 年 7 月 6 日	323	215	186.1	26.6	4242.1	475.7	4.4	5.6
	1994 年 7 月 22 日	200	546	164.7	27.5	4242.1	475.7	3.9	5.8
	1996 年 7 月 12 日	1470	690	1196.2	371.9	2400.9	503.1	49.8	73.9
	1996 年 8 月 9 日	399	274	371.3	49.4	2400.9	503.1	15.5	9.8
	1997 年 7 月 30 日	237	796	191.8	46.6	715.9	86.8	26.8	53.6
	1998 年 7 月 5 日	337	323	435.4	53.8	2740.2	327.1	15.9	16.5
	1998 年 7 月 12 日	932	230	1418.2	197.6	2740.2	327.1	51.8	60.4
	2003 年 7 月 29 日	1510	267	1359.7	158.8	2137.4	187.9	63.6	84.5
	2004 年 7 月 26 日	417	256	256.6	37.2	523.0	39.4	49.1	94.4
	2006 年 7 月 14 日	250	121	178.0	13.4	1321.4	131.9	13.5	10.2
	2006 年 8 月 12 日	926	207	941.8	111.5	1321.4	131.9	71.3	84.5
	2008 年 7 月 30 日	184	97	353.4	19.6	803.8	29.9	44.0	65.5

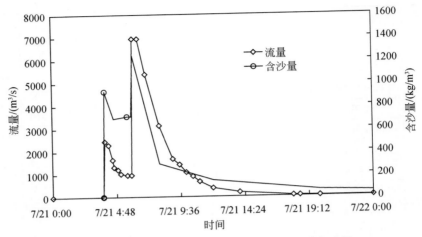

图 2.26　西柳沟龙头拐站 1989 年 7 月 21 日洪水过程

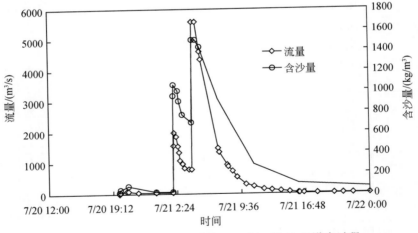

图 2.27　毛不拉沟图格日格站 1989 年 7 月 21 日洪水过程

（3）水沙基本同步

洪水过程中含沙量随流量增大而增大、随流量减小而减小，如图 2.23～图 2.27 所示。洪水过程中洪峰和沙峰基本同步出现。

（4）水沙量分布不均

西柳沟单场洪水洪量占全年径流量比例在 6%～85%，平均为 27%，输沙量占全年比例为 9%～97.5%，平均为 57%，输沙量占全年比重更大。在一些洪量和输沙量特别大的场次洪水中这一比例更高，如西柳沟 1961 年 8 月 21 日、1966 年 8 月 13 日、1976 年 8 月 2 日以及 1989 年 7 月 21 日的洪水洪量和输沙量占全年水沙量的比例分别达到 63% 和 89%、54% 和 94%、51% 和 81% 以及 85% 和 85%。

（5）孔兑高含沙洪水水流特性和输沙能力

高含沙水流可分为两相流和伪一相流，在高含沙洪水频发的黄河中游粗泥沙来源区，其高含沙洪水多为两相流（钱宁，1989）。由于孔兑砒砂岩源区地表物质较粗，导致孔兑洪水携带泥沙较粗。但由于缺乏观测资料，对孔兑泥沙粒径情况的认识极为不足。支俊峰和时明立（2002）对 1989 年 7 月 21 日西柳沟洪水在干流形成的沙坝分层取样测得中值粒径 D_{50} 在 0.075~0.27mm，$D>0.05$mm 的泥沙含量在 74%~99%，表明孔兑洪水来沙很粗。根据对西柳沟 2012 年汛期西柳沟龙头拐站、毛不拉沟图格日格站、罕台川响沙湾站几次流量过程悬移质泥沙取样测定的结果，其中值粒径为 0.03~0.05mm（图 2.28）。由于取样时流量和含沙量均较小，该粒径与大洪水期相比偏细。与孔兑流域邻近的黄河中游皇甫川等支流（图 1.6）与西柳沟等孔兑均发源于砒砂岩丘陵沟壑区，该区丘陵顶部多为粗骨性栗钙土和砒砂岩石土，中下部多为侵蚀黄土、风沙土和栗钙土。砒砂岩丘陵沟壑区为皇甫川和孔兑各自流域的主要产沙区，洪水同样具有流量大、含沙量高、历时短的特点。因此，皇甫川实测悬沙粒径对于认识孔兑悬沙粒径情况有重

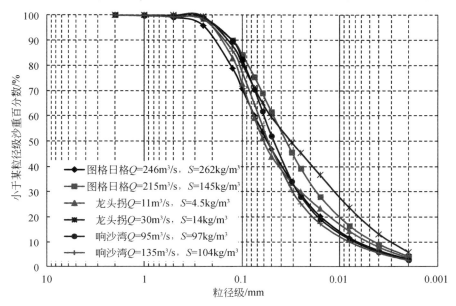

图 2.28　西柳沟、毛不拉沟、罕台川 2012 年单次悬移质级配

要参考价值。图 2.29 中绘出了相近流量和含沙量下黄河中游皇甫川级配曲线，其中值粒径也在 0.03 ~ 0.05mm，可见西柳沟悬沙粒径级配与皇甫川较为接近。图 2.30 是黄河中游皇甫川洪水期悬沙中值粒径与含沙量的关系，可以看出中值粒径随含沙量增大而增大的趋势十分明显，当含沙量超过 1000kg/m³ 后，悬沙中值粒径可以超过 0.2mm。由此可以进一步推知在较大洪水时孔兑悬沙粒径很粗。

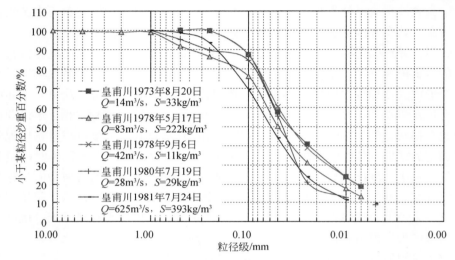

图 2.29　皇甫川皇甫站单次悬移质级配

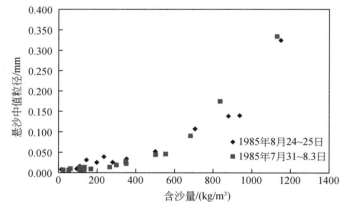

图 2.30　皇甫川洪水悬沙中值粒径与含沙量的关系

　　高含沙水流在运行过程中一般会发生沿程泥沙分选，粗颗粒泥沙会先淤积下来。考察中发现，在孔兑中部河床淤积物中存在大量粗沙和砾石，往下则逐渐减少，到下游平原河段则全是泥沙。

高含沙水流不同于一般挟沙水流，其水流往往表现为非牛顿体的性质，水体中黏性细颗粒泥沙形成一定的结构，可以支持泥沙颗粒悬浮而不沉降，从而使得高含沙水流具有很大的挟沙能力（钱宁，1989）。这一特点在高含沙水流含沙量与水流挟沙力因子（$U^3/gh\omega$）变化关系中的表现为：$U^3/gh\omega$ 随着含沙量的增大而增大，当含沙量达到一定值后，随着其继续增大，$U^3/gh\omega$ 呈现出减小趋势，即表明高含沙洪水泥沙可以在较弱的水力强度下输送（万兆惠和沈受百，1978）。点绘西柳沟高含沙洪水挟沙能力因子 U^3/gh 与含沙量关系（图 2.31）后发现类似的现象：U^3/gh 随着含沙量增大而增大，当含沙量超过 200kg/m³ 后，随含沙量增大 U^3/gh 呈减小趋势，说明西柳沟洪水含沙量达到一定量值后，随着含沙量增大水流输送泥沙所需水流强度不再增加，甚至存在减少的趋势。这与文献（万兆惠和沈受百）中黄河中游干支流高含沙水流含沙量与 $U^3/gh\omega$ 变化关系一致，说明西柳沟高含沙洪水具有黄河其他河段或支流高含沙洪水输沙能力极大的特性。

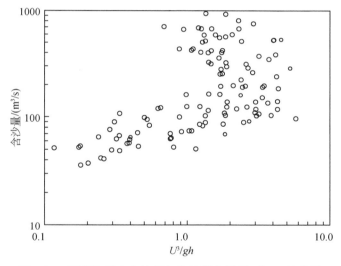

图 2.31　西柳沟洪水含沙量与挟沙能力因子 U^3/gh 的关系

（6）高含沙洪水冲淤特性

黄河干支流已发生的高含沙洪水的冲淤特性主要表现在几个方面：一是强烈的冲刷甚至发生揭河底冲刷，如黄河干流龙门河段、渭河临潼一带，高含沙洪水时常常发生强烈的河床冲刷，河床冲深可达 7~8m，冲刷距离达几十公里。二是泥沙在主槽中可以长距离输送不发生淤积。例如，1977 年 8 月渭河洪水，临潼站最大含沙量为 861kg/m³，其中小于 0.01mm 的细颗粒泥沙含量占总量的 16%，在长达 70 多公里的流程中，河道比降由 0.45‰降低到 0.15‰，河道基本处于平衡输沙状态。三是高含沙洪水一旦丧失稳定输送的条件时，在河道中就会产生严重淤积和强烈的河床变形，也就是滩地淤积抬升，主槽缩窄刷深。实测资料表明，天然河流的宽浅段往往是破坏高含沙水流稳定输送的重要原因。四是高含沙洪水的浆河现象。高含沙洪水一旦进入层流状态，其流动就会停滞，产生浆河，造成严重淤积。

西柳沟高含沙洪水一般都引起主槽冲刷，冲刷程度与洪水量级有关。从断面形态上看有两种冲刷形式，一种是全断面冲刷，如1989年7月21日高含沙洪水冲刷（图2.32）。该场洪水龙头拐站洪峰流量达到6940m³/s，最大含沙量为1240kg/m³，洪水过后龙头拐断面主槽平均冲刷下切1.17m，最大冲深为1.87m，主槽过流面积增大273m²，增幅为40.7%。另一种冲刷形式是淤滩冲槽，如1988年9月9日洪水冲刷（图2.33）。该场洪水洪峰流量为531m³/s，最大含沙量为

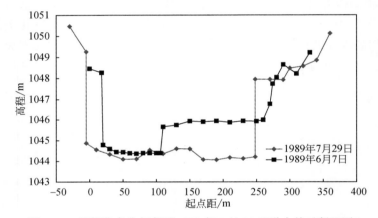

图2.32 西柳沟龙头拐断面1989年7月21日洪水前后断面图

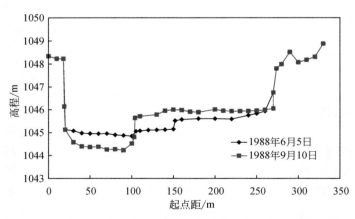

图2.33 西柳沟龙头拐断面1988年9月9日洪水前后断面图

1290kg/m³。由于洪峰流量较小，能量有限，难以造成全断面的强烈冲刷，主槽部分表现为冲刷，滩地淤高，滩槽形态更加分明。由于滩地淤积量大于主槽冲刷量，因此全断面总体表现为淤积。

图 2.34 为西柳沟龙头拐断面高含沙洪水期间断面面积冲淤变化与流量的关系，随着洪峰流量的增加，龙头拐断面冲刷幅度增加的趋势非常明显，当洪峰流量超过 1000m³/s 时，主槽即可发生明显冲刷。图 2.35 是 1976 年 8 月 2～3 日洪水（洪峰流量为 1330m³/s，最大含沙量为 371kg/m³）前后龙头拐断面变化，可以看出洪峰流量大于 1000m³/s 后，全断面均发生较为明显的冲刷。

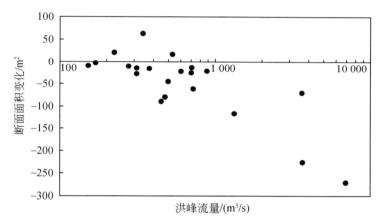

图 2.34　龙头拐洪峰流量与河床冲淤关系

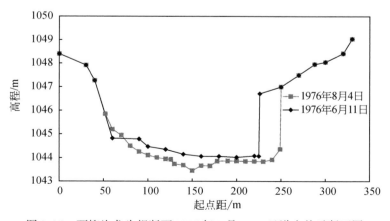

图 2.35　西柳沟龙头拐断面 1976 年 8 月 2～3 日洪水前后断面图

2.4　区间入汇水沙对干流水沙的影响

由于黄河内蒙古巴彦高勒～头道拐河段所处地区地理地貌条件的特殊性，区间来沙较多（特别是十大孔兑来沙较大），导致该河段的河床冲淤除了受上游水沙条件影响外，还受到区间入汇水沙条件（退水、支流入汇、风成沙）的严重影响。

为了分析区间入汇水沙对该河段干流总体水沙条件的影响，图2.36和图2.37分别给出了巴彦高勒～头道拐河段历年含沙量和来沙系数的变化情况，图中虚线为河段进口站巴彦高勒的年均含沙量和年均来沙系数，实线为巴彦高勒站加区间（退水、支流入汇、风成沙）的年均含沙量和年均来沙系数。图中还给出了1950～1968年、1969～1986年和1987～2010年各时段的平均含沙量和来沙系数，以及河段进口站巴彦高勒加区间的年均含沙量和年均来沙系数相对于不包括区间时巴彦高勒站的年均含沙量和年均来沙系数增大比例。

由图2.36和图2.37可以看到，考虑区间入汇水沙影响后的干流含沙量和来沙系数均较不考虑区间入汇水沙影响的偏大，说明区间入汇水沙使得巴彦高勒～头道拐河段的总体水沙条件恶化。而且考虑区间入汇水沙后的干流含沙量和来沙系数的增大比例，在1950～1968年、1969～1986年、1987～2010年三个时段依次加大，这主要是由于三个时段的巴彦高勒站来水量依次减少，在区间入汇沙量

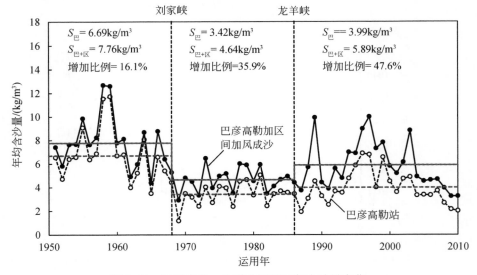

图2.36　巴彦高勒～头道拐河段历年含沙量变化

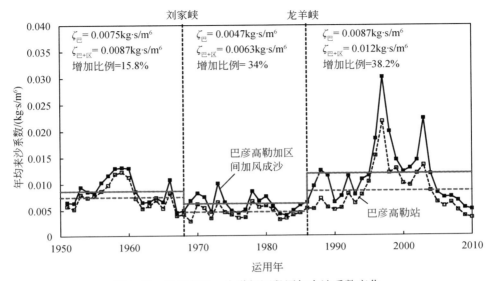

图 2.37　巴彦高勒～头道拐河段历年来沙系数变化

较为稳定的条件下，干流上游来水量的不断减少，相对突出了区间入汇泥沙的影响程度。因此，可以认为进入内蒙古河段干流的径流量及洪水流量的减少，导致水流输沙能力降低，相对突出了支流入黄泥沙的作用，干流来水条件（径流量及洪水流量）与区间入汇泥沙条件（孔兑高含沙洪水及风成沙）的强弱对比关系，决定了内蒙古河道的冲淤特性。

　　图 2.38 和图 2.39 分别给出了巴彦高勒～三湖河口河段历年含沙量和来沙系数的变化情况，图 2.40 和图 2.41 则分别给出了三湖河口～头道拐河段历年含沙量和来沙系数的变化情况。可以看到，巴彦高勒～三湖河口河段由于区间入汇水沙量较小，区间入汇水沙对该河段的总体水沙条件影响不大。而对于三湖河口～头道拐河段，由于区间入汇的沙量较大，区间入汇水沙对该河段的总体水沙条件影响较大，而且 1950～1968 年、1969～1986 年、1987～2010 年三个时段的平均含沙量和来沙系数增加比例依次加大，越来越突出了孔兑泥沙对干流的作用，这也是三湖河口～头道拐河段淤积不断加重的重要原因。

　　图 2.42 和图 2.43 分别给出了三湖河口～头道拐河段历年汛期含沙量和来沙系数的变化情况。可以看到，1950～1968 年、1969～1986 年、1987～2010 年三个时段的平均含沙量和来沙系数增加比例依次加大，且加大比例均大于年平均含沙量和来沙系数的增大幅度，说明区间入汇对干流水沙条件的影响主要集中在汛期。

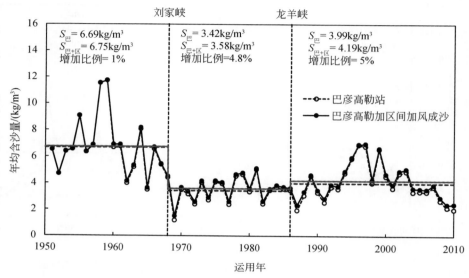

图 2.38　巴彦高勒~三湖河口河段历年含沙量变化

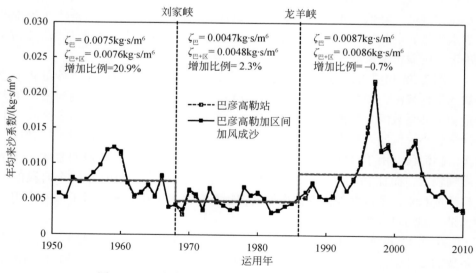

图 2.39　巴彦高勒~三湖河口河段历年来沙系数变化

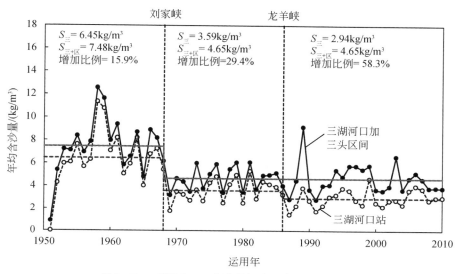

图 2.40　三湖河口～头道拐河段历年含沙量变化

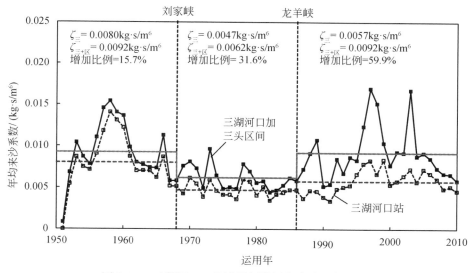

图 2.41　三湖河口～头道拐河段历年来沙系数变化

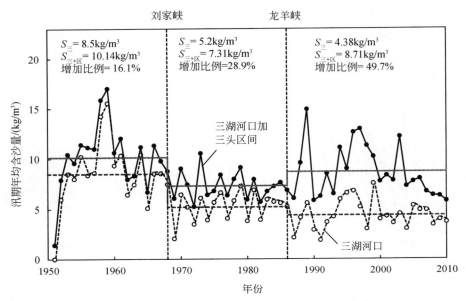

图 2.42　三湖河口~头道拐河段历年汛期含沙量变化

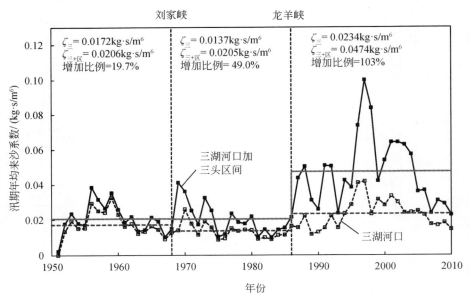

图 2.43　三湖河口~头道拐河段历年汛期来沙系数变化

2.5 内蒙古河段流量频率变化及成因

2.5.1 双累计曲线模型简介

累加生成算子是数据处理过程中的一种重要算子，通过对一组随机变化数据序列进行累加处理，可以起到对随机过程的滤波效果，削弱随机噪声，显现出被分析要素的趋势性。双累计曲线（double mass curve，DMC）模型是检验两个变量之间关系一致性及其变化的常用方法，最早由美国学者 Merriam（1937）提出，并应用于美国 Susquehanna 流域降雨资料的一致性分析。目前，双累计曲线模型已成为水文气象要素一致性或长期演变趋势分析中最简单、最直观、最广泛的一种方法。

双累计曲线模型的理论基础则在于：如果在相同时段内给定的数据成正比，那么一个变量的累加值与另一个变量的累加值在直角坐标上可以表示为一条直线，其斜率为两要素对应点的比例常数；如果双累计曲线的斜率发生突变则意味着两个变量之间的比例常数发生改变或者其对应的累加值的比可能不是常数，相应斜率发生突变点所对应的年份就是两个变量累计关系出现突变的时间。

双累计曲线模型的适用条件为：①比较分析的要素之间具有高度的相关性；②所分析的要素具有正比关系；③作为参考变量（或基准变量）观测数据在整个观测期内都具有可比性。根据双累计曲线模型基本理论假设，虽然在某一具体时间点上变量会有误差，但累计量则是精确的。一般而言，累计量线性回归方程相关系数应该在 0.90 以上。

2.5.2 兰州至头道拐河段年径流量双累计曲线模型

头道拐站是内蒙古河段的出口控制水文站，甘肃地区的兰州站是距黄河上游刘家峡、龙羊峡等大型水库较近的一个大型控制水文站，其流量过程主要受龙刘水库调蓄的影响。因此，选取兰州至头道拐河段为研究对象，以兰州站作为上游进口控制站，头道拐站作为下游出口控制站，建立两者的双累计曲线模型。

2.5.2.1 基础水沙资料

建模所需的基础水沙资料主要如下。

（1）干流与支流水沙资料

黄河上游兰州至头道拐区间内有祖历河、清水河、苦水河以及毛不拉沟、卜尔色太沟、黑赖沟、西柳沟、罕台川、壕庆河、哈什拉川、母花沟、东柳沟和呼斯太河十大孔兑等入汇。其基础水沙资料主要如下：

1）黄河上游兰州站 1950~2004 年实测来水量资料。

2）黄河头道拐站 1950~2004 年实测来水量资料。

3）区间祖历河、清水河 1955~2004 年入汇径流总量资料。

4）区间毛不拉沟、西柳沟 1960~2004 年入汇径流总量资料。

5）区间罕台川 1980~2004 年入汇径流资料。

6）区间十大孔兑经推算后得到的 1960~2004 年入汇径流资料。

（2）水库调蓄运用情况

1961 年以来，黄河上游相继修建投入运用的水库包括：盐锅峡、三盛公、青铜峡、刘家峡、八盘峡和龙羊峡等，见表 2.17。其中，盐锅峡、刘家峡、八盘峡、龙羊峡水库位于上游唐乃亥至兰州区间，三盛公、青铜峡水库位于兰州至头道拐区间以内。

表 2.17 黄河上游水电工程概况

工程名称	控制流域面积 /万 km^2	总库容 /亿 m^3	调节库容 /亿 m^3	运用方式	蓄水时间
盐锅峡	18.30	2.20	0.095	日调节	1961 年 3 月
三盛公	31.40	0.80	0.20	—	1961 年 4 月
青铜峡	27.50	5.70	3.20	日、周调节	1967 年 4 月
刘家峡	18.18	57.00	42.00	不完全年调节	1968 年 10 月
八盘峡	21.59	0.49	0.09	日调节	1975 年 6 月
龙羊峡	13.10	247.00	192.50	多年调节	1986 年 10 月

在上述水库中，盐锅峡、三盛公、青铜峡、八盘峡水库库容较小，多为日、周调节水库，对下游兰州至头道拐河段水沙变化影响较小，而刘家峡、龙羊峡水库库容较大，属于年、多年调节水库，调节能力较强，对下游河段水沙变化影响较大。因此，主要对刘家峡、龙羊峡水库的调蓄运用资料进行了收集，包括：

1）刘家峡水库 1968~1986 年水量调蓄资料。

2）龙羊峡水库 1986~2004 年水量调蓄资料。

（3）河道区间农业灌溉耗水情况

黄河上游兰州至头道拐区间人类耗水主要以农业灌溉为主，因此，主要对其农业灌溉用水资料进行了收集，包括：

1）宁夏卫宁灌区 1950～2000 年农业灌溉引水及退水量资料。

2）宁夏青铜峡灌区 1950～2000 年农业灌溉引水及退水量资料。

3）内蒙古三盛公灌区 1950～2000 年农业灌溉引水及退水量资料。

其中，农业引水量与退水量之差即为农业耗水量，通过对上述 3 个主要灌区历年耗水量进行求和，即可得到黄河上游兰州至头道拐区间历年农业耗水量。

2.5.2.2 兰州至头道拐河段双累计曲线模型

根据水量平衡原理：

$$W_C = W_J - \Delta W_S \tag{2.1}$$

式中，W_J 为河段年入汇径流量（包括进口与区间支流入汇）；W_C 为河段出口年径流量；ΔW_S 为河段年径流量损失量，主要包括区间引水、蒸发和渗漏损失等。

根据黄河上游兰州至头道拐河段实测水沙及人类引用水资料，在式（2.1）的基础上，分别点绘头道拐站出口年径流量、损失水量与河段年实际入汇径流量（兰州至头道拐河段入汇年径流量与区间人类耗水量之差）双累计曲线关系如图 2.44（a）和图 2.44（b）所示。

从图 2.44 可以看出：①黄河兰州至头道拐河段在上游龙刘水库投入运用前的 1950～1967 年，出口年径流量累计值及河段年径流损失量累计值分别与河段实际年入汇径流量累计值之间呈较好的线性相关关系，相关系数 R^2 达 0.99；②黄河兰州至头道拐河段在上游龙刘水库投入运用后的 1968～2004 年，出口年径流量累计值及河段年径流损失量累计值与河段实际年入汇径流量累计值曲线具有逐渐偏离水库运用前 1950～1967 年线性关系的趋势。

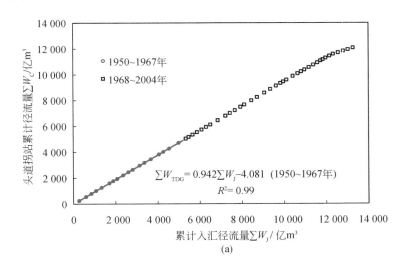

(a)

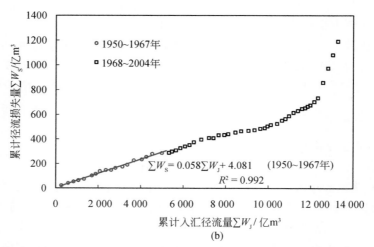

图 2.44　兰州至头道拐区间出口年径流量与河道实际年来水量双累计曲线关系

统计表明，随着黄河上游兰州至头道拐区间经济社会的发展，人类用水量总体上呈逐步上升的趋势，且主要以农业灌溉用水为主，如 1999 年兰州至头道拐区间农业灌溉用水为 110.70 亿 m³，而工业、城镇生活、农村人畜用水则分别为 1.42 亿 m³、0.31 亿 m³、0.39 亿 m³，远小于农业灌溉用水。其中，龙刘水库投入运用前的 1950～1967 年兰州至头道拐区间农业灌溉耗水量约为 64.9 亿 m³，河段年平均入汇径流量约为 341.7 亿 m³，所占比例约为 19%，相对较小，可以看作天然状态。因此，可以选用图 2.44 中 1950～1967 年黄河上游兰州至头道拐河段实际年入汇径流量累计值与头道拐出口站年径流量累计值之间的线性模型来近似反映天然状态下的兰头区间河道水量关系：

$$\sum W_{\text{TDG}} = \sum W_{\text{J}} - 0.058 \sum W_{\text{J}} - 4.081 = 0.942 \sum W_{\text{J}} - 4.081 \quad (2.2)$$

式中，W_{J} 为兰州至头道拐河段年入汇径流量；W_{TDG} 为头道拐出口年径流量。

2.5.3　兰州至头道拐河段天然年径流量还原计算与分析

（1）头道拐站天然年径流量还原计算

根据黄河上游兰州至头道拐河段进出口年径流量双累计线性模型式（2.1），可以对头道拐站天然年径流量进行还原计算。具体还原计算步骤如下：

1）采用水量还原法，主要考虑兰州上游龙刘水库调蓄的影响，根据龙刘水库调蓄及兰州站实测径流量资料，对兰州站天然年径流量进行还原。

2）以兰州站天然年径流量与沿程各支流入汇年径流量之和作为兰州至头道

拐区间天然年入汇径流量。

3）根据天然状态下兰州至头道拐河段进出口年径流量双累计线性模型式（2.2），计算得到头道拐站天然年径流量累计值。

4）通过对头道拐站天然年径流量累计值进行累减运算，可以得到头道拐站天然年径流量。

根据以上计算方法可以还原计算得到头道拐站天然年径流量如图 2.45 所示。另外，为了检验与比较，图中还分别给出了采用逐项水量还原法计算得到的头道拐站天然年径流量以及实测年径流量过程。其中，逐项水量还原法是基于水量平衡原理而得到的一种传统的河道水量还原计算方法，通过对各项用水量进行单独分析计算进而逐项进行还原，基本方程式为

$$W_{\text{天然}} = W_{\text{实测}} + W_{\text{还原}} = W_{\text{实测}} + W_{\text{农业}} + W_{\text{工业}} + W_{\text{生活}} \pm W_{\text{调水}} \pm W_{\text{分洪}} \pm W_{\text{库容}}$$

$$(2.3)$$

式中，$W_{\text{天然}}$ 为天然径流量；$W_{\text{实测}}$ 为实测径流量；$W_{\text{还原}}$ 为径流量还原值；$W_{\text{农业}}$ 为农业灌溉用水量；$W_{\text{工业}}$ 为工业用水量；$W_{\text{城镇}}$ 为城镇生活、农村生活用水量；$W_{\text{调水}}$ 为跨流域调水量；$W_{\text{分洪}}$ 为河道分洪量；$W_{\text{库蓄}}$ 为水库调蓄量。

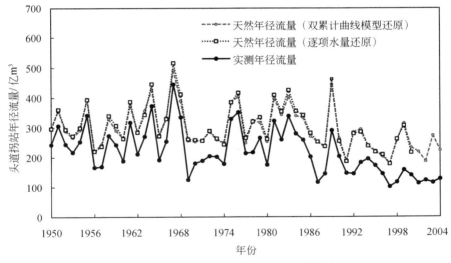

图 2.45　头道拐站天然年径流量还原计算结果

需要说明的是，本次采用逐项水量还原法式（2.3）对头道拐站天然年径流量进行还原计算过程中，主要考虑了兰州上游龙刘大型水库调蓄及兰州至头道拐区间农业灌溉耗水两项的影响。这主要是基于如下考虑：①黄河上游地区水量损失主要为工业、农业及生活用水，且主要以农业灌溉用水为主，另外，兰州上游地区工农

业用水与兰州至头道拐区间工农业用水相比，相对较小，如 1999 年兰州以上地区农业灌溉、工业、城镇生活、农村人畜用水分别为 17.55 亿 m³、5.69 亿 m³、0.75 亿 m³、1.26 亿 m³，兰头区间农业灌溉、工业、城镇生活、农村人畜用水则分别为 110.70 亿 m³、1.42 亿 m³、0.31 亿 m³、0.39 亿 m³；②盐锅峡、三盛公、青铜峡、八盘峡水库多为日、周调节水库，对下游头道拐河段年径流量调节影响较小，而刘家峡、龙羊峡水库均为年、多年调节水库，对下游头道拐河段年径流量调节影响较大。

从图 2.45 可以看出：①采用双累计曲线模型与传统逐项水量还原法计算得到的头道拐站天然年径流量相差较小，变化趋势基本一致，这表明采用简化的双累计曲线模型进行还原计算是可行的；②由于人类活动的影响（包括水库调蓄与河道引水），头道拐站实测年径流量均小于天然年径流量，且两者差值有逐步增大的趋势。

（2）头道拐站天然年径流量丰平枯划分

径流丰平枯特性分析是河流水文系统分析的一项重要内容。径流丰平枯划分方法主要包括：累计频率分析法、距平百分率法、模糊聚类法、灰色分类评价法、投影寻踪分类法等。其中，累计频率分析法就是通过绘制年径流量累计频率曲线，进而采用一定保证率 P 对应的年径流量来作为划分径流丰平枯的标准。多数学者采用 37.5% 与 62.5% 进行划分，即丰水年：$P \leqslant 37.5\%$；平水年：$37.5\% < P \leqslant 62.5\%$；枯水年：$P > 62.5\%$（张二凤，2004；李海彬等，2010）。不过，由于采用累计频率分析法需要年径流量资料满足"三性"（可靠性、一致性、代表性）要求，因此，对于人类活动影响较大的河流（如修建水库、河道引水等），需要对其年径流量资料进行还原计算。

对头道拐站天然年径流量还原计算值进行频率及累计频率统计，分别以累计频率值为 37.5% 与 62.5% 所对应的年径流量来作为划分径流丰平枯的标准，从而可以对头道拐站 1950～2004 年 55 年天然年径流量进行丰水年、平水年与枯水年划分，见表 2.18。

表 2.18 头道拐站天然年径流量丰平枯划分

水文站	丰水年	平水年	枯水年
头道拐	1950 年、1951 年、1955 年、1958 年、1961 年、1963 年、1964 年、1966 年、1967 年、1968 年、1975 年、1976 年、1978 年、1979 年、1981 年、1982 年、1983 年、1984 年、1985 年、1989 年、1999 年	1952 年、1953 年、1954 年、1959 年、1960 年、1962 年、1965 年、1972 年、1973 年、1986 年、1990 年、1992 年、1993 年、2003 年	1956 年、1957 年、1969 年、1970 年、1971 年、1974 年、1977 年、1980 年、1987 年、1988 年、1991 年、1994 年、1995 年、1996 年、1997 年、1998 年、2000 年、2001 年、2002 年、2004 年

根据表 2.18，分别对 1956～1967 年、1968～1986 年及 1987～2004 年头道拐站丰水年、平水年及枯水年年数及所占比例进行统计计算，见表 2.19。

表 2.19　头道拐站不同时段丰水年、平水年、枯水年数及所占比例

运用年	1956～1967 年		1968～1986 年		1987～2004 年	
	年数	比例/%	年数	比例/%	年数	比例/%
丰水年	6	50	10	52.6	2	11.1
平水年	4	33.3	3	15.8	4	22.2
枯水年	2	16.7	6	31.6	12	66.7
Σ	12	100	19	100	18	100

从表 2.19 可以看出：①在 1956～1967 年、1968～1986 年及 1987～2004 年各时段内，头道拐站天然年径流量丰、平、枯分布呈现出较大的差别；②1956～1967 年、1968～1986 年及 1987～2004 年各时段内枯水年份所占比例不断增大。

2.5.4　头道拐站流量频率变化分析

（1）头道拐站实测流量频率统计

在头道拐站 1956～2004 年日平均流量资料的基础上，根据表 2.18，分别对 1956～1967 年、1968～1986 年及 1987～2004 年头道拐站丰水年、平水年及枯水年的流量频率平均分布情况进行统计，见表 2.20。

表 2.20　头道拐站丰水年、平水年及枯水年流量频率平均分布情况

流量区间 /（m³/s）	1956～1967 年/%			1968～1986 年/%			1987～2004 年/%		
	丰水年	平水年	枯水年	丰水年	平水年	枯水年	丰水年	平水年	枯水年
<1000	62.6	81.2	86.3	72.1	84.9	91.5	85.3	92.5	95.6
1000～1500	9.6	11.1	11.9	10.5	7.8	5.3	6.4	6.2	3.2
1500～2000	11.6	5.5	1.8	6.3	6.3	1.3	1.8	1.2	0.8
2000～2500	8.6	2.1	0	4.4	0.6	0.6	3.7	0.1	0.2
2500～3000	4.8	0.2	0	2.8	0.5	1.2	2.6	0	0.1
3000～3500	1.1	0	0	2.6	0	0	0.1	0	0
3500～4000	0.7	0	0	0.8	0	0	0	0	0
>4000	1	0	0	0.5	0	0	0	0	0
Σ	100	100	100	100	100	100	100	100	100

在表 2.20 中，龙刘水库投入运用前的 1956～1967 年，头道拐站丰水年、平

水年及枯水年的流量频率平均分布情况可以近似作为天然状态下的丰水年、平水年及枯水年流量频率分布。从其流量频率平均分布情况来看：随着径流量的偏枯，小流量频率有逐渐增大的趋势，大流量频率有逐渐减小的趋势。

（2）头道拐站时段加权平均流量频率统分布

以表 2.20 中 1956～1967 年、1968～1986 年及 1987～2004 年各时段内丰水年、平水年及枯水年所占比例为计算权重，分别进行如下计算：①以表 2.20 中 1956～1967 年丰水年、平水年及枯水年流量频率平均分布近似作为天然丰水年、平水年及枯水年流量频率分布，分别计算得到 1956～1967 年、1968～1986 年及 1987～2004 年各时段天然状态下加权平均流量频率分布；②根据表 2.20 中 1968～1986 年及 1987～2004 年时段内丰水年、平水年及枯水年实测流量频率分布，可以分别计算得到 1968～1986 年与 1987～2004 年各时段的实际加权平均流量频率分布。计算结果见表 2.21。

表 2.21　头道拐站时段加权平均流量频率分布

流量区间 / (m³/s)	1956～1967 年/%	1968～1986 年/%		1987～2004 年/%	
	天然频率	天然频率	实际频率	天然频率	实际频率
<1000	72.8	73.0	80.3	82.5	93.7
1000～1500	10.6	10.6	8.4	11.5	4.2
1500～2000	7.9	7.5	4.7	3.7	1.0
2000～2500	4.8	4.8	2.6	1.4	0.6
2500～3000	2.5	2.6	1.9	0.6	0.4
3000～3500	0.6	0.6	1.4	0.1	0.0
3500～4000	0.3	0.4	0.4	0.1	0.0
>4000	0.5	0.5	0.3	0.1	0.0

从表 2.21 可以看出：①由于 1956～1967 年、1968～1986 年及 1987～2004 年各时段内天然年径流量丰平枯变化及其组合的影响，头道拐站各时段天然加权平均流量频率分布呈现出一定的区别，具体表现为，随着时段枯水年份的增多，小流量频率有逐渐增大的趋势，而大流量频率有逐渐减小的趋势；②由于人类活动（包括水库调蓄、河道引水等）的影响，头道拐站各时段实际加权平均流量频率分布中小流量频率进一步增大，而大流量频率进一步减小。

2.5.5　天然与人类活动对头道拐站流量频率的影响权重分析

为了进一步分析天然与人类活动因子对流量频率变化的影响权重，根据表

2.21 分别构造如下变化量：①1968～1986 年、1987～2004 年实际流量频率分布与 1956～1967 年天然流量频率分布的差值为总变化量；②1968～1986 年、1987～2004 年天然流量频率分布与 1956～1967 年天然流量频率分布的差值为天然变化量；③1968～1986 年、1987～2004 年实际流量频率分布与相应天然流量频率分布的差值为人类活动变化量；④天然变化量与人类活动变化量所占总变化量的比例作为影响权重。

天然变化量与人类活动变化量所占总变化量的权重见表 2.22。

表 2.22　头道拐站流量频率变化情况分析

流量区间 /（m³/s）	1968～1986 年					1987～2004 年				
	总变化量	天然变化量	影响权重/%	人类活动变化量	影响权重/%	总变化量	天然变化量	影响权重/%	人类活动变化量	影响权重/%
<1000	7.5	0.3	3.7	7.2	96.3	20.9	9.7	46.5	11.2	53.5
1000～1500	−2.2	0.0	0.0	−2.2	100.0	−6.4	0.9	—	−7.2	—
1500～2000	−3.2	−0.4	12.2	−2.8	87.8	−6.9	−4.2	61.3	−2.7	38.7
2000～2500	−2.2	0.0	0.0	−2.2	100.0	−4.2	−3.4	80.3	−0.8	19.7
2500～3000	−0.6	0.0	0.0	−0.6	100.0	−2.1	−1.9	90.0	−0.2	10.0
3000～3500	0.8	0.0	3.5	0.8	96.5	−0.6	−0.5	84.0	−0.1	16.0
3500～4000	0.1	0.1	100.0	0.0	0.0	−0.3	−0.2	74.6	−0.1	25.4
>4000	−0.2	0.0	0.0	−0.2	100.0	−0.5	−0.4	77.7	−0.1	22.3

从表 2.22 可以看出：1968～1986 年加权平均流量频率变化主要是由人类活动（包括水库调蓄、河道引水等）引起的，1987～2004 年加权平均流量频率变化中，小流量频率增大主要是由人类活动（如水库调蓄、河道引水等）引起的，而大流量频率减小主要是由于天然年径流量减少、枯水年份增多造成的。

2.6　内蒙古河段有效输沙流量变化分析

以往在有效输沙流量计算过程中，多考虑了流量过程的影响，较少考虑多沙河流中来沙量的影响。频率计算多以流量过程为统计基础或分别单独将流量与含沙量过程进行统计，将两者看作是互不相关的独立变量，未能反映出水沙组合的特征。本节从水沙组合的角度出发，建立了基于水沙二维向量组合的频率统计方法，并在此基础上提出了有效输沙流量的计算方法。

2.6.1　基于水沙二维向量组合频率的有效输沙流量计算方法

（1）水沙二维向量组合频率统计方法

天然河流的河床演变过程主要取决于来水来沙条件及河床边界条件。其中，来水来沙条件可以采用流量与含沙量两个参数进行表示。以往人们一般认为含沙量与流量之间存在着较好的指数相关关系，在水文频率统计过程中也较少考虑含沙量及其过程的影响。不过，大量河道实测水沙资料表明含沙量与流量之间并不呈现出显著的指数函数关系，如图 2.46 所示，但也并非是两个完全不相关的独立变量。对于多沙河流，含沙量及其过程对河床塑造作用的影响也是不容忽略的。因此，比较合理的看法应该是将流量与含沙量视为具有一定相关关系的二维变量组合，综合考虑流量与含沙量过程的影响。

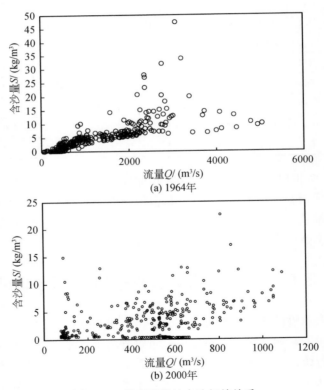

图 2.46　巴彦高勒站水沙相关关系

天然河流的流量与含沙量组合可以采用以流量、含沙量为分量的向量（Q，S）来表示。对向量（Q，S）的频率统计分析可以首先分别对流量 Q、含沙量 S 坐标轴进行分级，进而根据实测计算得到的流量、含沙量资料进行数理统计，从而得到不同流量 Q、含沙量 S 区间组合的统计频率 P_{ij}（此处 P_{ij} 下标 i、j 分别对应的是流量 Q、含沙量 S 坐标轴分级区间数），得到频率分布结果可用表格形式进行表示，见表 2.23。

表 2.23　流量、含沙量二维向量组合频率统计表

S ＼ Q	$[0，Q_1]$	$[Q_1，Q_2]$	$[Q_2，Q_3]$	...	$[Q_{i-1}，Q_i]$	...
$[0，S_1]$	P_{11}	P_{12}	P_{13}	...	P_{1j}	...
$[S_1，S_2]$	P_{21}	P_{22}	P_{23}	...	P_{2j}	...
$[S_2，S_3]$	P_{31}	P_{32}	P_{33}	...	P_{3j}	...
⋮	⋮	⋮	⋮		⋮	
$[S_{j-1}，S_j]$	$P_{i-1,1}$	$P_{i-1,2}$	$P_{i-1,3}$	...	P_{ij}	...
⋮	⋮	⋮	⋮		⋮	

（2）基于水沙二维向量组合频率统计的有效输沙流量计算方法

在上述水沙二维向量频率统计方法的基础上，基于地貌功概念，可以得到有效输沙流量的计算方法，具体步骤为：①根据河道某断面某一时间段内的实测水沙过程资料分别将流量及含沙量分为若干量级；②统计分析不同量级的流量与含沙量区间组合在该时间段内出现的历时频率 P_{ij}，绘出相应的频率统计表；③分别计算不同量级流量与含沙量区间组合所对应的地貌功，即输沙率 $Q_i S_j$ 与历时频率 P_{ij} 的乘积 $Q_i S_j P_{ij}$，其中，Q_i、S_j 分别为相应流量与含沙量区间中值；④分别以流量 Q 及含沙量 S 为坐标轴，绘制出相应地貌功 $Q_i S_j P_{ij}$ 曲面或采用表格表示，地貌功最大值所对应的流量与含沙量组合分别为有效输沙流量与含沙量组合。

2.6.2　内蒙古河段有效输沙流量计算

根据内蒙古河段巴彦高勒站 1954～2006 年实测日流量、含沙量资料，以各年为统计时段，采用上述有效输沙流量计算方法，可以计算得到各年的有效输沙流量与相应含沙量。以 1969 年为例，其不同流量 Q、含沙量 S 区间组合的统计频率 P_{ij} 见表 2.24，不同量级流量与含沙量区间组合所对应的地貌功值见表 2.25。

表 2.24　巴彦高勒站流量、含沙量二维向量组合频率统计表

$S/(kg/m^3)$ ＼ $Q/(kg/s)$	[0, 150]	[150, 300]	[300, 450]	[450, 600]	[600, 750]	[750, 900]	[900, 1050]	[1050, 1200]	[1200, 1350]	Σ
[0, 0.5]	0.082	0.058	0.184	0.066	0.036					0.425
[0.5, 1]	0.049	0.074	0.104	0.079	0.003					0.310
[1, 1.5]		0.005	0.049	0.063	0.027	0.005	0.003			0.153
[1.5, 2]			0.008	0.033	0.016	0.005				0.063
[2, 2.5]				0.005	0.008	0.005				0.019
[2.5, 3]				0.003		0.003			0.003	0.008
[3, 3.5]						0.005		0.005	0.003	0.014
[3.5, 4]								0.003		0.003
[4, 4.5]						0.003	0.003			0.005
Σ	0.132	0.137	0.345	0.249	0.090	0.027	0.005	0.008	0.005	1.000

表 2.25　巴彦高勒站流量、含沙量二维向量组合地貌功计算表

$S/(kg/m^3)$ ＼ $Q/(kg/s)$	75	225	375	525	675	825	975	1125	1275	MAX
0.25	1.54	3.24	17.21	8.63	6.01					17.21
0.75	2.77	12.48	29.28	31.28	1.39					31.28
1.25		1.54	23.12	41.35	23.12	5.65	3.34			41.35
1.75			5.39	30.21	19.42	7.91				30.21
2.25				6.47	12.48	10.17				12.48
2.75				3.96		6.22			9.61	9.61
3.25						14.69		20.03	11.35	20.03
3.75								11.56		11.56
4.25						9.61	11.35			11.35
MAX	2.77	12.48	29.28	41.35	23.12	14.69	11.35	20.03	11.35	

从表 2.25 可以看出，地貌功最大值为 41.35kg/s，其对应的流量与含沙量分别为 525m³/s 和 1.25kg/m³，即为黄河内蒙古河段巴彦高勒站 1969 年的有效输沙流量与相应含沙量组合。

与 1969 年有效输沙流量与相应含沙量计算方法相同，可以分别计算得到黄河内蒙古河段巴彦高勒站 1954～2006 年各年有效输沙流量与相应含沙量组合，如图 2.47 所示。从图中看出：①黄河内蒙古河段巴彦高勒站各年的有效输沙流量计算值基本上位于年平均流量与最大流量之间，且总体上呈现出不断减小的趋

势；②巴彦高勒站年有效来沙系数在 20 世纪 80 年代以前总体上呈现出减小的趋势，而在 80 年代以后，总体上呈现出不断增大的趋势，其中，1996 年有效来沙系数甚至出现了异常突大的情况；③内蒙古河段巴彦高勒站 1958～2006 年平均流量与有效输沙流量并不相等；④内蒙古河段巴彦高勒站历年平均流量变化情况总体上与有效输沙流量成正相关关系，而与有效来沙系数成负相关关系。

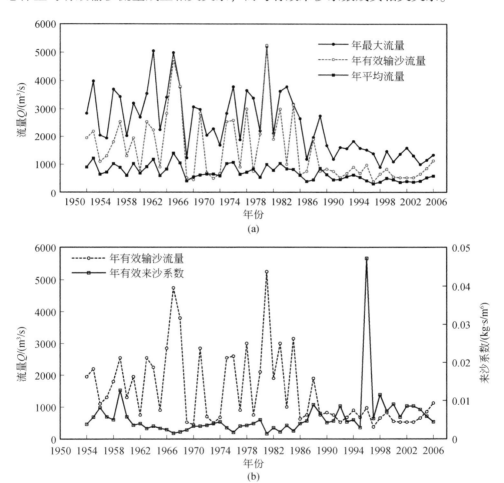

图 2.47　巴彦高勒站有效输沙流量、来沙系数变化情况

|第3章|　　内蒙古河段泥沙输移规律

对于一般的冲积河流，给定断面的输沙率与流量之间存在一定的相关关系，这种输沙关系的相关程度及变化特点，反映了河道的输沙能力大小和输沙平衡程度等河道输沙特性。一般来讲，处于冲淤平衡状态的冲积河流，输沙率与流量的关系表现为单一的关系；而对于冲淤演变剧烈的河道，输沙率与流量的关系则表现得比较散乱，缺乏规律性。对于黄河这样的高含沙河流，河道表现出强烈的不平衡输沙特点，河道的实际输沙率不仅与本站的水流条件有关，而且还与上游的来沙条件有关。本章从输沙率与流量、汛期和非汛期输沙量与水量的关系分析黄河内蒙古河段泥沙输移规律。

3.1　汛期输沙率与流量关系

进入黄河内蒙古冲积河段的泥沙主要由两部分组成，一部分是来自宁夏以上流域的干支流，另一部分是来自区间黄河南岸的十大孔兑。巴彦高勒站为河段进口，不同年代汛期的日均输沙率和流量关系如图3.1所示。从图3.1可以看出，输沙率与流量的关系散乱，说明同流量条件下的输沙率变幅较大。由于巴彦高勒

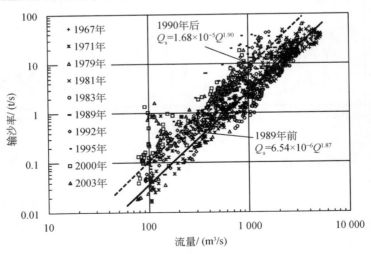

图3.1　巴彦高勒站汛期日均输沙率与流量的关系

站以上除宁夏青铜峡至石嘴山为冲积河道外，其余均为峡谷河道，具有较强的输沙能力，基本不存在泥沙的沿程淤积调整；虽然宁夏青铜峡至石嘴山河段有一定的冲淤调整，但调整幅度有限，不足以改变水沙关系的不协调状态。因此，巴彦高勒站河道输沙率与流量不相适应的主要原因是受区间来沙变化的影响。

对于图 3.1，以 1989 年为界可以大体上分为两个区（吴保生等，2010），之前的点群在下方，之后的点群位于上方，即同流量下 1990 年后的输沙率大于 1989 年前的输沙率。这种现象说明在龙羊峡水库运用及上游引水增加的情况下，同流量携带的泥沙量更大，必然会加重内蒙古巴彦高勒以下河道的淤积。

头道拐为河段的出口站，其汛期的日均输沙率与流量关系如图 3.2 所示。由图 3.2 可以看到，在刘家峡和龙羊峡水库运用前后的不同运用阶段，输沙率与流量之间的关系趋向单一稳定，也就是说，挟沙水流出三盛公枢纽后，经过531.6km 河道的长距离自动冲淤调整后，泥沙输移到头道拐站后的水沙条件已经基本适应。这种变化图形呈两个趋势，当流量小于 3000m³/s 时输沙率随流量的增加而增大，当流量达到 3000m³/s 以后，输沙率随着流量的继续增大而减小，其表达式为

$$Q_s = 2.7 \times 10^{-6} Q^{2.05} (Q < 3000 \text{m}^3/\text{s}) \tag{3.1}$$

$$Q_s = 2.8 \times 10^4 Q^{-0.83} (Q > 3000 \text{m}^3/\text{s}) \tag{3.2}$$

式中，Q_s 为日均输沙率（t/s）；Q 为日均流量（m³/s）。

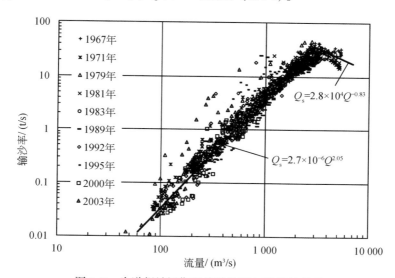

图 3.2　头道拐站汛期日均输沙率与流量的关系

输沙率在流量大于 3000m³/s 后随流量增大而减小的变化特点，主要与内蒙古河道洪水漫滩过程中形成滩槽横向水沙交换有关，在昭君坟附近河段平滩流量较小，洪水漫滩后滩面阻力大、滩地淤积，全断面输沙率降低。

3.2 汛期输沙量与径流量关系

3.2.1 头道拐站输沙量与径流量关系

1968 年刘家峡水库运用前，头道拐站汛期平均水、沙量分别为 164.7 亿 m³ 和 1.423 亿 t，1969~1986 年刘家峡水库单库运用期的汛期水量减少到 129.9 亿 m³，沙量减少到 0.868 亿 t，分别减少 34.8 亿 m³ 和 0.555 亿 t；1986 年龙羊峡水库运用后，水沙量进一步减少，汛期平均水量只有 58.5 亿 m³，汛期平均沙量为 0.246 亿 t，较前一时段分别减少 71.4 亿 m³ 和 0.622 亿 t。

头道拐站汛期沙量与水量的关系如图 3.3 所示，总体看汛期沙量随着水量的增加而增加，存在如下关系式：

$$W_{SF头} = 0.0098 W_{F头} - 0.309 (R^2 = 0.90)$$ (3.3)

式中，$W_{SF头}$ 为头道拐站汛期输沙量（亿 t）；$W_{F头}$ 为头道拐站汛期来水量（亿 m³）。

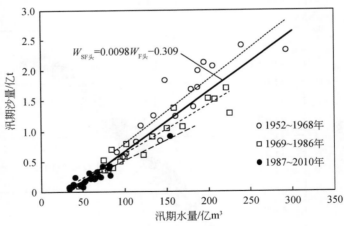

图 3.3 头道拐站汛期输沙量与来水量关系

在图 3.3 中，按刘家峡、龙羊峡水库投入运用时间分 3 个时段，可以看出其间的明显差异。在同样来水量情况下，1969 年刘家峡水库运用后较 1968 年以前的输沙量减少，1986 年龙羊峡水库运用后又较 1969~1986 年的输沙量减少。

由此可见，输沙率与流量的关系相对稳定，一定的流量就能携带一定的泥沙，输沙量的减少主要是汛期流量降低或汛期水量的减少所致。刘家峡水库运用后，洪峰削减，流量过程调平，内蒙古河段输沙能力降低。刘家峡水库投入运用前，随着来沙量减少，内蒙古河段淤积减轻，甚至发生冲刷；刘家峡水库运用后，一方面拦蓄了大部分泥沙，另一方面调节了流量，降低了大流量出现的概率，从而使河道输沙能力降低。尤其在龙羊峡水库投入运用后，由于水库 6~10 月蓄水运用，致使汛期进入河道的水量大幅度减少，洪峰流量被削减的幅度更大，使得河道输沙能力进一步降低，同水量下输沙量更少。因此，流量的减小是河道输沙能力降低的根本原因。

大量研究表明，黄河下游河道的泥沙输移规律有别于一般含沙量相对较低的河流，其中一个特点就是河道的输沙率不仅是流量的函数，而且还与上游来水含沙量有关，存在"多来多淤多排、少来少淤少排"的特点，这种独特的输沙关系可以用下式来表示（麦乔威等，1980；钱宁等，1981；赵业安等，1989）：

$$Q_s = KS_{上}^a Q^b \qquad (3.4)$$

式中，Q_s 为床沙质输沙率；Q 为流量；$S_{上}$ 为上站床沙质含沙量；K 为系数；a 和 b 为指数。实测资料分析表明，K 与前期河床冲淤和来沙颗粒组成有关，而 a 和 b 与河段的比降和河槽形态有关，对于黄河下游 a 和 b 分别在 $1.1~1.3$ 和 $0.70~0.98$ 的范围内变化。

式（3.4）的代表性已经被大量实测资料所证实，在黄河下游的泥沙输移研究中得到了广泛的应用，为了分析某一给定时段，如以年或非汛期和汛期为时段的泥沙沿程输移过程，可以将式（3.4）稍作改变，由此得到输沙量沿程变化的表达式如下（吴保生和张原锋，2007）：

$$W_s = KW_{s上}^a W^b \qquad (3.5)$$

式中，W_s 为输沙量；$W_{s上}$ 为上站输沙量；W 为水量。

我们知道，黄河内蒙古河道的输沙能力变幅较大，在实际应用中要严格区分冲泻质与床沙质十分困难，同时，推移质所占比重又很小，所以，式（3.5）中的 W_s 和 $W_{s上}$ 均为包括冲泻质在内的全部实测悬移质输沙量。

利用巴彦高勒和头道拐两站 1956~2010 年的实测水沙资料，图 3.4 点绘了汛期 $W_{SF头}$ 与 $W_{SF巴}^a (W_{F头} - 20)^b$ 的关系，可以看到，当取 $a = 0.36$，$b = 0.80$ 时，两者之间的相关关系较好，可以用如下回归关系式来表示：

$$W_{SF头} = 0.0231 W_{SF巴}^{0.36} (W_{F头} - 20)^{0.80} (R^2 = 0.96) \qquad (3.6)$$

式中，$W_{SF头}$ 为头道拐站的汛期输沙量（亿 t）；$W_{SF巴}$ 为巴彦高勒站的汛期输沙量（亿 t）；$W_{F头}$ 为头道拐站的汛期水量（亿 m³）。

由图 3.4 可以看到，头道拐站的汛期输沙量与 $W_{SF巴}^a (W_{F头} - 20)^b$ 具有较好的关系，所得式（3.6）也具有较高的精度，计算与实测头道拐汛期输沙量之间的相关系数 R^2 高达 0.96。式（3.6）右侧括号中的常数 20，可以认为这一常数代表了达到河床泥沙起动流速时所需要的水流能量。

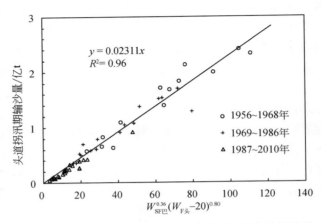

图 3.4　头道拐站汛期输沙量与来水量及上站来沙量关系

3.2.2　巴彦高勒至头道拐河段排沙比关系

排沙比（或称为泥沙输移比）是河道输沙能力的另一种表达形式，一般情况下，河道的输沙能力越强，则排沙比就越大。对于巴彦高勒至头道拐河段，排沙比可以表示为 $SDR = W_{S头}/W_{S巴}$。根据 1956～2010 年汛期实测资料，图 3.5 点绘了排沙比与巴彦高勒站汛期平均来沙系数的关系，可以看到，排沙比随来沙系数的增大而减小，两者之间具有较好的相关关系。根据图中资料，可得到巴彦高勒至头道拐的汛期排沙比关系如下：

$$SDR = 0.0242\zeta_{F巴}^{-0.691}(R^2 = 0.83) \tag{3.7}$$

3.2.3　巴彦高勒至头道拐河段汛期输沙平衡条件

对于式（3.6）表示的汛期输沙关系，当 $W_{SF头} = W_{SF巴}$，可以认为巴彦高勒至头道拐河段的输沙达到平衡。因此，根据式（3.6）可以得到巴彦高勒至头道拐河段的输沙平衡关系式如下：

$$W_{F头} = 111.04W_{SF头}^{0.80} + 20 \tag{3.8}$$

同样，根据式（3.7）或图 3.5，在巴彦高勒站汛期平均来沙系数等于 0.0045 时，$SDR = W_{SF头}/W_{SF巴} = 1.0$。因此，巴彦高勒至头道拐河段达到输沙平衡

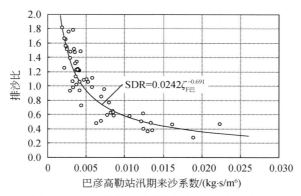

图 3.5 巴彦高勒至头道拐站汛期排沙比曲线

的条件可以表示为

$$\zeta_{F巴} = 0.0045 \tag{3.9}$$

或

$$W_{F巴} = 149.07 W_{SF巴}^{0.5} \tag{3.10}$$

式（3.9）与式（3.10）具有等价的效果。以式（3.9）来沙系数表示的输沙平衡条件简单实用。例如，当巴彦高勒站汛期平均流量为 1000m³/s 时，按式（3.9）可以得到能够输送的平衡含沙量为 4.5kg/m³。由式（3.10）可以看到输沙平衡时巴彦高勒站汛期来沙量与来水量之间的关系；此外，还可以方便与采用多来多排输沙公式得到的输沙平衡关系式（3.8）进行对比。

图 3.6 点绘了式（3.8）和式（3.10）表示的汛期输沙平衡关系。可以看到，随着巴彦高勒站汛期来沙量的增加，达到输沙平衡所需输沙水量也大幅增加。

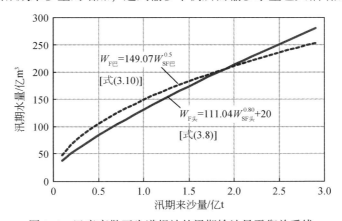

图 3.6 巴彦高勒至头道拐站的汛期输沙量平衡关系线

由图 3.6 可以看到，汛期输沙平衡关系式（3.10）与式（3.8）给出的输沙平衡关系线比较接近，说明结果是基本可信的。但需要注意以下几点：

1）由输沙量计算公式得到的式（3.8）及汛期排沙比关系得到的式（3.10），均采用实测资料率定，虽然隐含了区间退水退沙及十大孔兑来水来沙的影响，但是考虑不够充分，会存在一定误差。

2）这里的输沙平衡指的是头道拐站的汛期输沙量与巴彦高勒站的汛期输沙量相等，由于没有考虑区间来沙，式（3.8）和式（3.10）表示的输沙平衡不一定能代表河道的冲淤平衡。

3）式（3.8）采用的是头道拐站的汛期水量，而式（3.10）表示的输沙平衡关系采用的是巴彦高勒站的汛期水量，实际应用中需要注意两者的区别。

3.3　非汛期输沙量与径流量关系

3.3.1　非汛期输沙量与径流量关系

受来水总量和水库调蓄的影响，头道拐站输沙量及分配也发生了较大变化。1968 年刘家峡水库运用前基本处于自然状态，头道拐非汛期平均水、沙量分别为 101.4 亿 m³ 和 0.334 亿 t，占全年的比例分别为 38% 和 19%；1968 年 10 月刘家峡水库投入运用至 1986 年单库运用期间，非汛期水量为 109.3 亿 m³，输沙量为 0.235 亿 t，输沙量减少，而占全年的比例略有增加，为 21.3%；1986 年龙羊峡水库运用后，非汛期平均水量只有 94.5 亿 m³，输沙量为 0.164 亿 t，较之前水量略有减少，输沙量明显减少，但非汛期水沙量占全年的比例由 1968 年以前的38% 和 19% 分别增加到 62% 和 40%。沙量减少的幅度大于水量，平均含沙量降低。

非汛期水量变化不大的原因主要是水库的调节（汛期蓄水调节到非汛期下泄），而沙量减少的原因则主要是水库的拦沙和沿程自动调整。根据 1950～2010 年非汛期输沙量和来水量资料分析二者关系，如图 3.7 所示，总体来看输沙量随来水量的增加而增加，但点群较散乱，两者之间的关系可以表示为

$$W_{\text{SN头}} = 0.0050 W_{\text{N头}} - 0.2642 \ (R^2 = 0.62) \tag{3.11}$$

式中，$W_{\text{SN头}}$ 为头道拐站非汛期输沙量（亿 t）；$W_{\text{N头}}$ 为头道拐站非汛期径流量（亿 m³）。

若以 1968 年刘家峡水库投入运用为界分两个时段，头道拐非汛期输沙量和径流量的关系基本呈两个区，如图 3.8 所示。相同水量条件下 1969 年后的输沙

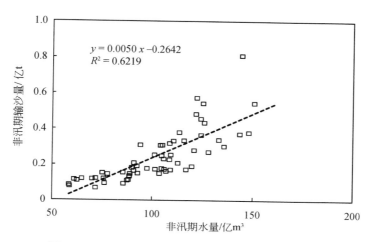

图 3.7 头道拐站非汛期输沙量与来水量的统一关系

量小于 1968 年以前，来水量越大输沙量的差异也越大，分别存在如下关系式：

1968 年以前：

$$W_{\text{SN头}} = 0.0065 W_{\text{N头}} - 0.3235 (R^2 = 0.86) \qquad (3.12)$$

1969 年以后：

$$W_{\text{SF头}} = 0.0037 W_{\text{N头}} - 0.1749 (R^2 = 0.75) \qquad (3.13)$$

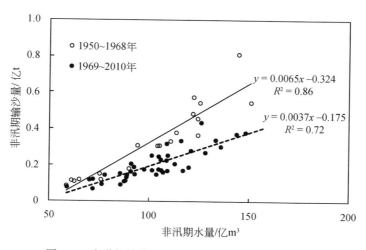

图 3.8 头道拐站非汛期输沙量与来水量的分区关系

3.3.2　月输沙量与径流量关系

为了与黄河流域水文泥沙习惯上的统计方法一致，在本节之前的分析中仍以 7～10 月作为汛期，但在黄河上游 6 月也容易发生洪水，个别年份 6 月的沙量也比较大，非汛期沙量与水量虽具有一定的关系，但点群相对散乱，这主要由黄河的地理位置、气候条件决定。内蒙古河段非汛期可分为封冻期和畅流期，每年 12～3 月河流从流凌、封冻到开河，受河面流凌和封冻的影响，河道输沙能力降低；11 月和 4～6 月为畅流期，其输沙能力主要取决于水流条件。考虑到各月气候条件的差异，分别点绘各月沙量和水量关系，如图 3.9 所示，显而易见，12 月、1 月、2 月和 3 月的部分点偏离较远，11 月和 4～10 月各月的水沙关系在同一趋势带上，其相关系数 $R^2 = 0.93$，并有关系式：

$$W_{SM头} = 0.000\ 18 W_{M头}^2 (R^2 = 0.93) \tag{3.14}$$

式中，$W_{SM头}$ 为头道拐站月沙量（亿 t）；$W_{M头}$ 为头道拐站月水量（亿 m^3）。

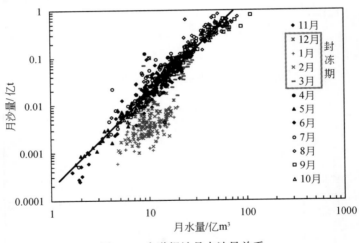

图 3.9　头道拐站月水沙量关系

非汛期的 11 月和 4～6 月与汛期各月水沙量变化具有同样的关系。非汛期输沙量小的原因，除畅流期流量小于汛期流量外，凌期输沙能力低也是输沙量小的重要因素。图 3.7 给出的非汛期输沙量与径流量关系散乱，其主要原因是包括了封冻期资料。

根据 1952～2008 年畅流期 11 月和 4～6 月的月输沙资料，参考式（3.5）的公式形式，通过回归分析，分别得到三湖河口和头道拐的月输沙量公式如下：

$$W_{\text{SM三}} = 0.005\,06 W_{\text{SM巴三}}^{0.34} W_{\text{M三}}^{1.21} (R^2 = 0.98) \tag{3.15}$$

$$W_{\text{SM头}} = 0.000\,251 W_{\text{SM三头}}^{0.034} W_{\text{M头}}^{1.94} (R^2 = 0.93) \tag{3.16}$$

式中，$W_{\text{SM三}}$ 和 $W_{\text{SM头}}$ 分别为三湖河口站和头道拐站的月输沙量（亿 t）；$W_{\text{M三}}$ 和 $W_{\text{M头}}$ 分别为三湖河口站和头道拐站的月水量（亿 m^3）；$W_{\text{SM巴三}}$ 为巴彦高勒站加巴三区间入汇后的月输沙量（亿 t）；$W_{\text{SM三头}}$ 为三湖河口加三头区间入汇后的月输沙量（亿 t）。

图 3.10 和图 3.11 分别为三湖河口站和头道拐站的月输沙量与相应综合参数

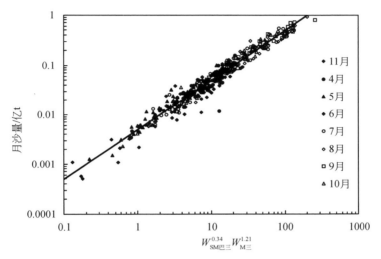

图 3.10 三湖河口站月沙量与水量及上站来沙量关系

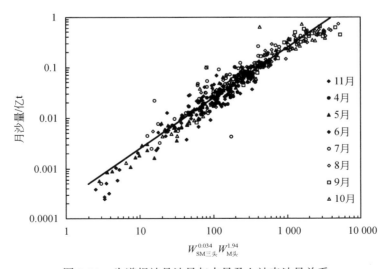

图 3.11 头道拐站月沙量与水量及上站来沙量关系

$W_{s\perp}^a$、W^b 的关系，可以看到，两者之间具有较好的关系。值得注意的是，三湖河口站月输沙量式（3.15）较头道拐站月输沙量式（3.16）的精度要高，可能是三湖河口至头道拐之间有十大孔兑的沿程汇入，不仅各支流汇入的位置不同，而且孔兑来水来沙具有一定随机性。此外，式（3.16）中上站月沙量的指数只有0.034，说明头道拐站的泥沙输移主要受当地水流条件的控制，与上游来沙条件的关系不大。

3.4　不同河段输沙量计算方法

冲积河流的河道泥沙输移及冲淤过程的影响因素众多，一方面与河道水流动力条件有关，另一方面与河道边界及床沙组成有关，影响机理十分复杂。对于黄河这样的高含沙河流，河道表现出强烈的不平衡输沙特点。大量研究表明，河道的实际输沙率不仅与本站的水流条件有关，而且还与上游的来沙条件有关，呈现出"多来多淤多排"的特点，其输沙率一般可用式（3.4）的经验公式来表示。

式（3.4）中的上站含沙量参数实质上体现了河道的不平衡输沙机制，物理意义明确。由于该公式形式简单，方便实用，在生产实践中得到了广泛应用。很多学者在式（3.4）的基础上研究了黄河的水流输沙特性及输沙率和输沙量计算方法，如钱宁等（1981）、赵业安等（1989）、吴保生和张原锋（2007）、申冠卿等（2007）和张晓华等（2008b），分别根据黄河日、非汛期与汛期、年实测输沙资料，对不同河段的系数 K、指数 a 和 b 进行了率定，并取得了较高的相关系数。

一些学者还对式（3.4）中指数 a、b 的变化规律进行了研究。例如，齐璞等（1993）的分析认为黄河下游河道的 a 与河道比降有关，b 与河相系数有关。对于输沙系数 K 的变化规律，钱宁等（1978）较早注意到其与河床累计冲淤量有关，呈近似线性关系。一般来讲，当河道发生累计淤积时，K 随累计淤积量的增加而增大；相反，当河道发生累计冲刷时，K 随累计冲刷量的增加而减小。刘月兰等（1987）在式（3.4）的基础上，通过引入输沙系数 K 与主槽前期累计淤积量的经验关系，得到了黄河下游河道各河段的主槽输沙率公式，用于黄河下游的河道冲淤计算。申冠卿等（2008）和吴保生等（2010）通过引入连续冲刷期的河道累计冲刷量为参数，以反映冲刷期泥沙的粗化及河床有效补给的减少，建立了考虑河道累计冲刷量参数的河道冲淤量计算方法，用于分析黄河下游不同洪水对河道冲淤的影响。

输沙公式中指数 a 和 b 随河道比降及河相系数的变化规律，实质上反映了输沙能力在空间上随河床边界条件的变化；而输沙系数 K 随累计淤积量的变化，实质上反映了输沙能力在时间上随河床边界调整的变化。当河床发生持续淤积时，河床泥沙组成变细，水流阻力变小，水流流速变大，结果导致水流的输沙能力提高，输沙率增大；相反，当河床发生持续冲刷时，河床泥沙组成变粗，水流阻力变大，水流流速变小，结果导致水流的输沙能力降低，输沙率减小。由此可见，对于黄河这样河床冲淤变幅较大的河流，考虑前期累计冲淤量参数对输沙能力的影响是十分必要的。

黄河内蒙古巴彦高勒～头道拐河段为典型的冲积型河道，由于上游流经沙漠边缘及十大孔兑泥沙的汇入，河水含沙量剧增，致使泥沙落淤，河床不断淤积抬高，河道主槽萎缩，加之水库运用和农业灌溉引水等导致来水来沙条件变化剧烈（姚文艺等，2013；申红彬等，2013；吴保生等，2013），河道输沙特性与河床演变过程十分复杂。针对内蒙古河段的输沙问题，一些学者（张晓华等，2008b；黄河勘测规划设计有限公司，2011）基于式（3.4）和式（3.5），得到了内蒙古不同河段和不同时段（汛期、洪水期、非汛期）的输沙率或输沙量计算公式，虽然这些公式的计算结果尚可，但当进一步用于推求河段冲淤量时，往往存在较大的误差。

3.4.1 年输沙量计算方法

吴保生等（2015a）针对水沙条件变化剧烈、河床冲淤幅度较大的内蒙古河段，基于多沙河流"多来多排"的输沙基本公式，建立了考虑上站来沙量、前期累计淤积量、临界输沙水量及干支流泥沙粒径影响的内蒙古河段输沙量与淤积量计算方法，取得了满意的结果。为了分析某一给定时段，如以年、非汛期和汛期为时段的泥沙沿程输移，可以参考以往关于黄河下游河道输沙量计算的研究（吴保生和张原锋，2007），采用式（3.5）形式的输沙量基本公式，即

$$W_s = KW_{s\perp}^a W^b \tag{3.17}$$

式中，W_s 为输沙量（亿 t）；$W_{s\perp}$ 为上站输沙量（亿 t）；W 为水量（亿 m³）；a、b 为指数；K 为系数。我们知道，黄河内蒙古河道的输沙能力变幅较大，在实际应用中要严格区分冲泻质与床沙质十分困难，同时，推移质所占比重又很小，所以式（3.17）中的 W_s 和 $W_{s\perp}$ 均为包括冲泻质在内的全部实测悬移质输沙量。

1）输沙系数和临界输沙水量。由于河床泥沙组成及阻力大小会随河床累计冲淤量的变化而变化，进而导致水流流速及输沙能力的变化。这种河床冲淤对水流输沙能力的影响，可以用输沙系数 K 随河床累计冲淤量变化的关系来反映，参考刘月兰等（1987）的研究，可用下式来表示：

$$K = K_0' e^{\lambda \sum (\Delta W_s - D)} \tag{3.18}$$

式中，K_0' 为输沙系数的基础值；λ 为系数；$\sum (\Delta W_s - D)$ 为前期河床冲淤参数（亿 t）；ΔW_s 为计算时段冲淤量（亿 t）；D 为平均冲淤量参数（亿 t）。

众所周知，河床泥沙的起动条件一般可用临界拖曳力 τ_c 或临界流速 U_c 来表示，相应的水流输沙能力或挟沙力可以表示为 $(\tau_0 - \tau_c)$ 或 $(U - U_c)$ 的函数。考虑到拖曳力和流速与流量的正比关系，水流输沙能力或输沙量也可以表示为 $(Q - Q_c)$ 或 $(W - W_c)$ 的函数（Simons 和 Sentürk，1992）。因此，在式（3.17）中引入临界输沙水量，以考虑泥沙临界起动所需水流能量，这样将式（3.18）代入式（3.17），可得如下一般形式的输沙量表达式：

$$W_s = K_0' e^{\lambda \sum (\Delta W_s - D)} W_{s\pm}^a (W - W_c)^b \tag{3.19}$$

式中，W_c 为临界输沙水量（亿 m³）。

2）泥沙粒径影响。在式（3.19）的应用中，当遇有区间入汇泥沙时，一种常用的处理方法是把区间入汇水沙量（包括支流、引退水渠）统一并入到河段进口断面，作为河段入口的水沙条件，这样的简单处理对于沿程入汇泥沙较少的河段来讲是可行的。但对于沿程支流入汇泥沙量较大的河段来讲，支流入汇泥沙与干流来沙对河道输沙过程的影响作用有所不同，这样的简单处理难以反映干支流泥沙对河道输沙和冲淤的不同影响。

众所周知，水流输沙能力或挟沙力与泥沙沉速或粒径成反比。以恩格隆-汉森输沙公式 $f'\Phi = 0.3\theta^2 \sqrt{\theta^2 + 0.15}$ 为例（f' 为恩格隆-汉森所定义的阻力系数；Φ 为无量纲的输沙强度参数；θ 为无量纲的剪切力强度参数），当 θ 较小时有 $f'\Phi \sim \theta^2$，当 θ 较大时有 $f'\Phi \sim \theta^3$，进而可得 $Q_s \propto d^{-(0.5 \sim 1.5)}$。关于非均匀沙的输沙能力计算，一种常用的方法是先计算各粒径组泥沙单独存在时的输沙能力（称为可能输沙能力），然后与相应粒径组泥沙在河床上或来沙中的所占比例相乘，从而得到不同粒径组泥沙的输沙能力，然后通过分组输沙能力求和得到总的输沙能力（Wu et al.，2004）。因此，不同粒径组泥沙的输沙能力 Q_{si} 与泥沙粒径 d_i 和泥沙级配 p_i 之间存在如下一般关系：

$$Q_{si} \propto p_i / d_i \tag{3.20}$$

式中，下标 i 为粒径组号。

对于干流和支流泥沙粒径不同的情况，可用其来沙量大小来表示相应权重的大小（类似 p_i），进而根据式（3.20）考虑干流和支流泥沙粒径不同对河道输沙能力的影响。为此，根据式（3.20）将式（3.19）改写为

$$W_s = K_0' e^{\lambda \sum (\Delta W_s - D)} \left(\frac{W_{sm}}{d_m} + \frac{W_{st}}{d_t} \right)^a (W - W_c)^b \tag{3.21}$$

式中，W_{sm} 和 W_{st} 分别为干、支流来沙量；d_m 和 d_t 分别为干、支流来沙的代表粒径。

通过引入干支流代表粒径的比值 $\eta = d_{\mathrm{m}}/d_{\mathrm{t}}$ [称为干支流泥沙粒径修正参数并将 $(1/d_{\mathrm{m}})^a$] 项并入 K_0']，可将式（3.21）进一步改写为如下的输沙量一般表达式：

$$W_{\mathrm{s}} = K_0 \mathrm{e}^{\lambda \sum (\Delta W_{\mathrm{s}}-D)} (W_{\mathrm{sm}} + \eta W_{\mathrm{st}})^a (W - W_{\mathrm{c}})^b \qquad (3.22)$$

式（3.22）考虑了上站来沙量、前期河床累计淤积量、临界输沙水量及干支流泥沙粒径不同对河道输沙能力的影响，是一个考虑因素较为全面的多沙河流输沙量一般表达式，其系数和指数可根据具体河段的实测水沙资料来确定。

3.4.2　非汛期和汛期输沙量计算方法

一年当中，由于流域内显著的气候差异，年内水沙条件和河道冲淤变化幅度较大，表现在汛期来水来沙量较大，河床冲淤变幅亦较大；而非汛期来水来沙量较小，河床冲淤变幅亦较小。因此。以年为步长掩盖了季节性差异较大河流非汛期和汛期来水来沙条件差异对河道输沙能力的影响，特别是对于内蒙古这种非汛期和汛期冲淤变化规律呈现显著差异的河段。因此，王彦君等（2015）在式（3.22）的基础上，进一步考虑非汛期和汛期平均冲淤参数的不同，得到了内蒙古河段非汛期和汛期冲淤量计算方法。

记非汛期和汛期的平均冲淤参数分别为 $D_{\text{非汛}}$ 和 $D_{\text{汛}}$，以某一汛末为初始时刻，记前期河床冲淤参数为 0，则第一个非汛期的输沙量计算公式为

$$W_{\mathrm{S非汛1}} = K_{0非汛} \mathrm{e}^{\lambda_{非汛} \times 0} \times W_{\mathrm{s上非汛1}}^a (W_{非汛1} - W_{\mathrm{c非汛}})^b \qquad (3.23)$$

此时汛前前期河床的冲淤参数为 $(\Delta W_{\mathrm{S非汛1}} - D_{非汛})$，则第一个汛期的输沙量公式为

$$W_{\mathrm{S汛1}} = K_{0汛} \mathrm{e}^{\lambda_{汛} \times (\Delta W_{\mathrm{S非汛1}}-D_{非汛})} \times W_{\mathrm{s上汛1}}^a (W_{汛1} - W_{\mathrm{c汛}})^b \qquad (3.24)$$

此时第二个非汛期的前期河床冲淤参数为 $(\Delta W_{\mathrm{S非汛1}} - D_{非汛}) + (\Delta W_{\mathrm{S汛1}} - D_{汛})$，则第二个非汛期的输沙量计算公式为

$$W_{\mathrm{S非汛2}} = K_{0非汛} \mathrm{e}^{\lambda_{非汛} \sum_{i=1}^{1} [(\Delta W_{\mathrm{S非汛}i}-D_{非汛})+(\Delta W_{\mathrm{S汛}i}-D_{汛})]} \times W_{\mathrm{s上非汛2}}^a (W_{非汛2} - W_{\mathrm{c非汛}})^b$$

$$(3.25)$$

此时第二个汛期的前期河床冲淤参数为 $\sum_{i=1}^{2}(\Delta W_{\mathrm{S非汛}i} - D_{非汛}) + \sum_{i=1}^{1}(\Delta W_{\mathrm{S汛}i} - D_{汛})$，则第二个汛期的输沙量计算公式为

$$W_{\mathrm{S汛2}} = K_{0汛} \mathrm{e}^{\lambda_{汛} [\sum_{i=1}^{2}(\Delta W_{\mathrm{S非汛}i}-D_{非汛})+\sum_{i=1}^{1}(\Delta W_{\mathrm{S汛}i}-D_{汛})]} \times W_{\mathrm{s上汛2}}^a (W_{汛2} - W_{\mathrm{c汛}})^b \quad (3.26)$$

以此类推，则第 n 个非汛期和汛期的输沙量计算公式分别为

$$W_{\mathrm{S非汛}n} = K_{0非汛} \mathrm{e}^{\lambda_{非汛} \sum_{i=1}^{n-1} [(\Delta W_{\mathrm{S非汛}i}-D_{非汛})+(\Delta W_{\mathrm{S汛}i}-D_{汛})]} \times W_{\mathrm{s上非汛}n}^a (W_{非汛n} - W_{\mathrm{c非汛}})^b$$

$$(3.27)$$

$$W_{S汛n} = K_{0汛} e^{\lambda_汛 [\sum_{i=1}^{n}(\Delta W_{S非汛i} - D_{非汛}) + \sum_{i=1}^{n-1}(\Delta W_{S汛i} - D_汛})]} \times W_{s上汛n}^{a} (W_{汛n} - W_{c汛})^{b} \quad (3.28)$$

需要说明的是，式（3.23）~式（3.28）中的前期河床冲淤参数剔除了本时段的冲淤量，这是因为该参数代表前期累计冲淤状况对本时段输沙能力的影响。在式（3.23）~式（3.28）的应用中，若遇到有沿程支流入汇泥沙并且干支流泥沙粒径不同的情况时，需将式中的 $W_{s上}$ 调整为 $(W_{sm} + \eta W_{st})$。

3.4.3 不同河段的年输沙量计算

（1）巴彦高勒~三湖河口段

巴彦高勒~三湖河口长 221.1km，北岸有永济渠、丰复渠、退水四闸及刁人沟等，南岸有风沙入黄。考虑到入汇水沙量小，将巴彦高勒~三湖河口之间的区间入汇水沙量（包括支流、引退水渠、风沙入黄泥沙量）加入到巴彦高勒站，一并作为河段的入口水沙量。在此基础上，根据巴彦高勒（包括区间水沙量）和三湖河口站 1953~2010 年的实测水沙资料，采用式（3.19）可以得到三湖河口的年输沙量公式如下：

$$W_{S三n} = 0.047 e^{0.085 \sum_{i=1}^{n-1}(\Delta W_{S巴三i} - 0.085)} W_{S(巴+区)n}^{0.62} (W_{三n} - 80)^{0.60} \quad (3.29)$$

式中，$W_{S三}$ 为三湖河口的计算年输沙量（亿t）；$W_{S(巴+区)}$ 为巴彦高勒站加巴三区间的实测年输沙量（亿t）；$W_三$ 为三湖河口站的实测年水量（亿m³）；$\Delta W_{S巴三}$ 为巴彦高勒~三湖河口段的计算年冲淤量（亿t）；n 为计算时段数，即年数。

把式（3.29）中有关参数分别代入式（3.18），可得相应输沙系数 K 值的变化范围为 0.0417~0.0610（平均为 0.0481）。采用式（3.29）计算的三湖河口站年输沙量与实测值的比较如图 3.12 所示，两者之间的相关系数较高，R^2 达 0.98，

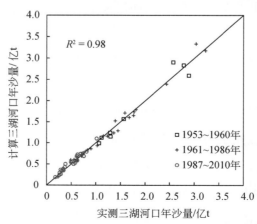

图 3.12 采用式（3.29）计算三湖河口站年输沙量与实测值的比较

说明公式计算结果与实测值的符合较好。

（2）三湖河口～头道拐河段

三湖河口～头道拐长 310.5km，北岸有昆都仑河、五当沟两条支流入汇，南岸有毛不拉沟、西柳沟等十大孔兑入汇。由于十大孔兑所处地区水土流失严重，中游又流经库布齐沙漠，遇暴雨时常形成高含沙洪水，在短时间内将大量泥沙输送入黄，造成干流河道的大量淤积和淤堵。与干流三湖河口的来沙相比，孔兑的泥沙颗粒较粗，可以采用式（3.22）来考虑黄河干流和十大孔兑泥沙粒径不同对河道输沙能力的影响。为此，利用 1953～2010 年的实测水沙及河床冲淤资料，根据式（3.22）得到头道拐站的年输沙量计算公式如下：

$$W_{S头n} = 0.051e^{0.053\sum_{i=1}^{n-1}(\Delta W_{S三头i}-0.38)}(W_{S(三+区)n} + 0.43W_{S孔兑n})^{0.45}(W_{头n} - 85)^{0.62}$$

$$(3.30)$$

式中，$W_{S头}$ 为头道拐站的计算年输沙量（亿 t）；$W_{S(三+区)}$ 为三湖河口加三头区间（不包括孔兑）的实测年输沙量（亿 t）；$W_{S孔兑}$ 为十大孔兑的实测年输沙量（亿 t）；$W_{头}$ 为头道拐站的实测年水量（亿 m^3）；$\Delta W_{S三头}$ 为三湖河口～头道拐河段的计算年冲淤量（亿 t）；n 为计算时段数（年数）。

把式（3.30）中有关参数分别代入式（3.18），可得相应输沙系数 K 值的变化范围为 0.0386～0.0561（平均为 0.0455）。此外，三湖河口来沙的中值粒径在 0.02～0.03mm，十大孔兑来沙的中值粒径在 0.05～0.06mm，按泥沙粒径修正系数 η 的定义，其取值应在 0.3～0.6。式（3.30）通过率定的实际取值为 0.43，在其代表物理意义的合理变化区间。采用式（3.30）计算的头道拐站年输沙量与实测值的比较如图 3.13 所示，两者之间的相关系数较高，R^2 达 0.97，说明计算结果具有较高精度。

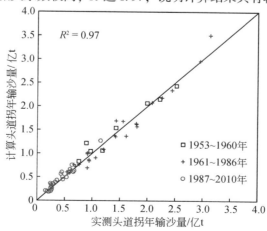

图 3.13　采用式（3.30）计算头道拐站年输沙量与实测值的比较

(3) 巴彦高勒～头道拐河段

在已知巴彦高勒及区间来沙的情况下，可以将巴彦高勒～头道拐作为一个河段，以巴彦高勒作为上站来推求头道拐站的输沙量，好处是可以避免三湖河口输沙量计算的中间环节，也有助于内蒙古整个河段输沙特性及冲淤过程的分析。为此，把除去十大孔兑来沙外的所有区间入汇水沙量（包括支流、引退水渠、风沙入黄泥沙量）加入到巴彦高勒站，一并作为河段的入口水沙量处理。然后，根据1953～2010 年的实测水沙资料，利用式（3.22）得到头道拐站的年输沙量公式如下：

$$W_{S头n} = 0.017e^{0.050\sum_{i=1}^{n-1}(\Delta W_{S巴头i}-0.40)}(W_{S(巴+区)n} + 0.43W_{S孔兑n})^{0.32}(W_{头n}-90)^{0.83}$$

$$(3.31)$$

式中，$W_{S头}$ 为头道拐站的计算年输沙量（亿 t）；$W_{S(巴+区)}$ 为巴彦高勒站加巴头区间（不包括十大孔兑）的实测年输沙量（亿 t）；$W_{S孔兑}$ 为十大孔兑的实测年输沙量（亿 t）；$W_{头}$ 为头道拐站的实测年水量（亿 m^3）；$\Delta W_{S巴头}$ 为巴彦高勒～头道拐河段的计算年冲淤量（亿 t）；n 为计算时段数。

把式（3.31）中有关参数代入式（3.18），可得输沙系数 K 值的变化范围为 0.0142～0.0221（平均为 0.0171）。采用式（3.31）计算的头道拐站年输沙量与实测值的比较如图 3.14 所示，两者之间的相关系数较高，R^2 达 0.97，说明公式计算结果与实测值的符合较好。

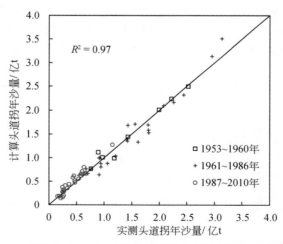

图 3.14　采用式（3.31）计算头道拐站年输沙量与实测值的比较

3.4.4 不同河段的非汛期和汛期输沙量计算

（1）巴彦高勒～三湖河口河段非汛期和汛期输沙量

首先以巴彦高勒站作为河段的入口站来计算三湖河口站的输沙量，其中将巴彦高勒～三湖河口段之间的区间入汇水沙量（包括支流、引退水渠、风积沙入黄量）加入到巴彦高勒站一并作为河段入口水沙量处理。在此基础上，利用巴彦高勒站和三湖河口站 1952～2010 年实测的水沙资料，分别根据式（3.27）和式（3.28）得到如下三湖河口站非汛期和汛期输沙量的计算公式：

$$W_{S三非汛n} = 0.0102e^{0.19\sum_{i=1}^{n-1}[(\Delta W_{S巴三非汛i}-0.05)+(\Delta W_{S三非汛i}-0.04)]}$$
$$\times W_{S(巴+巴三区)非汛n}^{0.52}\,(W_{三非汛n}-40)^{0.90} \tag{3.32}$$

$$W_{S三汛n} = 0.0607e^{0.070[\sum_{i=1}^{n-1}(\Delta W_{S巴三汛i}-0.04)+\sum_{i=1}^{n}(\Delta W_{S三非汛i}-0.05)]}$$
$$\times W_{S(巴+巴三区)汛n}^{0.49}\,(W_{三汛n}-25)^{0.583} \tag{3.33}$$

式中，$W_{S三非汛}$ 和 $W_{S三汛}$ 分别为三湖河口站计算的非汛期和汛期输沙量（亿 t）；$W_{S(巴+巴三区)非汛}$ 和 $W_{S(巴+巴三区)汛}$ 分别为上站巴彦高勒站加巴彦高勒～三湖河口区间实测的非汛期和汛期来沙量（亿 t）；$W_{三非汛}$ 和 $W_{三汛}$ 分别为三湖河口站实测的非汛期和汛期水量（亿 m^3）；$\Delta W_{S巴三非汛}$ 和 $\Delta W_{S巴三汛}$ 分别为巴彦高勒～三湖河口河段实测的非汛期和汛期冲淤量（亿 t）；n 为计算时段数，即年数。将式（3.32）和式（3.33）中的有关参数代入式（3.18），可以得到巴三段非汛期输沙系数 K 值的变化范围为 0.007～0.019（平均为 0.011），而汛期输沙系数 K 值的变化范围为 0.054～0.075（平均为 0.062）。根据式（3.32）和式（3.33）计算的三湖河口站输沙量和实测输沙量的对比结果如图 3.15 所示。可以看出非汛期和汛期输沙

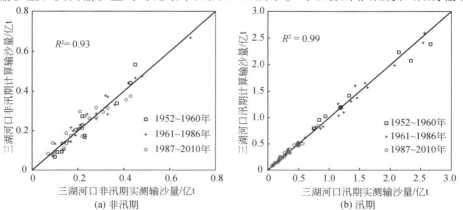

图 3.15 巴彦高勒～三湖河口河段非汛期和汛期计算与实测输沙量的比较

量计算值与实测值的拟合系数 R^2 分别为 0.93 和 0.99。

（2）三湖河口～头道拐河段非汛期和汛期输沙量

以三湖河口站作为河段的入口站来计算头道拐站的输沙量，由于该河段北岸有昆都仑河、五当沟两条支流的入汇，南岸有流经库布齐沙漠的十大孔兑入汇，并且与干流来沙相比，孔兑来沙颗粒较粗，以汛期短历时的高含沙洪水为主，易造成干流河道的大量淤积和淤堵。为此汛期将三湖河口～头道拐站区间除十大孔兑入汇的水沙量加入到三湖河口站一并作为河段入口的水沙量处理，而十大孔兑来沙作为考虑粒径影响的区间支流，而非汛期区间入汇泥沙一并作为入口水沙条件来处理。在此基础上，利用三湖河口和头道拐 1952～2010 年实测的水沙资料，分别根据式（3.27）和式（3.28）得到如下头道拐站非汛期和汛期输沙量的计算公式：

$$W_{S头非汛n} = 0.018e^{0.097\sum_{i=1}^{n-1}[(\Delta W_{S三头非汛i}-0.04)+(\Delta W_{S三头汛i}-0.28)]}$$
$$\times W_{S(三+三头区)非汛n}^{0.57}(W_{头非汛n}-34)^{0.81} \tag{3.34}$$

$$W_{S头汛n} = 0.073e^{0.053[\sum_{i=1}^{n-1}(\Delta W_{S三头汛i}-0.28)+\sum_{i=1}^{n}(\Delta W_{S三头非汛i}-0.04)]}$$
$$\times (W_{S(三+三头区)汛n}+0.32W_{S孔兑汛n})^{0.45}(W_{头汛n}-33)^{0.56}$$
$$\tag{3.35}$$

式中，$W_{S头非汛}$ 和 $W_{S头汛}$ 分别为头道拐站计算的非汛期和汛期输沙量；$W_{S(三+三头区)非汛}$ 为上站三湖河口加三湖河口～头道拐区间实测的非汛期来沙量；$W_{S(三+三头区)汛}$ 为除十大孔兑外，上站三湖河口加三湖河口～头道拐区间实测的汛期来沙量；$W_{S孔兑汛}$ 为十大孔兑汛期的来沙量；$W_{头非汛}$ 和 $W_{头汛}$ 分别为头道拐实测的非汛期和汛期水量（亿 m^3）；$\Delta W_{S三头非汛}$ 和 $\Delta W_{S三头汛}$ 分别为三湖河口～头道拐河段实测的非汛期和汛期冲淤量（亿 t）。将式（3.34）和式（3.35）中的有关参数代入式（3.18），可以得到三头段非汛期输沙系数 K 值的变化范围为 0.013～0.022（平均为 0.017），汛期输沙系数 K 值的变化范围为 0.062～0.081（平均为 0.070）。根据式（3.34）和式（3.35）计算的头道拐站非汛期和汛期输沙量与实测输沙量的对比如图 3.16 所示。可以看出非汛期和汛期输沙量计算值和实测值的拟合系数 R^2 分别为 0.94 和 0.97。

（3）巴彦高勒～头道拐河段非汛期和汛期输沙量

在已知巴彦高勒及巴彦高勒～头道拐区间来水来沙资料的情况下，可以将巴彦高勒～头道拐河段作为研究河段，以巴彦高勒站作为入口站来推求头道拐站的输沙量，以便对内蒙古整个河段输沙特性及冲淤过程的分析。在此基础上，利用

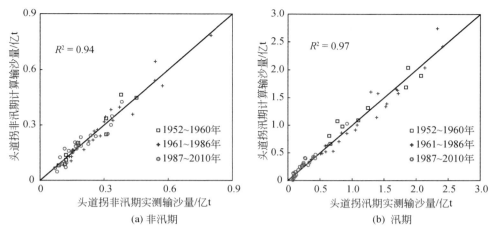

图 3.16 三湖河口~头道拐河段非汛期和汛期计算与实测输沙量的比较

巴彦高勒站和头道拐站 1952~2010 年实测的水沙资料，分别根据式（3.27）和式（3.28）得到如下头道拐站非汛期和汛期输沙量的计算公式：

$$W_{S头非汛n} = 0.007 e^{0.097 \sum_{i=1}^{n-1} \left[(\Delta W_{S头非汛i} - 0.12) + (\Delta W_{S头汛i} - 0.28) \right]}$$
$$\times W_{S(巴+巴头区)非汛n}^{0.29} (W_{头非汛n} - 50)^{0.99} \qquad (3.36)$$

$$W_{S头汛n} = 0.026 e^{0.037 \left[\sum_{i=1}^{n-1} (\Delta W_{S头汛i} - 0.28) + \sum_{i=1}^{n} (\Delta W_{S巴头非汛i} - 0.12) \right]}$$
$$\times (W_{S(巴+巴头区)汛n} + 0.32 W_{S孔兑汛n})^{0.26} (W_{头汛n} - 33)^{0.78} \qquad (3.37)$$

式中，$W_{S(巴+巴头区)非汛}$ 为上站巴彦高勒加巴彦高勒~头道拐区间实测的非汛期来沙量；$W_{S(巴+巴头区)汛}$ 为除十大孔兑外，上站巴彦高勒加巴彦高勒~头道拐区间实测的汛期来沙量（亿 t）；$\Delta W_{S巴头非汛}$ 和 $\Delta W_{S巴头汛}$ 分别为巴彦高勒~头道拐河段实测的非汛期和汛期冲淤量（亿 t）。将式（3.36）和式（3.37）中的有关参数代入式（3.18），可以得到巴头段非汛期输沙系数 K 值的变化范围为 0.005~0.012（平均为 0.007），汛期输沙系数 K 值的变化范围为 0.022~0.032（平均为 0.026）。根据式（3.36）和式（3.37）计算的头道拐站非汛期和汛期输沙量和实测输沙量的对比如图 3.17 所示。可以看出非汛期和汛期输沙量计算值和实测值之间的相关系数 R^2 分别为 0.92 和 0.96。

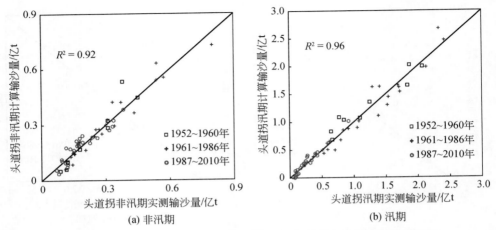

图 3.17　巴彦高勒～头道拐河段非汛期和汛期计算与实测输沙量的比较

第4章 内蒙古河段冲淤调整规律

4.1 内蒙古河段的冲淤概况

4.1.1 河道冲淤量计算方法

河道冲淤量的计算方法有输沙率法（沙量平衡法）和断面法，前者是根据实测输沙率资料计算河道的冲淤量，后者是根据实测大断面资料计算河道的冲淤体积。

（1）输沙率法

输沙率法根据进入、输出河段的输沙资料及区间支流、引退水渠、风成沙等，采用沙量平衡原理进行历年或历月的逐时段计算。优点是水文站输沙率资料及流量观测资料丰富，计算结果具有较好的时间、空间上的连续性，为深入研究泥沙冲淤调整与来水来沙间的关系及揭示洪水期的泥沙冲淤调整规律提供了基础。缺点是因子较多、引退水资料不足及测验误差等，且存在累积性误差。

由于输沙率法在时空上有较好的连续性，因此，在河道泥沙冲淤影响因素分析及河道冲淤过程的模拟计算等研究中，一般均采用输沙率法的计算成果。对于内蒙古河段，输沙率法的具体计算公式如下（黄河勘测规划设计有限公司，2011）：

$$\Delta W_s = W_{s进} + W_{s支} + W_{s排} + W_{s风} - W_{s出} - W_{s引} \tag{4.1}$$

式中，ΔW_s 为河段冲淤量（亿 t）；$W_{s进}$ 为河段进口沙量（亿 t）；$W_{s支}$ 为支流来沙量（亿 t）；$W_{s排}$ 为区间排水沟排沙量（亿 t）；$W_{s风}$ 为入黄风成沙（20 世纪 50 年代不考虑）（亿 t）；$W_{s出}$ 为河段出口沙量（亿 t）；$W_{s引}$ 为区间引沙量（亿 t）。

（2）断面法

断面法是目前河道冲淤量计算的常用方法之一，根据前后两次实测大断面之间的面积差来计算河道的冲淤体积。断面法有两个优点：一是由于测验断面布设间距较短，且冲淤计算值仅与始末状态有关，与中间过程无关，不存在累积性误差；二是可以反映冲淤量的滩槽及沿程分布情况。断面法也存在明显的不足，主要是断面测验时间间隔相对较长，一般测次较少，会导致冲淤量计算成果在时间、空间上的连续性不足，不能记述短时期或任意给定时期内河道的冲淤变化。

断面冲淤面积的计算公式为（黄河勘测规划设计有限公司，2011）

$$\Delta S = S_1 - S_2 \tag{4.2}$$

式中，ΔS 为同一断面相邻两侧次的冲淤面积（m^2）；S_1、S_2 分别为某一高程下同一断面相邻两侧次的面积（m^2）。

断面间冲淤量的计算公式为

$$\Delta V = \frac{\Delta S_u + \Delta S_d + \sqrt{\Delta S_u \Delta S_d}}{3} \Delta L \tag{4.3}$$

式中，ΔV 为相邻两断面间的冲淤体积（m^3）；ΔS_u、ΔS_d 分别为上、下相邻断面的冲淤面积（m^2）；ΔL 为相邻两断面的间距（m）。

在实际应用中，如果条件许可，可以采用输沙率法和断面法同时计算河道的冲淤量，通过对比两者的计算结果，必要时根据断面法结果对输沙率结果进行修正。然后利用较为详细的输沙率法计算结果进行河床冲淤演变规律分析。

4.1.2　输沙率法冲淤量计算结果

（1）巴彦高勒～头道拐河段冲淤情况

根据内蒙古河段沿程各水文站来沙量、沿程支流、引水渠、排水渠等的水文泥沙资料，以及修正后的风积沙资料，可采用式（4.1）对内蒙古河段的冲淤量进行计算，得到不同河段的输沙率法冲淤量，这里采用黄河勘测规划设计有限公司（2011）给出的计算结果。表4.1为不同时段的平均冲淤量，图4.1为巴彦高勒～头道拐河段的历年淤积过程及累计淤积过程。需要说明的是，冲淤量计算是以运用年为时段，其中非汛期为11～6月，汛期为7～10月。

表 4.1　巴彦高勒～头道拐年均冲淤量计算结果　　（单位：亿 t）

时段	巴彦高勒～三湖河口	三湖河口～头道拐	巴彦高勒～头道拐
1952 年 11 月～1960 年 10 月	0.443	0.593	1.036
1960 年 11 月～1968 年 10 月	−0.228	0.205	−0.022
1968 年 11 月～1986 年 10 月	−0.033	0.091	0.059
1986 年 11 月～2010 年 10 月	0.181	0.361	0.542
1952 年 11 月～2010 年 10 月	0.094	0.288	0.382

由表4.1可以看到，1952 年 11 月～1960 年 10 月的天然情况下内蒙古河段淤积较多，年平均淤积量达 1.036 亿 t。1960 年以后盐锅峡、三盛公、青铜峡、刘家峡、八盘峡、龙羊峡等水利枢纽陆续投入运用，受水库拦沙和天然来水丰枯

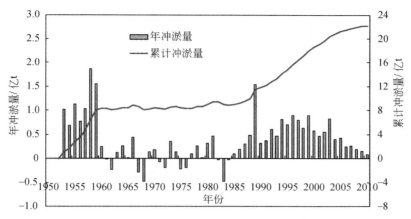

图 4.1 巴彦高勒~头道拐河段历年冲淤量过程

的影响，1960 年 11 月~1968 年 10 月巴彦高勒~头道拐河段总体表现为冲刷，1968 年 11 月~1986 年 10 月有冲有淤，总体表现为淤积；1986 年龙羊峡水库运用以来，进入内蒙古河道的水沙量均减少、但来沙系数增大，致使河道淤积量增加，年平均淤积量达 0.542 亿 t。

巴彦高勒~头道拐河段 1952 年 11 月~2010 年 10 月累计淤积 22.17 亿 t，主要发生在 1960 年以前和 1986 年以后，如图 4.1 所示。其中，1952 年 11 月~1960 年 10 月累计淤积 8.29 亿 t，1986 年 11 月~2010 年 10 月累计淤积 13.00 亿 t，1960 年 11 月~1986 年 10 月冲淤调整幅度小，累计淤积量也很小。从不同年代来看，1952 年 11 月~1960 年 10 月遇丰水大沙年份，如 1955 年、1958 年和 1959 年巴彦高勒的沙量均在 3 亿 t 以上，导致河段淤积量也大，年均淤积量为 1.036 亿 t；1960 年 11 月~1968 年 10 月河段年均冲刷量为 0.022 亿 t，1968 年 11 月~1986 年 10 月年均淤积量为 0.059 亿 t，1986 年 11 月~2010 年 10 月年均淤积量为 0.542 亿 t。

图 4.2 为 1987~2010 年（1986 年 11 月~2010 年 10 月）内蒙古河道不同河段年平均沙量平衡示意图，可以直观地了解各主要测站的年平均来水来沙量、区间入汇水沙量及各河段的年平均泥沙淤积量。

（2）分河段冲淤情况

图 4.3 为内蒙古河道不同河段的累计淤积过程。可以看到，由于历年水沙条件和边界条件不同，各河段冲淤变化存在差异。由图 4.3 和表 4.1 可以看到，天然情况下的 1953~1960 年，干流来沙量大，各个河段均发生淤积；1961~1968 年为部分水库（三盛公 1961 年，盐锅峡 1961 年，青铜峡 1967 年）开始运用到刘家峡水库运用以前，巴彦高勒~三湖河口河段为冲刷，三湖河口~头道拐河段

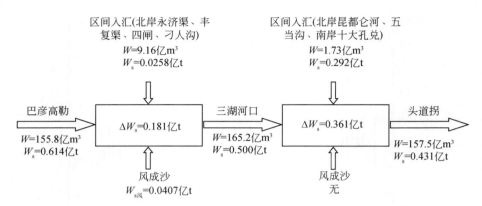

图 4.2　1987～2010 年内蒙古河道不同河段年平均沙量平衡示意图

为淤积，全河段略有冲刷；1969～1986 年刘家峡水库投入运用到龙羊峡水库运用前，巴彦高勒～三湖河口河段略有冲刷，三湖河口～头道拐河段有少量淤积，全河段略有淤积；1986 年后在干流来沙量大幅减少的情况下，全河段均表现为淤积，但巴彦高勒～三湖河口河段及全河段年均冲淤量均小于 1953～1960 年。

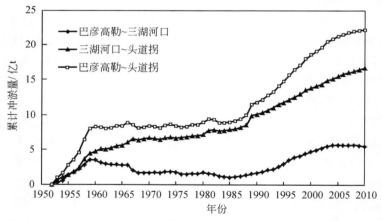

图 4.3　内蒙古不同河段累计冲淤量过程

　　图 4.4 给出了内蒙古河道不同河段的累计淤积强度过程，这里所说的淤积强度是指单位河长的淤积量，目的是消除河长的影响。由图 4.4 可以看到，各河段在 1953～1960 年的淤积强度基本相同，但 1960 年以后，两河段的淤积强度显著不同。1961～1986 年巴彦高勒～三湖河口河段的累计淤积强度逐渐减小，而三湖河口～头道拐河段的累计淤积强度逐渐增大；1986 年后，两个河段均发生累计淤积，但三湖河口～头道拐和巴彦高勒～三湖河口的累计淤积强度越来越大。

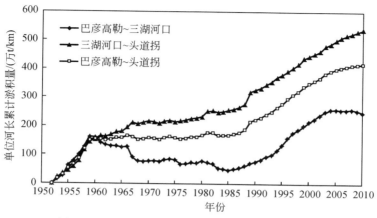

图 4.4　内蒙古不同河段单位河长累计淤积量过程

（3）汛期和非汛期冲淤情况

表 4.2 给出了各河段汛期、非汛期的年均冲淤量计算结果。图 4.5 为巴彦高勒~三湖河口段历年汛期和非汛期冲淤变化过程。上游修建水库前，汛期除 1960 年外均发生淤积，非汛期除 1953 年和 1960 年外均发生淤积；1961~1972 年为上游水库建成初期拦沙运用阶段，除个别年份外汛期和非汛期基本上都是冲刷；1973~1986 年汛期多为冲刷，非汛期由之前的冲刷转为淤积，但非汛期淤积量小于汛期冲刷量；1986 年以后汛期和非汛期均处于淤积状态，但年均淤积量小于天然情况下的年均淤积量。

表 4.2　巴彦高勒~头道拐年均汛期、非汛期冲淤量计算结果　　　（单位：亿 t）

时段	巴彦高勒~三湖河口			三湖河口~头道拐			巴彦高勒~头道拐		
	非汛期	汛期	年	非汛期	汛期	年	非汛期	汛期	年
1952 年 11 月~1960 年 10 月	0.040	0.403	0.443	0.041	0.552	0.593	0.081	0.955	1.036
1960 年 11 月~1968 年 10 月	-0.040	-0.187	-0.228	-0.040	0.245	0.205	-0.080	0.058	-0.023
1968 年 11 月~1986 年 10 月	0.046	-0.079	-0.033	-0.031	0.123	0.091	0.015	0.043	0.059
1986 年 11 月~2010 年 10 月	0.100	0.081	0.181	0.030	0.331	0.361	0.130	0.412	0.542
1952 年 11 月~2010 年 10 月	0.039	0.056	0.094	0.003	0.285	0.288	0.042	0.340	0.382

图 4.6 为三湖河口~头道拐历年汛期和非汛期冲淤变化过程，除 1955 年非汛期少量冲刷外，1953~1960 年汛期和非汛期均发生淤积；1961~1986 年汛期有冲有淤以淤积为主，非汛期基本上以冲刷为主；1987~2010 年汛期均为淤积，

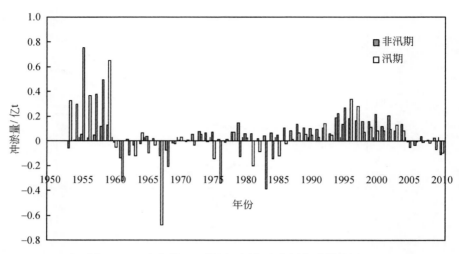

图 4.5   巴彦高勒～三湖河口汛期和非汛期冲淤量过程

非汛期除个别年份略有冲刷外基本为淤积，但汛期淤积占主体。该河段汛期的冲淤变化差别很大，与十大孔兑来沙量密切相关。1961 年以来汛期淤积量大的年份，相应支流来沙量也非常大，如 1967 年、1973 年、1989 年支流来沙量分别达 0.425 亿 t、0.472 亿 t、1.454 亿 t，相应汛期淤积量分别为 0.383 亿 t、0.466 亿 t、1.429 亿 t；支流来沙量少的年份，主槽淤积也较少或发生冲刷，但 1986 年以后汛期冲刷的年份基本不再存在。

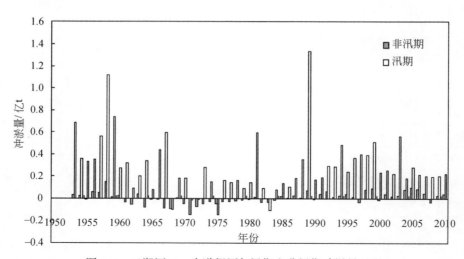

图 4.6   三湖河口～头道拐历年汛期和非汛期冲淤量过程

（4）平均冲淤厚度和冲淤强度

表 4.3 给出了内蒙古各河段的年平均淤积厚度和年平均淤积强度。1952 年 11 月~2010 年 10 月巴彦高勒~三湖河口的年平均淤积强度为 4.27 万 t/km，而三湖河口~头道拐的年平均淤积强度达 9.28 万 t/km，后者是前者的 2.2 倍。相应地，巴彦高勒~三湖河口的年平均淤积厚度为 0.008m，而三湖河口~头道拐的年平均淤积厚度达 0.017m，后者是前者的 2.1 倍。

表 4.3　内蒙古河道不同时段年平均冲淤厚度及强度

时段	巴彦高勒~三湖河口		三湖河口~头道拐	
	冲淤厚度/m	冲淤强度/(万 t/km)	冲淤厚度/m	冲淤强度/(万 t/km)
1952 年 11 月~1960 年 10 月	0.036	20.04	0.035	19.13
1960 年 11 月~1968 年 10 月	−0.018	−10.31	0.013	6.61
1968 年 11 月~1986 年 10 月	−0.003	−1.48	0.005	2.95
1986 年 11 月~2010 年 10 月	0.014	8.19	0.021	11.64
1952 年 11 月~2010 年 10 月	0.008	4.27	0.017	9.28

各时段年平均淤积厚度和年平均淤积强度的具体情况如下：

1）1952 年 11 月~1960 年 10 月为天然状态，巴彦高勒~三湖河口和三湖河口~头道拐河段年平均淤积厚度分别为 0.036m 和 0.035m，年平均淤积强度分别为 20.04 万 t/km 和 19.13 万 t/km。

2）1960 年 11 月~1968 年 10 月，巴彦高勒~三湖河口和三湖河口~头道拐河段年平均淤积厚度分别为−0.018m 和 0.013m，年平均淤积强度分别为−10.31 万 t/km 和 6.61 万 t/km。

3）1968 年 10 月~1986 年 10 月，巴彦高勒~三湖河口和三湖河口~头道拐河段年平均淤积厚度分别为−0.003m 和 0.005m，年平均淤积强度分别为−1.48 万 t/km 和 2.95 万 t/km。

4）1986 年 11 月~2010 年 10 月，巴彦高勒~三湖河口和三湖河口~头道拐河段年平均淤积厚度分别为 0.014m 和 0.021m，年平均淤积强度分别为 8.19 万 t/km 和 11.64 万 t/km。

4.1.3　断面法冲淤量计算结果

黄河内蒙古巴彦高勒~蒲滩拐河段实测大断面共 7 次，分别为 1962 年、1982 年、1991 年、2000 年、2004 年、2008 年、2012 年。共布设断面 113 个，平均间距为 4.6km。依据已有的 7 次断面，采用式（4.2）和式（4.3）可得根据断面法的内蒙古河道不同测次之间的冲淤量，这里采用黄河勘测规划设计有限公司（2011）给出的计算结果，见表 4.4 和表 4.5。

表 4.4　内蒙古巴彦高勒～蒲滩拐河段不同时段断面法冲淤量　（单位：亿 t）

河段		巴彦高勒～三湖河口	三湖河口～昭君坟	昭君坟～蒲滩拐	巴彦高勒～蒲滩拐
1962～1982 年	主槽	−1.488	−1.684	−0.458	−3.630
	滩地	0.445	0.238	2.757	3.440
	全断面	−1.043	−1.446	2.299	−0.190
1982 年～1991 年 12 月	主槽	0.515	1.073	0.327	1.915
	滩地	0.359	0.578	0.563	1.500
	全断面	0.874	1.651	0.890	3.415
1991 年 12 月～2000 年 8 月	主槽	0.826	1.649	1.309	3.784
	滩地	0.138	0.214	0.183	0.535
	全断面	0.964	1.863	1.492	4.319
2000 年 8 月～2004 年 8 月	主槽	0.837	0.567	0.889	2.293
	滩地	0.019	0.102	0.065	0.186
	全断面	0.856	0.669	0.954	2.479
2004 年 8 月～2008 年 8 月	主槽	0.944	0.540	0.724	2.208
	滩地	0.012	0.028	0.220	0.260
	全断面	0.956	0.568	0.944	2.468
2008 年 8 月～2012 年 11 月	主槽	1.294	1.520	0.707	3.521
	滩地	0.305	0.383	0.415	1.103
	全断面	1.598	1.903	1.121	4.624
1962 年～2012 年 11 月	主槽	2.928	3.665	3.498	10.091
	滩地	1.278	1.543	4.203	7.024
	全断面	4.205	5.208	7.700	17.115

表 4.5　内蒙古河段不同时段断面法年平均冲淤量　（单位：亿 t）

河段		巴彦高勒～三湖河口	三湖河口～昭君坟	昭君坟～蒲滩拐	巴彦高勒～蒲滩拐
1962～1982 年	主槽	−0.074	−0.084	−0.023	−0.181
	滩地	0.022	0.012	0.138	0.172
	全断面	−0.052	−0.072	0.115	−0.009

河段		巴彦高勒~ 三湖河口	三湖河口~ 昭君坟	昭君坟~ 蒲滩拐	巴彦高勒~ 蒲滩拐
1982 年~1991 年 12 月	主槽	0.057	0.119	0.036	0.213
	滩地	0.040	0.064	0.063	0.166
	全断面	0.097	0.183	0.099	0.379
1991 年 12 月~2000 年 8 月	主槽	0.103	0.206	0.164	0.473
	滩地	0.017	0.027	0.023	0.067
	全断面	0.120	0.233	0.187	0.540
2000 年 8 月~2004 年 8 月	主槽	0.209	0.142	0.222	0.573
	滩地	0.005	0.025	0.017	0.047
	全断面	0.214	0.167	0.239	0.620
2004 年 8 月~2008 年 8 月	主槽	0.236	0.135	0.181	0.552
	滩地	0.003	0.007	0.055	0.065
	全断面	0.239	0.142	0.236	0.617
2008 年 8 月~2012 年 11 月	主槽	0.324	0.380	0.177	0.880
	滩地	0.076	0.096	0.104	0.276
	全断面	0.400	0.476	0.281	1.156
1962 年~2012 年 11 月	主槽	0.059	0.073	0.070	0.202
	滩地	0.026	0.031	0.084	0.140
	全断面	0.084	0.104	0.154	0.342

由表 4.4 和表 4.5 可以看到，有实测断面资料的 1962~2012 年共历时 50 年，巴彦高勒~蒲滩拐河段累计淤积 17.115 亿 t，年均淤积量为 0.342 亿 t，其中巴彦高勒~三湖河口、三湖河口~昭君坟、昭君坟~蒲滩拐的年均淤积量分别为 0.084 亿 t、0.104 亿 t、0.154 亿 t。

从滩槽分布看，1962~2012 年巴彦高勒~蒲滩拐河段主槽淤积量为 10.091 亿 t，占全断面淤积量的 59.0%；滩地淤积量为 7.204 亿 t，占全断面淤积量的 41.0%。而 1991 年 12 月~2012 年 11 月的主槽淤积量为 11.806 亿 t，占全断面淤积量的 85.0%，说明自龙羊峡水库 1986 年运用以来，内蒙古河道的泥沙淤积主要发生在主槽，主槽淤积量占全断面淤积量的比例高达 85.0%。

图 4.7 给出了 1962~2012 年巴彦高勒~蒲滩拐河道的河床冲淤沿程变化情况。可以看到，除了局部河段有少量冲刷外，大部分河道均为淤积，且淤积量沿程增大。在三湖河口以下的淤积均较严重，特别是昭君坟以下淤积最为严重，这

主要是十大孔兑高含沙洪水淤积的结果。

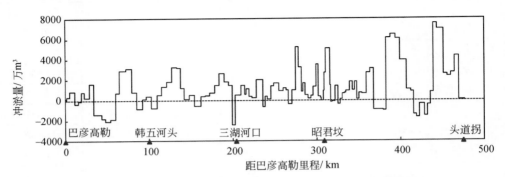

图 4.7　巴彦高勒～蒲滩拐河段 1962～2012 年河床冲淤沿程变化

（1）1962～1982 年河道冲淤变化

图 4.8 给出了 1962～1982 年历时 20 年内蒙古巴彦高勒～蒲滩拐河段的河床冲淤沿程变化情况，该河段累计冲刷 0.190 亿 t，年均冲刷 0.009 亿 t，年均冲刷强度 0.2 万 t/km，其中主槽年均冲刷 0.181 亿 t，滩地年均淤积 0.172 亿 t，可见该时段主槽以冲刷为主，滩地以淤积为主。受到三盛公水库 1961 年 11 月蓄水拦沙的影响，三湖河口以上段以冲为主，三盛公坝下至新河累计冲刷 2.62 亿 t，新河以下段以淤为主。

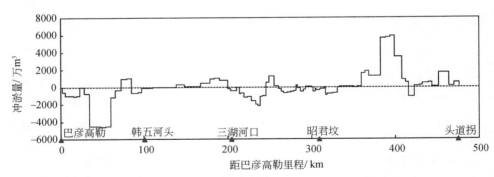

图 4.8　巴彦高勒～蒲滩拐河段 1962～1982 年河床冲淤沿程变化

（2）1982～1991 年河道冲淤变化

1982～1991 年历时 9 年，共淤积 3.415 亿 t，年均淤积量为 0.379 亿 t，年均淤积强度 7.1 万 t/km，其中主槽年均淤积 0.213 亿 t，占全断面淤积量的 56.2%，滩地年均淤积 0.166 亿 t。沿程各河段表现为冲淤相间，以淤积为主的特点，最集中的淤积分布在三湖河口到昭君坟的上下游范围（图 4.9）。

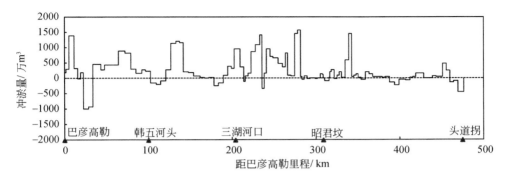

图 4.9　巴彦高勒~蒲滩拐河段 1982~1991 年河床冲淤沿程变化

（3）1991~2000 年河道冲淤变化

1991~2000 年历时 9 年，共淤积 4.319 亿 t，年均淤积量为 0.540 亿 t，年均淤积强度 10.2 万 t/km，其中主槽年均淤积 0.473 亿 t，占全断面淤积量的 87.6%，滩地年平均淤积 0.067 亿 t。河道沿程以淤积为主，局部有冲刷，且整个河段特别是主槽淤积严重（图 4.10）。

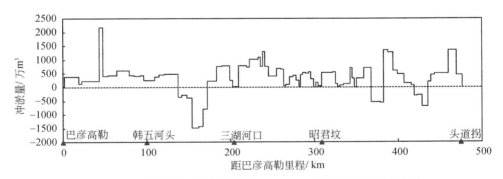

图 4.10　巴彦高勒~蒲滩拐河段 1991~2000 年河床冲淤沿程变化

（4）2000~2004 年河道冲淤变化

2000~2004 年历时 4 年，共淤积 2.479 亿 t；年均淤积量为 0.620 亿 t，年均淤积强度 11.7 万 t/km，其中主槽年均淤积 0.573 亿 t，占全断面淤积的 92.4%；沿程各河段均表现为以淤积为主，最集中的淤积发生在三湖河口以下至昭君坟河段，可见在该时段河道淤积特别是主槽淤积更加严重。但本次测量断面缺测较多，图 4.11 中长河段冲淤量为 0 的情况均为缺测断面，因此该时段的冲淤量计算精度较差（图 4.12）。

（5）2004~2008 年河道冲淤变化

2004~2008 年历时 4 年，共淤积 2.468 亿 t；年均淤积量为 0.617 亿 t，年均

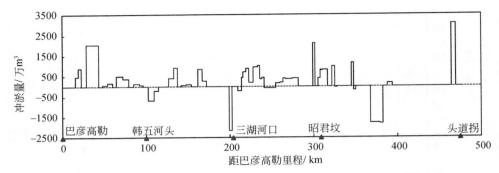

图 4.11　巴彦高勒～蒲滩拐河段 2000～2004 年河床冲淤沿程变化

淤积强度 11.6 万 t/km，其中主槽年均淤积 0.552 亿 t，占全断面淤积量的89.5%，滩地年均淤积 0.065 亿 t；其中昭君坟以上段有冲有淤，以下段以淤为主。总体淤积强度与上一时段基本持平，河道淤积仍然严重。同样由于 2004 年的断面缺测问题，以及本次测量缺测昭君坟以下 54.8km 处黄断 87 以后断面，该时段的冲淤量计算精度较差（图 4.12）。

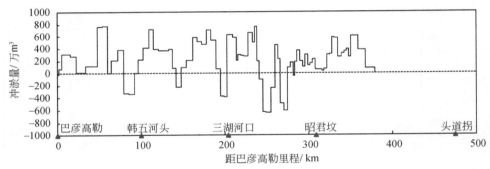

图 4.12　巴彦高勒～蒲滩拐河段 2004～2008 年河床冲淤沿程变化

（6）2008～2012 年河道冲淤变化

2008～2012 年历时 4 年，共淤积 4.624 亿 t；年均淤积量为 1.156 亿 t，年均淤积强度 21.746 万 t/km，其中主槽年平均淤积 0.880 亿 t，占全断面淤积量的76.1%，滩地年平均淤积 0.276 亿 t。其中三湖河口以上段有冲有淤，淤积为主，三湖河口以下段发生严重集中淤积。该时段的冲淤量计算精度同样受到 2008 年缺测的影响（图 4.13）。

综上所述，黄河内蒙古河段近 50 年来淤积严重，6 次断面冲淤计算结果表明，河床淤积量持续增加，淤积强度随时间加重，特别是该河段以主槽淤积为主，且主槽的淤积量持续增加，2000 年以后主槽淤积所占比例非常大；从沿程

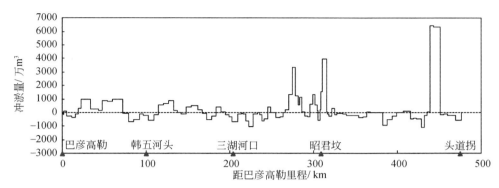

图 4.13 巴彦高勒～蒲滩拐河段 2008～2012 年河床冲淤沿程变化

分布来看，巴彦高勒～三湖河口、三湖河口～昭君坟、昭君坟～蒲滩拐中每一段的淤积量沿程递增，呈现出整条河道淤积抬升、主槽萎缩、河床比降变缓趋势。

为了对比输沙率法与断面法的计算成果，图 4.14 给出了同时期输沙率法与断面法累计冲淤量过程，其中，输沙率为 1962～2010 年的累计冲淤量，断面法为 1962～2012 年的累计冲淤量。需要注意的是，三湖河口～头道拐河段（输沙率法）与三湖河口～蒲滩拐河段（断面法）涉及的河道距离略有差别，但考虑到头道拐～蒲滩拐的河道比较稳定，冲淤量有限，对总冲淤量计算结果的影响可以忽略不计。

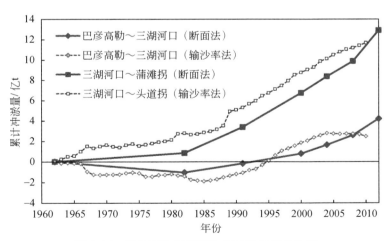

图 4.14 输沙率法与断面法累计冲淤量的比较

由图 4.14 可以看到，对于两个不同河段，两种方法得到的累计淤积过程虽然有一些差别，但总体变化趋势和量级大小是比较一致的。鉴于 2004 年、2008 年为非统测断面资料，且实测大断面数偏少约 50%，用于计算断面法冲淤量会产生一定误差。有分析认为，据该两年实测断面资料计算的断面法淤积量，较实际真值可能偏大，今后研究中值得关注。

4.2 内蒙古河段冲淤的主要影响因素

冲积河流可以看作是一个具有物质和能量输入和输出的开放系统。这种开放系统的概念认为，来水来沙是流域施加于河道的外部控制变量，河床的冲淤变化和主槽几何形态的调整则是内部变量对外部控制条件的响应，结果会使主槽形态朝着与来水来沙相适应的平衡状态发展。因此，冲积性河道的河床演变主要取决于来水来沙条件和河床边界条件。一般情况下，水沙条件的改变会引起河床的冲淤调整，而断面形态的改变反过来又会影响到河道输沙，二者相互作用、相互影响。在水沙条件与河床边界这一对矛盾中，水沙条件一般处于主导地位，对河床演变起着决定性的作用。对于黄河上游龙、刘水库的调节，显而易见是改变了天然的水沙特性，结果造成内蒙古河道的严重淤积和主槽萎缩。此外，沿程引水量的不断增加，减少了有效输沙水量，也是造成河道淤积加重的重要原因。在干流来水量不断减小，河道输沙能力不断降低的情况下，相对突出了支流来沙量对干流河道淤积的作用，成为影响河道淤积发展的重要因素。

4.2.1 水沙条件对内蒙古河段冲淤变化的影响

4.2.1.1 内蒙古河段汛期冲淤量与水沙条件的关系

黄河内蒙古河段的冲淤与来水来沙的关系密切。来沙系数（定义为 $\xi = S/Q$，S 为悬沙含沙量，Q 为流量）作为一个重要的水沙参数，具有丰富的物理意义和内涵（吴保生和申冠卿，2008），在黄河的泥沙研究中得到了广泛的应用。大量研究表明，来水来沙条件是影响内蒙古河道冲淤变化的主要因素，来沙系数与河道冲淤量之间具有较好的关系。黄河上游的水沙主要来自汛期，与之相应的河道冲淤也主要发生在汛期，因此，以下重点分析汛期来水来沙条件与汛期河道冲淤量的关系。

参考张晓华等（2008b）的研究，图 4.15 点绘了巴彦高勒~头道拐河段汛期单位水量冲淤量与来沙系数的关系，图中分别给出了不考虑和考虑区间水沙量两种情况，其中，图 4.15（a）为不考虑区间水沙量得到的结果，图 4.15（b）为考虑区间水沙得到的结果。由图 4.15 可以看到，汛期单位水量冲淤量与来沙系数之间具有较好的关系，汛期单位水量冲淤量随来沙系数的增大而增大，而当来沙系数较小时还可能发生冲刷。根据图 4.15（a）和图 4.15（b），可以得到单位水量冲淤量与来沙系数的如下相关关系式：

$$\Delta W_{SF1} = 6.2103\ln(\zeta_{F巴}) + 35.41 \ (R^2 = 0.78)\quad\quad(4.4)$$

$$\Delta W_{SF2} = 5.921\ln(\zeta_{F巴+区}) + 32.06 \ (R^2 = 0.80)\quad\quad(4.5)$$

式中，ΔW_{SF1} 为采用汛期冲淤量除以巴彦高勒站水量得到的单位水量冲淤量（kg/m³）；ΔW_{SF2} 为采用汛期冲淤量除以巴彦高勒站水量加区间水量得到的单位水量冲淤量（kg/m³）；$\zeta_{F巴}$ 为巴彦高勒站汛期来沙系数（kg·s/m⁶）；$\zeta_{F巴+区}$ 为根据巴彦高勒站汛期水沙量加区间水沙量（包括区间退水退沙、支流入汇，不包括风成沙）

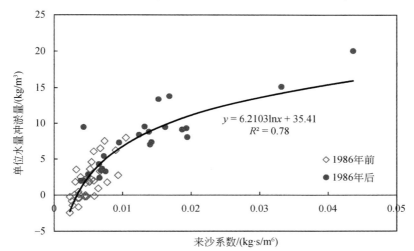

(a) 来沙系数根据巴彦高勒站水沙量计算，不包括区间入汇水沙量资料

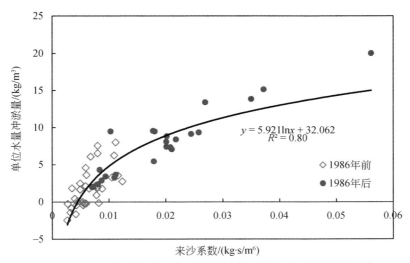

(b) 来沙系数根据巴彦高勒站水沙量加区间入汇水沙量资料计算

图 4.15　内蒙古河道汛期冲淤量与来沙系数的关系

得到的汛期来沙系数（kg·s/m⁶）。比较两式可以看出，采用考虑区间水沙条件所得参数的回归公式（4.4），较采用不考虑区间水沙条件所得参数的回归公式（4.5）的精度略高，但差别不大。

需要指出的是，图中点据存在一定程度的分散，原因是单位水量冲淤量与来沙系数的关系只考虑了来水来沙条件，没有考虑河床边界条件、泥沙级配等的影响。因此，单位水量冲淤量与来沙系数的关系，只能用来粗略判别河道的冲淤情况及进行冲淤量的估算（吴保生等，2015b）。

若令式（4.4）和式（4.5）左侧的单位水量冲淤量 ΔW_{SF1} 和 ΔW_{SF2} 为零，可以分别得到对应不考虑和考虑区间水沙量两种情况下的汛期冲淤平衡来沙系数，分别为 $\zeta_{F巴} = 0.003\,34\mathrm{kg\cdot s/m^6}$ 和 $\zeta_{F巴+区} = 0.004\,45\mathrm{kg\cdot s/m^6}$。通过变换可以进一步得到巴彦高勒～头道拐河段的输沙平衡条件可以表示为

$$W_{F巴} = 173.04W_{SF巴}^{0.5} \tag{4.6}$$

$$W_{F巴+区} = 149.91W_{SF巴+区}^{0.5} \tag{4.7}$$

图4.16点绘了式（4.6）和式（4.7）表示的汛期河道冲淤平衡关系。可以看到，随巴彦高勒站汛期来沙量的增加，达到冲淤平衡所需输沙水量也大幅增加。由图4.16可以看到，不考虑区间水沙的冲淤平衡关系式（4.6）给出的平衡水量（上方曲线），较考虑区间水沙的冲淤平衡关系式（4.7）给出的平衡水量（下方曲线）偏大，这是由于区间来水的含沙量通常大于巴彦高勒站来水的含沙量。

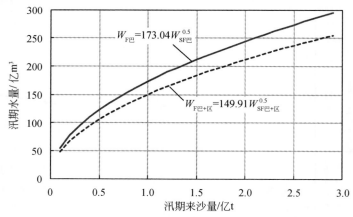

图4.16　巴彦高勒～头道拐站的汛期冲淤平衡关系线

第3章曾根据排沙比关系得到了巴彦高勒～头道拐河段的输沙平衡条件，见式（3.12）。我们知道，输沙平衡与冲淤平衡是从两个不同侧面来反映同一现象，但由于式（3.12）没有考虑区间来沙，在巴彦高勒站汛期沙量与头道拐站汛期沙

量相等时，还有区间的额外来沙，实际还达不到河道冲淤平衡。因此，式（3.12）表示的所谓输沙平衡条件给出的汛期平衡水量会偏小。

4.2.1.2 内蒙古河段非汛期冲淤量与水沙条件的关系

与汛期相比，非汛期的水流强度相对较弱，含沙量也相对较小，因此，非汛期的河道冲淤变化也相对较小。尽管如此，非汛期水沙条件变化对内蒙古河道的冲淤影响也不容忽视。图 4.17 为巴彦高勒～头道拐河段非汛期单位水量冲淤量

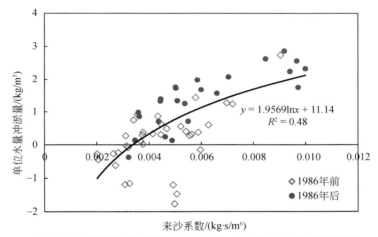

(a) 来沙系数根据巴彦高勒站水沙量计算，不包括区间入汇水沙量资料

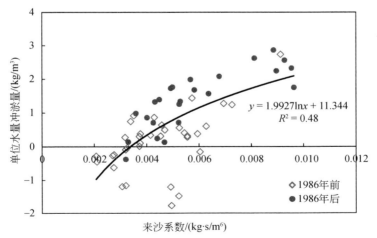

(b) 来沙系数根据巴彦高勒站水沙量加区间入汇水沙量资料计算

图 4.17 内蒙古河道非汛期冲淤量与来沙系数的关系

与来沙系数的关系，图中分别给出了考虑和不考虑区间水沙量两种情况，其中，图 4.17（a）为不考虑区间水沙量得到的结果，图 4.17（b）为考虑区间水沙量得到的结果。

由图 4.17 可以看到，非汛期冲淤量与来沙系数之间也具有较好的关系，可以分别得到单位水量冲淤量与来沙系数的如下相关关系式：

$$\Delta W_{SN1} = 1.957\ln(\zeta_{N巴}) + 11.14(R^2 = 0.48) \qquad (4.8)$$

$$\Delta W_{SN2} = 1.993\ln(\zeta_{N巴+区}) + 11.34(R^2 = 0.48) \qquad (4.9)$$

式中，ΔW_{SN1} 为采用非汛期冲淤量除以巴彦高勒站水量得到的单位水量冲淤量（kg/m^3）；ΔW_{SN2} 为采用非汛期冲淤量除以巴彦高勒站水量加区间水量得到的单位水量冲淤量（kg/m^3）；$\zeta_{N巴}$ 为巴彦高勒站非汛期来沙系数（$kg \cdot s/m^6$）；$\zeta_{N巴+区}$ 为根据巴彦高勒站非汛期水沙量加区间水沙量（区间退水退沙、支流入汇后，不包括风成沙）得到的非汛期来沙系数（$kg \cdot s/m^6$）。

由式（4.8）和式（4.9）可以分别得到对应不考虑和考虑区间水沙两种情况下的非汛期冲淤平衡来沙系数均为 0.003 37$kg \cdot s/m^6$。两种情况下的非汛期冲淤平衡来沙系数相同的原因，主要是非汛期区间来水来沙量较小，其对河道冲淤的影响也就较小。

非汛期平衡来沙系数 0.003 37$kg \cdot s/m^6$ 略大于对应汛期不考虑区间的平衡来沙系数 $\zeta_{F巴}$ = 0.003 34$kg \cdot s/m^6$，但远小于对应汛期考虑区间的平衡来沙系数 $\zeta_{F巴+区}$ = 0.004 45$kg \cdot s/m^6$。前者说明非汛期达到输沙平衡要求的水沙条件略高于汛期；而后者主要是由于十大孔兑汛期来沙量较大，需要较多的上游来水才能达到冲淤平衡。

4.2.1.3 内蒙古河段年冲淤量与水沙条件的关系

双累计曲线（double mass curve，DMC）是检验两个参数间关系一致性及其变化的常用方法。基于 1953～2010 年（运用年）输沙率法冲淤量计算成果，图 4.18 给出了巴彦高勒～头道拐河段年冲淤量与年来沙量的双累计曲线，其中来沙量为巴彦高勒～头道拐河段的全部来沙量（巴彦高勒站+巴头区间来沙量）。可以看到，巴彦高勒～头道拐河段的累计冲淤量与累计来沙量之间具有较好的关系，除了 1961～1986 年的相关性不高外，其余两个时段的相关系数 R^2 高达 0.99，各时段的具体表达式如下：

$$\Sigma\Delta W_{S巴头} = 0.418\Sigma W_{S巴+区} - 0.050 \quad (1953 \sim 1960 年) \qquad (4.10)$$

$$\Sigma\Delta W_{S巴头} = 0.0268\Sigma W_{S巴+区} + 7.48 \quad (1961 \sim 1986 年) \qquad (4.11)$$

$$\Sigma\Delta W_{S巴头} = 0.626\Sigma W_{S巴+区} - 27.057 \quad (1987 \sim 2004 年) \qquad (4.12)$$

$$\Sigma\Delta W_{S巴头} = 0.252\Sigma W_{S巴+区} + 1.88 \quad (2005 \sim 2010 年) \qquad (4.13)$$

式中，$\Sigma\Delta W_{S巴头}$ 为巴彦高勒～头道拐河段累计年冲淤量（亿 t）；$\Sigma W_{S巴+区}$ 为包括巴彦高勒站和巴头区间的累计年来沙量（亿 t）。

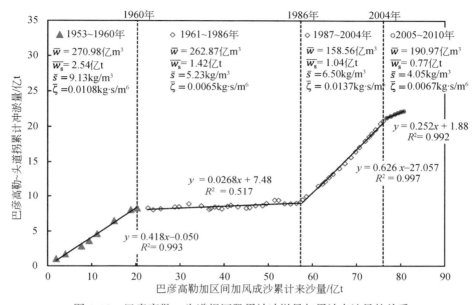

图 4.18　巴彦高勒～头道拐河段累计冲淤量与累计来沙量的关系

由图 4.18 不难看出，4 个不同时段的关系线具有显著不同的斜率，说明 4 个时期的淤积速度不同，1987～2004 年的淤积速度最大，其斜率为 0.626，即淤积率为 62.6%，意味着全部来沙量的 62.6% 淤积在了河道；1953～1960 年的淤积速度也较大，其淤积率为 41.8%；1961～1986 年的淤积速度最小，其斜率为 0.0268，即淤积率为 2.68%，远小于 1987～2004 年时段 62.6% 的淤积率；2005～2010 年的淤积率为 25.2%，也较前一时段 1987～2004 年的淤积率有较大幅度的减小。

图 4.19 和图 4.20 分别给出了巴彦高勒～三湖河口河段和三湖河口～头道拐河段的年冲淤量与年来沙量的双累计曲线，其中来沙量均为包括相应区间来沙量的全部来沙量。可以看到，巴彦高勒～三湖河口河段和三湖河口～头道拐河段的累计冲淤量与累计来沙量之间具有较好的关系。

注意到在图 4.18～图 4.20 中还给出了各时段对应的平均水沙条件，包括来水量、来沙量、含沙量及来沙系数，可以看到，累计冲淤量在各时段的总体变化趋势与来沙系数的大小是相对应的，淤积速度较快的 1953～1960 年和 1987～2004 年对应的来沙系数较大；相反，巴三段持续冲刷及三头段淤积较慢的 1961～1986 年和 2005～2010 年对应的来沙系数也相对较小。总之，由于水沙条件趋势性变化，两河段的累计量趋势在 1960 年、1986 年和 2004 年后发生了较大的转折。1960 年

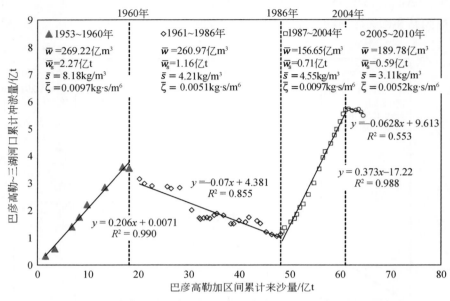

图 4.19　巴彦高勒 ~ 三湖河口河段累计冲淤量与累计来沙量的关系

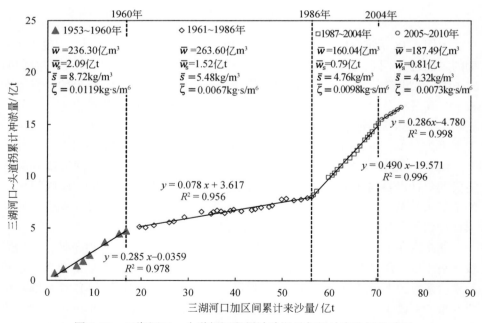

图 4.20　三湖河口 ~ 头道拐河段累计冲淤量与累计来沙量的关系

后的趋势性变化与三盛公、盐锅峡、青铜峡及刘家峡水库的陆续投入运用有关，虽然这些水库对径流量的调节能力有限，但对泥沙（特别是粗泥沙）来量有较大影响；1986 年后的趋势性变化与龙羊峡水库的投入运用有关，虽然龙羊峡水库对来沙量的影响有限，但对年径流量及其分配的影响较大。

需要特别指出的是，图中的累计冲淤量在 2005 年以后出现与之前不同的变化趋势，特别是图 4.19 中巴彦高勒～三湖河口段的累计冲淤量出现了下降。这种累计冲淤量减少或变缓的原因，应该与 2005 年以后的水沙条件与之前的水沙条件（包括含沙量和来沙系数）发生较大变化有关，如图 2.36 和图 2.37 所示，巴彦高勒站的含沙量和来沙系数在 2005 年以后出现了明显变小的趋势；此外，随着河床的沿程淤积增加，河道的输沙能力也在不断提高，结果使得淤积减少。关于 2005 年以后的累计淤积量是否较之前出现了趋势性变化，还需要深入研究。

4.2.2 十大孔兑洪水对黄河干流冲淤过程的影响

来自十大孔兑的高含沙洪水，由于来沙量大，来沙集中，对河道冲淤演变有着十分重要的影响，不仅会在支流高含沙洪水与干流的交汇区形成沙坝淤堵，还会造成三湖河口以下河段河床的淤积抬高。

4.2.2.1 典型淤堵事件

孔兑洪水骤起骤落，短时间大量泥沙集中下泄，在干支流交汇处大量淤积形成沙坝，阻塞黄河。各条孔兑中以西柳沟洪水阻塞黄河次数最多，危害最甚。自 1960 年以来有明确记载的孔兑洪水淤堵黄河事件共有 7 次，分别发生在 1961 年 8 月 21 日、1966 年 8 月 13 日、1976 年 8 月 2～3 日、1978 年 8 月 12 日和 30 日、1984 年 8 月 9 日、1989 年 7 月 21 日、1998 年 7 月 5 日和 12 日。其中，1961 年 8 月 21 日、1966 年 8 月 13 日、1989 年 7 月 21 日以及 1998 年 7 月 5 日和 12 日淤堵事件因为洪水的水沙量大，淤堵较为严重，形成较大规模的沙坝，其他各次淤堵规模较小。主要淤堵事件过程如下。

（1）1961 年 8 月 21 日

1961 年 8 月 21 日 6 时西柳沟龙头拐水文站流量骤然增加，从之前的 11.6m³/s 涨至 2360m³/s，6 时 12 分流量达到最大，洪峰流量 3180m³/s，之后流量逐渐回落，至 22 日 10 时回落到起涨前流量，整个过程持续 28h（图 4.21）。洪水最大含沙量为 1200kg/m³，洪量为 5842 万 m³，输沙量为 2968 万 t。该场洪水占当年全年水量和输沙量的百分比分别达到 63% 和 89%。黄河昭君坟站水位流量变化情况为（杨振业，1984）：21 日 6 时流量为 1450m³/s，水位为

1008.35m。21 日 10 时受西柳沟洪水入汇和泥沙淤积影响，昭君坟水位开始上涨，但流量却减小，21 日 10~14 时，黄河淤积受阻逐渐严重，15 时昭君坟水位达 1010.05m，而流量只有 300m³/s，相当于正常情况下 5000m³/s 水位。22 日 14 时出现 1010.77m 的最高水位，流量为 1080m³/s，相当于正常情况下 6000³/s 时的水位，与受阻前相比水位上涨 2.42m，而流量却减小 370m³/s。23 日 6 时当黄河流量恢复到受阻前的 1460m³/s 时，水位仍偏高 2.23m。洪水到达干流时，先在汇流口附近产生大量淤积，而后逐渐蔓延，最终形成了一个面积达 6km²，平均淤积厚度约 1m，最大厚度超过 3m 的沙坝。此后沙坝逐渐冲刷，昭君坟水位流量关系逐步恢复，直至 9 月 2 日才恢复到受阻前的状态。

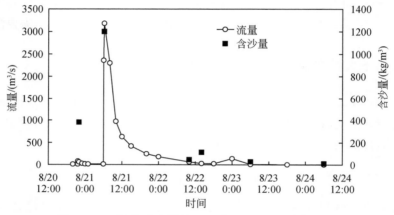

图 4.21　西柳沟龙头拐站 1961 年 8 月 21 日洪水过程

（2） 1966 年 8 月 13 日

1966 年 8 月 13 日 8 时西柳沟龙头拐流量从 4.95m³/s 开始上涨，至 12 时 56 分达到最大，洪峰流量 3660m³/s，最大含沙量为 1200kg/m³，之后流量逐渐回落，至 14 日 5 时 40 分回落到起涨前流量，整个过程持续 22h。该场洪水洪量为 2246 万 m³，输沙量为 1651 万 t，占当年全年水量和输沙量的百分比分别达到 54% 和 94%。干支流水沙过程如图 4.22 和图 4.23 所示：洪水进入干流前（13 日 14 时），昭君坟流量为 2660m³/s，水位为 1008.71m。15 时 20 分水位出现上涨，而流量却减小。18 时 30 分，昭君坟流量降至最小 497m³/s，水位却升至 1010.30m。之后流量逐渐恢复，但水位继续升高，至 20 时水位达到最高 1011.09m，与受阻前相比抬高 2.33m。之后河道开始明显冲刷，水位逐渐下降，直到 9 月 2 日水位才恢复至淤堵前水平。

（3） 1976 年 8 月 2~3 日

1976 年 8 月 2~3 日洪水为一个双峰过程（图 4.24），前后洪峰分别为

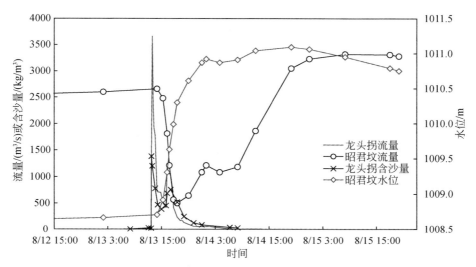

图 4.22   西柳沟龙头拐站 1966 年 8 月 13 日洪水过程

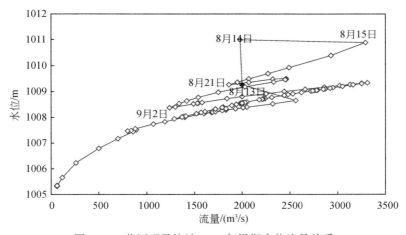

图 4.23   黄河昭君坟站 1966 年汛期水位流量关系

1330m³/s（2 日 7 时 15 分）和 1160m³/s（3 日 8 时 10 分），相应最大含沙量分别为 371kg/m³ 和 383kg/m³，洪水水量为 3966 万 m³，输沙量为 729 万 t。从前一个峰起涨（2 日 4 时 35 分）至第二个峰基本结束（4 日 8 时），洪水过程持续 51h。洪水前昭君坟流量稳定，2 日 8 时流量为 1380m³/s，水位为 1007.64m，8 时 12 分，昭君坟水位开始上涨，流量减小，11 时流量减至最小 460m³/s，水位升至 1008.54m。之后流量逐渐恢复，18 时流量恢复至 1320m³/s，水位出现第一个峰值 1009.13m。随后流量稳定，但水位降低，3 日 10 时水位降至 1008.9m。随着第二峰入汇，水位再次抬升，昭君坟流量再次减小，并重复前面过程，分别出现水位极大值（3 日 22 时，1009.62m）和流量极小值（3 日 18 时，800m³/s），其水位为本次洪水过程的最高值，较受阻前水位抬高 1.98m。之后随着冲刷，水位逐渐降低。本次洪水洪峰、洪量、输沙量并不大，但也形成了沙坝，直至 8 月 10 日昭君坟水位才基本恢复正常（图 4.25），表明沙坝基本消除。

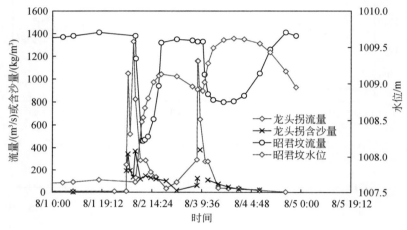

图 4.24　西柳沟龙头拐站 1976 年 8 月洪水过程

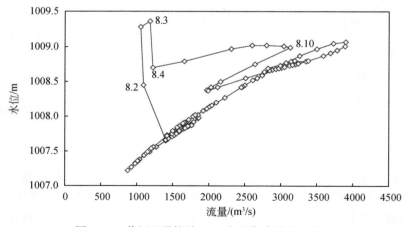

图 4.25　黄河昭君坟站 1976 年汛期水位流量关系

（4）1978 年 8 月 12 日和 30 日

西柳沟 1978 年 8 月 12 日洪水和 1978 年 8 月 30 日洪水也形成了沙坝，只是规模较小，很快冲刷掉。1978 年 8 月 12 日西柳沟洪水龙头拐站 18 时开始上涨，20 时达到洪峰冲淤量 722m³/s，至 8 月 13 日 5 时 20 分结束，历时 11h（图 4.26），昭君坟水位在 8 月 12 日 23 时 30 分出现异常上涨，13 日 8 时达到最高（图 4.27），表明沙坝形成，同流量水位抬高 0.7m，之后流量增大，水位却降低，表明沙坝开始冲刷，但至 14 日 8 时同流量水位仍偏高 0.44m，之后水位流量关系基本恢复正常但同流量水位仍偏高。从昭君坟水位上涨至基本恢复历时约 32h。1978 年 8 月 30 日 19 时龙头拐流量再度上涨，20 时 50 分达到峰值

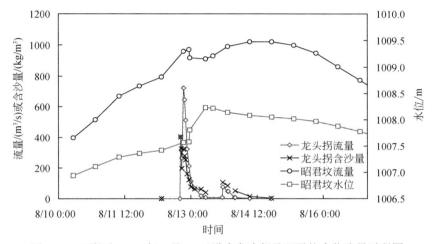

图 4.26 西柳沟 1978 年 8 月 12 日洪水龙头拐及昭君坟水位流量过程图

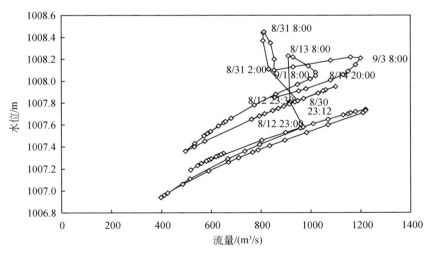

图 4.27 昭君坟 1978 年 7~8 月水位流量关系

618m³/s，之后流量逐渐减小，至 31 日 14 时洪水过程结束，历时 19h。昭君坟 31 日 2 时水位上涨，同时流量减小，表明河道淤积，水流开始受阻，31 日 8 时水位达到最高 1008.45m，流量达最小（图 4.28）。之后流量变化不大的情况下，水位明显降低，表明沙坝开始冲刷。9 月 3 日 8 时以后水位才逐渐恢复正常。从水位上涨至基本恢复前后历时 3.2 天。

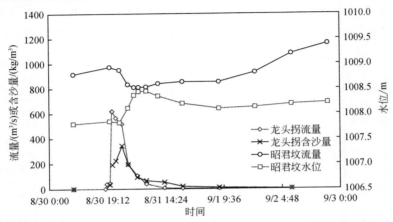

图 4.28　西柳沟 1978 年 8 月 30 日洪水龙头拐及昭君坟水位流量过程图

(5) 1984 年 8 月 9 日

　　1984 年 8 月 9 日 4 时西柳沟龙头拐流量仅为 0.28m³/s，4 时 06 分迅速涨至 156m³/s，5 时 54 分涨至本次洪峰流量 660m³/s，相应最大含沙量为 651kg/m³，之后洪水逐渐消退，至 20 时流量减小为 17m³/s，洪水过程基本结束，洪水前后历时约 16h（图 4.29）。本次洪水总量为 924 万 m³，输沙量为 324 万 t。黄河昭

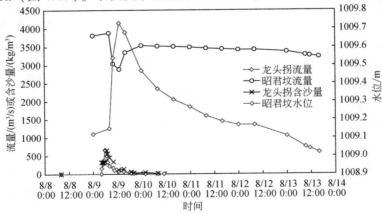

图 4.29　西柳沟龙头拐站 1984 年 8 月洪水过程

君坟水文站水位起涨前流量为 3880m³/s，水位为 1009.15m（9 日 8 时），10 时水位已涨至 1009.54m，但流量却减至 3040m³/s，13 时水位涨至本次洪水最高 1009.73m，同时流量减至最小 2890m³/s。之后随着河道冲刷，水位降低，流量恢复。本次洪水洪量、沙量较小，形成沙坝规模很小，加之干流流量较大，故沙坝冲刷很快，至 13 日 0 时昭君坟水位基本恢复正常（图 4.30）。从水位开始上涨至基本恢复正常，历时 4 天。

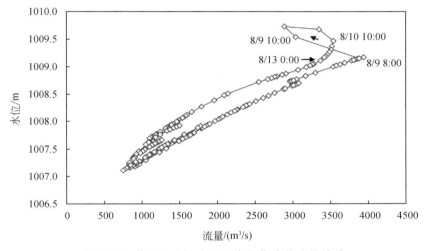

图 4.30　黄河昭君坟站 1984 年汛期水位流量关系

（6）1989 年 7 月 21 日

1989 年 7 月 21 日西柳沟洪水骤然暴发，3 时 48 分龙头拐流量仅为 0.15m³/s，3 时 56 分便涨至 2450m³/s，5 时 56 分回落至 960m³/s。6 时 03 分流量再次骤然增大，达到 6940m³/s，为本次洪水过程最大洪峰，相应最大含沙量为 1380kg/m³。之后洪水流量再次回落，至 18 时本次洪水过程基本结束。整个过程持续 14h，洪水总量为 7275 万 m³，输沙量为 4743 万 t，占当年全年水量和输沙量的百分比均达 85%。该次洪水在西柳沟口以上 1km、以下 6km 范围内的黄河干流河道上形成长 600~1000m，宽约 7km 的沙坝，滩面堆积高度在 0.5~2m，主槽堆积高度达 4m 以上，坝体堆积泥沙量在 1700 万~3000 万 t（支俊峰和时明立，2002）。沙坝造成黄河断流、水位猛涨，具体过程为（图 4.31）：洪水汇入干流前（6 时 24 分）昭君坟流量为 1260m³/s，水位为 1008.04m，沙坝形成过程中，昭君坟水位因壅堵而抬高，8 时水位抬升至 1008.76m，流量却减小至 836m³/s，12 时流量降低至最小 368m³/s，水位抬升至 1009.69m，13 时 30 分出现本次水位抬升后的第一个峰值 1009.84m，之后流量稳定，水位有所降低，20 时起随着流量缓慢增大，水位再次缓慢抬升，22 日 23 时出现最高水位 1010.22m。本次淤堵由于干流流量较小，沙坝冲刷过程缓慢，高水位持续天数较长。7 月 30 日以前水位一直维持在 1010m 上下，7 月 30 日流量涨至 1620m³/s 后河道明显冲刷，水位下降，但同流量水位仍高于正常水位。直至 8 月 12 日流量复增至 2000m³/s 以后，水位基本降至正常水平（图 4.32）。

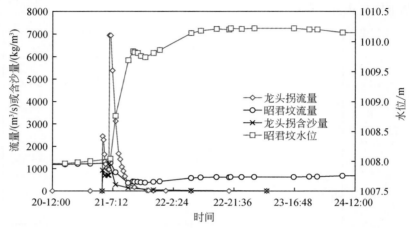

图 4.31　西柳沟龙头拐站 1989 年 7 月洪水过程

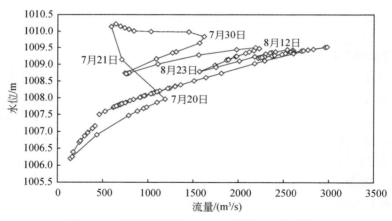

图 4.32　黄河昭君坟站 1989 年汛期水位流量关系

（7）1998 年 7 月 5 日和 12 日

1998 年 7 月 5 日和 12 日，西柳沟分别暴发两次洪水。7 月 5 日洪峰流量 1600m³/s，最大含沙量 1150kg/m³，昭君坟流量仅为 115m³/s，泥沙在入黄口形成扇形淤积，将包头钢铁（集团）有限责任公司取水口堵塞（冯国华和张庆琼，

2008）。7月12日洪峰流量1800m³/s，最大含沙量1350kg/m³，昭君坟流量仅为460m³/s，泥沙淤积导致黄河河道被拦腰切断，河上架设的浮桥被冲垮，并推至上游数十米处，同时形成一座长10km、宽1.5km、高6.21m、淤积量1亿m³的巨型沙坝。

4.2.2.2 沙坝形成过程及基本特征

淤堵事件过程中，支流入汇后交汇口以上干流昭君坟站水位急剧抬升，同时主槽流量迅速减小，直至出现最小流量和水位最大值，之后，干流主槽流量逐渐恢复，水位逐渐降低。图4.33为西柳沟"1966年8月13日"洪水过程中昭君坟流量和水位变化过程，图4.34为交汇口处上游干流昭君坟断面在洪水期间的淤积抬升过程。8月13日12：56~13：10，西柳沟高含沙洪水实测流量2900m³/s，进入干流后，昭君坟断面河床迅速抬升，至13日16：55，仅3个多小时，河底高程就抬升2m多，至13日20：00，主槽已基本堵死，主槽河底高程甚至已超过滩面高程。从图4.34可以看出，19：40~20：00河底淤积抬升基本已达最大，之后不再明显变化。此时正好对应第一个洪峰入汇导致的昭君坟流量最小时刻，说明沙坝主要由第一峰形成。在第二峰入汇时，流量再次减小并出现第二个最小值，表明沙坝继续增大，但由于第二峰规模小，对昭君坟断面的影响不是太大。上述分析说明当昭君坟出现流量极小值时，对应洪峰形成的沙坝即达最大。

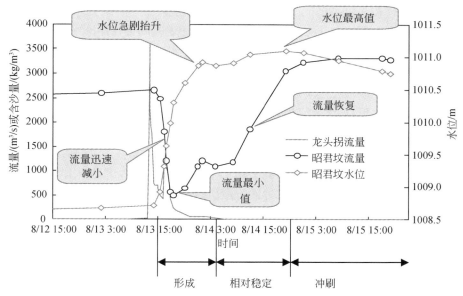

图4.33 1966年8月13日洪水昭君坟水位流量变化过程

随着流量恢复，水位缓慢抬升并达最大值，此时流量接近恢复正常。随后流量维持稳定，而水位逐渐降低，表明沙坝开始冲刷。从流量减小至极小值出现（多峰情况下以最后一次洪峰时刻为时间点）为沙坝形成阶段，从流量出现极小值至水位最高，沙坝规模最大，可以看作沙坝相对稳定阶段，之后为沙坝冲刷阶段。

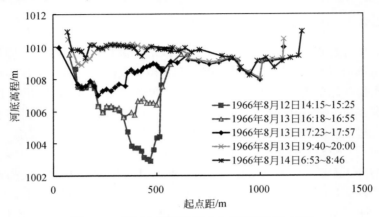

图 4.34　黄河上游昭君坟水文站断面变化过程

对几次淤堵事件的统计表明，从支流洪峰出现至干流水位起涨时间差在 2.4 ~ 4.2h，平均为 3.1h（表 4.6）；从干流水位起涨至流量最小时间差，即沙坝形成阶段持续时间，在 2.8 ~ 8.5h，平均为 5h；从干流流量最小至最高水位出现时差，即沙坝相对稳定时间，在 0 ~ 25.5h。沙坝形成后随着时间推移逐渐冲刷消亡，干流过流能力得到恢复，水位流量关系逐渐恢复正常。水位流量关系恢复时间，即沙坝冲刷历时，在 1.3 ~ 25 天。沙坝形成时间与洪水历时、干流流量等条件有关，冲刷历时与沙坝规模、沙坝稳定阶段和冲刷阶段的干流流量等条件有关。一般而言，支流洪水量级较大，形成的沙坝规模较大，冲刷历时也较长，如 1961 年 8 月 21 日、1966 年 8 月 13 日和 1989 年 7 月 21 日支流洪水洪峰流量和水沙量均较大，形成沙坝规模也很大，冲刷阶段历时分别为 12 天、20 天和 25 天。而 1976 年 8 月 2 ~ 3日、1978 年 8 月 12 日、1978 年 8 月 30 日和 1984 年 8 月 9 日洪水洪峰流量和水沙量较小，形成沙坝规模也较小，冲刷阶段历时只有 1.3 ~ 8 天（表 4.7）。

沙坝形成过程中沙坝阻塞和支流顶托造成上游水位壅高，壅高程度与沙坝规模和支流来水来沙量大小关，如 1961 年 8 月 21 日、1966 年 8 月 13 日和 1989 年7 月 21 日洪水形成沙坝时，干流水位壅高值均在 2m 以上，最大达到 2.42m（表4.7）。而 1976 年 8 月 2 ~ 3 日、1978 年 8 月 12 日、1978 年 8 月 30 日和 1984 年 8月 9 日洪水形成沙坝时，壅水程度小，水位壅高值在 0.58 ~ 1.98m。

表 4.6 典型淤堵年份西柳沟龙头拐和昭君坟水位流量时间特征值

年份	西柳沟洪水时间特征			支流峰现时刻	昭君坟起涨时间	昭君坟最小流量时刻	昭君坟最高水位时刻	干流起涨与支流洪峰时差/h	干流水位起涨至流量最小时差/h	干流流量最高至水位最高时间/h
	起涨时间	结束时间	持续时间/h		昭君坟起涨时间	小流量时刻	高水位时刻			小至最高水位时间/h
1961	8月21日6：00	8月22日10：00	28.0	8月21日6：12	8月21日10：00	8月21日15：00	8月22日14：00	3.8	5.0	23.0
1966	8月13日8：00	8月14日5：40	21.7	8月13日12：56	8月13日15：20	8月13日18：30	8月14日20：00	2.4	3.2	25.5
1976	8月2日4：31	8月2日20：00	15.5	8月2日5：10	8月2日8：12	8月2日11：00	8月2日18：00	3.0	2.8	7
1976	8月3日7：50	8月4日0：00	16.2	8月3日8：10	8月3日10：40	8月3日18：00	8月3日22：00	2.5	7.3	4
1984	8月9日4：06	8月9日20：00	15.9	8月9日5：50	8月9日10：00	8月9日13：00	8月9日13：00	4.2	3.0	0
1978	8月12日18：25	8月13日5：30	10.0	8月12日20：00	8月12日23：30	8月13日8：00	8月13日8：00	2.5	8.5	0
1978	8月30日20：00	8月31日14：00	18.0	8月30日20：40	8月30日23：12	8月31日5：30	8月31日5：30	2.5	6.3	0
1989	7月21日3：56	7月21日18：00	14.1	7月21日3：56	7月21日8：00	7月21日12：00	7月22日11：00	4.1	4.0	23

表 4.7 典型淤堵年份西柳沟龙头拐和昭君坟起涨前水位流量

洪水日期	西柳沟水沙特征				昭君坟起涨前水位流量		昭君坟最高水位/m	昭君坟水位变幅/m	恢复正常水位时间
	洪峰/(m³/s)	最大含沙量/(kg/m³)	洪量/万m³	输沙量/万t	流量/(m³/s)	水位/m			天数/天
1961年8月21日	3180	1200	5842	2968	1450	1008.35	1010.77	2.42	12
1966年8月13日	3660	1380	2246	1651	2660	1008.71	1011.09	2.38	20
1976年8月2~3日	1330	371	3966	728	1380	1007.64	1009.62	1.98	8
1978年8月12日	722	404	1102	233	970	1007.58	1008.23	0.65	1.3
1978年8月30日	618	342	1345	292	971	1007.84	1008.45	0.61	3
1984年8月9日	660	651	924	324	3880	1009.15	1009.73	0.58	4
1989年7月21日	6940	1240	7275	4743	1260	1008.04	1010.22	2.18	25

4.2.2.3 沙坝规模

1961 年 8 月 21 日、1966 年 8 月 13 日、1973 年 7 月 28 日、1989 年 7 月 21 日以及 1998 年 7 月 5 日和 12 日几次淤堵较严重，形成大规模沙坝，阻塞黄河。相关文献对其淤堵规模和危害有所描述（杨振业，1984；武盛和于玲红，2001；赵昕等，2001；支俊峰和时明立，2002；冯国华和张庆琼，2008），如表 4.8 中所述。其中 1989 年 7 月 21 日以及 1998 年 7 月 5 日和 12 日两次淤堵规模最大，记录和描述较为详细，如 1989 年 7 月 21 日形成的沙坝长 600 ~ 1000m（横向），宽约 7km（纵向），主槽堆积高度达 4m 以上，坝体堆积泥沙量在 1700 万 ~ 3000 万 t。1998 年 7 月 5 日和 12 日形成的沙坝长 10km（纵向）、宽 1.5km（横向）、厚 6.27m、淤积量近 1 亿 m³。沙坝沿横向填满整个主槽，沿河道方向沙坝绵延长度达数公里，由于干流水流的推送，沙坝大部分位于西柳沟入黄口以下。

表 4.8　沙坝规模描述

发生时间	沙坝规模
1961 年 8 月 21 日	"在西柳沟汇合处淤积了大量泥沙，淤积面积达 6km²，平均淤积厚度约 1m，最大厚度超过 3m"（杨振业，1984）
1966 年 8 月 13 日	"包头钢铁（集团）有限责任公司（简称包钢）水源地 2 号进水口至柳林圪梁 2km 长的黄河主槽堵塞，导致黄河水位急剧上涨，造成黄河防洪大堤决口"。"包钢水源地 3#取水口堵塞，造成包钢停水停产"（冯国华和张庆琼，2008）
1973 年 7 月 28 日	1973 年 7 月 28 日西柳沟洪水携带大量泥沙泄入黄河，形成一条沙坝，使黄河断流 3h，回水 10 多千米，黄河水位抬高 4 ~ 6m（武盛和于玲红，2001；赵昕等，2001）
1989 年 7 月 21 日	"西柳沟口以上 1km、以下 6km 范围内的黄河河道上形成长 600 ~ 1000m，宽约 7km 的沙坝，滩面堆积高度在 0.5 ~ 2m，主槽堆积高度达 4m 以上，坝体堆积泥沙量在 1700 万 ~ 3000 万 t"（支俊峰和时明立，2002）
	"1989 年 7 月 21 日洪峰突然暴发，洪峰流量达 6940m³/s，含沙量最大 1380kg/m³，黄河当时流量只有 1230m³/s，泥沙进入黄河后，在汇流处淤堵，形成长 600、宽 10km、高 2m 的沙坝，泥沙总量达 1200 万 m³，造成黄河断流、水位猛涨、淹没大面积农田"（武盛和于玲红，2001）
	"形成的沙坝高 2 ~ 4m、长达 600 ~ 1000m、上下游厚达 7km（沟口上游 1km 至沟口下游 6km）"。"罕台川河口（洪峰流量 3300m³/s）同时形成沙坝，沙坝向黄河干流上游延伸 1km，坝长 400 ~ 500m，高出水面 1.0 ~ 2.0m"（赵昕等，2001）

续表

发生时间	沙坝规模
1998 年 7 月 5 日和 12 日	1998 年 7 月 5 日和 12 日，分别暴发两次洪水，以最大 1600m³/s、1800m³/s 的下泄流量进入黄河，当时黄河流量仅为 115m³/s、460m³/s 瞬间黄河水被拦腰切断，河上架设的浮桥被冲垮，并推至上游数十米处，同时形成一座长 10km、宽 1.5km、高 6.21m、淤积量 1 亿 m³ 的巨型沙坝（武盛和于玲红，2001）
	1998 年 7 月 5 日，西柳沟流域降雨 107mm，洪峰流量 1600m³/s，含沙量达 1150kg/m³。泥沙在入黄口呈扇形堆积，将设于黄河主流的包钢 3 个取水口全部淤堵，造成包钢供水和居民饮水困难，包钢被迫停产。到 7 月 12 日西柳沟上游再次降雨 120mm，暴发洪峰为 1800m³/s 的高含沙洪水（含沙量 1350kg/m³），泥沙入黄后将黄河拦腰截断，形成一座长 10km、宽 1.5km、厚 6.27m、淤积量近 1 亿 m³ 的巨型沙坝，使黄河主河道淤满，包钢的 3 个取水口深埋河下 0.3m，包钢再次停产，影响产值 1 亿元，同时山洪淹没农田 800hm²（赵昕等，2001）

4.2.2.4 淤堵事件对干流的危害和影响

孔兑高含沙洪水淤堵干流事件的直接危害之一就是造成上游水位壅高，增大防洪风险，严重的情况下造成大堤决口。例如，1966 年 8 月 13 日西柳沟洪水形成沙坝后，造成上游水位抬高，黄河大堤决口；2003 年 7 月 29 日毛不拉沟洪水在干流形成沙坝后水位壅高，造成大堤溃决，淹没杭锦淖尔乡堤外耕地数万亩。

西柳沟洪水形成的沙坝另一直接危害是堵塞包钢取水口，迫使其停产，造成巨大经济损失。包钢三个主要取水口均位于黄河干流河道中，距离西柳沟入黄口约 1.5km 左右。历史上几次大的淤堵事件均造成包钢不同程度的停产，如 1998 年 7 月两次洪水过程造成包钢 3 个取水口全部淤堵，造成供水和居民饮水困难，包钢被迫停产，影响产值 1 亿元（赵昕等，2001）。

沙坝的形成改变了交汇区河床形态，加重了干流的淤积。在大规模沙坝形成过程中，巨量泥沙短时间堆积在交汇区河段，覆盖滩槽界限，导致水流四散。在冲刷恢复过程中主槽再得以重新塑造。在沙坝形成的同时，大量泥沙被水流输送至交汇区下游。图 4.35 是 1989 年 7 月 21 日洪水前后干流三湖河口和头道拐站输沙量过程图，其中三湖河口站位于最上游的孔兑不拉沟的上游，头道拐站位于最下游孔兑呼斯太河的下游。可以看出 7 月 21~25 日头道拐输沙量远大于三湖河口，显然是受支流来沙的影响，这表明部分支流泥沙被输出到头道拐以下河段。统计了 7 月 20~25 日三湖河口、头道拐和支流三站输沙量之和（表 4.9），可以看出洪水前后三条孔兑总来沙量达 113 95 万 t，而洪水前后头道拐输沙量仅比三湖河口多了 516 万 t，扣除前面有关文献对沙坝淤积量的估算（1700 万~3000 万 t），仍有大量支流来沙淤积在干流河道中。虽然沙坝之后逐渐冲刷，但并不意味着冲刷后的泥沙都能排出内蒙古河段，表4.9显示，直到9月底头道拐站输沙量也只比三湖河口多了1153万t，表明大部分支流来沙仍然淤积在干流河道中。

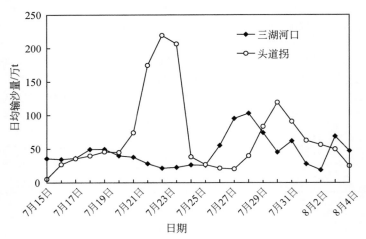

图4.35　1989年7月21日孔兑洪水前后干流输沙过程

表4.9　1989年7月21日洪水前后干支流主要水文站输沙量　（单位：万t）

时段	三湖河口	头道拐	龙头拐、图格日格、红塔沟三站
1989年7月20~25日	242	758	11 395
1989年7月20日~9月30日	7 289	8 442	

4.2.2.5　十大孔兑来沙量对三湖河口~头道拐河段冲淤量的影响

图4.36绘了三湖河口~头道拐河段年淤积量与十大孔兑年来沙量的关系。由图4.36可以看到，三湖河口~头道拐河段年淤积量随孔兑年来沙量的增大而增加，其中1961~1986年点群的相关关系较弱，而1987~2010年的相关关系较好，两个不同时段的具体关系如下：

$$\Delta W_{\text{S年三头}} = 1.004 W_{\text{S年孔兑}} - 0.143 \quad (1961 \sim 1986 年) \tag{4.14}$$

$$\Delta W_{\text{S年三头}} = 0.828 W_{\text{S年孔兑}} + 0.119 \quad (1987 \sim 2010 年) \tag{4.15}$$

式中，$\Delta W_{\text{S年三头}}$为三头段年冲淤量（亿t）；$W_{\text{S年孔兑}}$为十大孔兑年来沙量（亿t）。

三湖河口~头道拐河段的冲淤量不仅与十大孔兑的来沙量有关，还与进口断面三湖河口的来水来沙条件有关，加上实测输沙资料存在的测验误差，特别是孔兑包含估算沙量可能带来的误差，具体年份大的淤积量关系有些散乱是可以理解

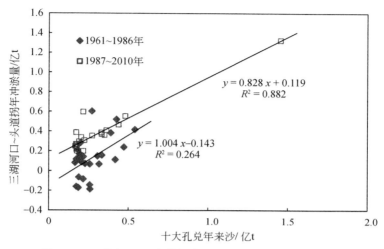

图 4.36   三湖河口至头道拐冲淤量与十大孔兑来沙量关系

的。为了消除年淤积量测验可能存在误差的影响,图 4.37 点绘了三湖河口 ~ 头道拐河段累计年淤积量与十大孔兑累计年来沙量的关系。可以看到,三湖河口 ~ 头道拐河段的累计淤积量与孔兑累计来沙量之间具有较好的相关关系,只不过三个时段的淤积速度具有较大区别,各时段的具体相关关系如下:

$$\Sigma\Delta W_{S三头} = 2.302\Sigma W_{S孔兑} - 0.333 \quad (1953 \sim 1960 \text{ 年}) \quad (4.16)$$

$$\Sigma\Delta W_{S三头} = 0.398\Sigma W_{S孔兑} + 4.370 \quad (1961 \sim 1986 \text{ 年}) \quad (4.17)$$

$$\Sigma\Delta W_{S三头} = 1.303\Sigma W_{S孔兑} - 4.425 \quad (1987 \sim 2010 \text{ 年}) \quad (4.18)$$

式中,$\Sigma\Delta W_{S三头}$ 为三头段累计年淤积量(亿 t);$\Sigma W_{S孔兑}$ 为十大孔兑累计年来沙量(亿 t)。

由图 4.37 及式(4.16) ~ 式(4.18)可以看到如下特点:一是三湖河口 ~ 头道拐河段累计淤积量与十大孔兑累计来沙量的密切关系,三个不同时期回归关系的相关系数 R^2 在 0.92 ~ 0.99,说明十大孔兑的高含沙洪水来沙对该河段淤积有着重要影响;二是采用直线表示的三个不同时期关系线具有显著不同的斜率,说明三个时期的淤积速度不同,1953 ~ 1960 年的淤积速度最快;1961 ~ 1986 年的淤积速度最小,而 1987 ~ 2010 年的淤积速度介于前两者之间。

另外基于 3.4 节中建立的三湖河口 ~ 头道拐河段年输沙量计算方法[式(3.30)]及输沙率法冲淤量计算公式[式(4.1)],根据三湖河口 ~ 头道拐河段 1953 ~ 2010 年实测水沙资料,在来沙量中剔除十大孔兑来沙,可得三湖河口 ~ 头道拐河段在不考虑十大孔兑来沙情况下的淤积量(吴保生,2014)。考虑和不考虑十大孔兑来沙条件下计算冲淤量的统计情况见表 4.10。由表可知,1953 ~

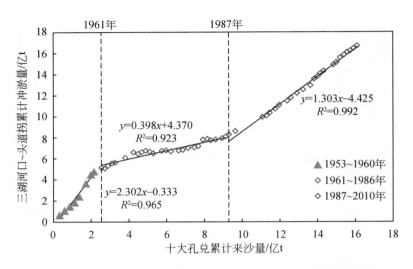

图 4.37   三湖河口~头道拐冲淤积与十大孔兑来沙量的双累计关系

2010 年考虑十大孔兑来沙的年均淤积量为 0.280 亿 t，不考虑十大孔兑来沙的年均淤积量为 0.171 亿 t，两者相差 0.109 亿 t，此即为孔兑来沙的年均淤积量。相应三湖河口来沙（即不考虑孔兑来沙）的年均淤积比为 16.4%，而十大孔兑来沙的年均淤积比为 42.7%，可见孔兑来沙的淤积比，总体上远大于三湖河口来沙的淤积比。

表 4.10   不同条件下三湖河口~头道拐河段计算冲淤量的比较

项目	时段	实测来沙量/亿 t				计算淤积量/亿 t			淤积比/%		孔兑淤积占比例/%
		三湖河口	北岸支流	十大孔兑	河段总计	包括孔兑来沙	剔除孔兑来沙	孔兑来沙	剔除孔兑来沙	十大孔兑来沙	
累计	1953~1986 年	47.10	0.91	8.19	56.20	8.35	5.35	3.00			
	1987~2010 年	12.00	0.36	6.64	19.00	7.89	4.56	3.33			
	1953~2010 年	59.09	1.27	14.83	75.19	16.24	9.90	6.34			
年平均	1953~1986 年	1.385	0.027	0.241	1.653	0.246	0.157	0.088	11.1	36.7	36.0
	1987~2010 年	0.500	0.015	0.277	0.792	0.329	0.190	0.139	36.9	50.2	42.3
	1953~2010 年	1.019	0.022	0.256	1.297	0.280	0.171	0.109	16.4	42.7	39.0

图 4.38 给出了有、无十大孔兑来沙情况下，三湖河口~头道拐的累计淤积量历年变化过程。可以看到，即使在无十大孔兑来沙的情况下三湖河口~头道拐河段仍然是处于不断累计淤积的状态，但累计淤积量有较大幅度的减小。

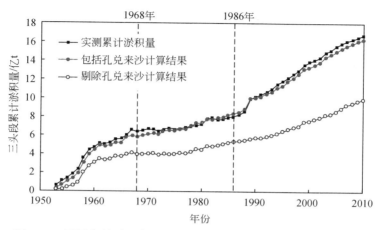

图 4.38　不同条件下三湖河口～头道拐河段计算累计淤积量的比较

从不同条件下的历年冲淤量计算结果看，一些孔兑来沙量较大年份的淤积比远大于平均淤积比。例如，1966 年孔兑来沙量 0.512 亿 t，淤积比为 84.2%；1989 年孔兑来沙量 1.422 亿 t，淤积比为 80.7%；2003 年孔兑来沙量 0.442 亿 t，淤积比为 91.4%。从分时段看，1953～1986 年三湖河口来沙和十大孔兑来沙造成三湖河口～头道拐河段的年均淤积量分别为 0.157 亿 t 和 0.088 亿 t，相应淤积比分别为 11.1% 和 36.7%，1987～2010 年的年均淤积量分别为 0.190 亿 t 和 0.139 亿 t，相应淤积比分别为 36.9% 和 50.2%。总的来讲，十大孔兑来沙的淤积比大于三湖河口来沙的淤积比，而且随上游来水量的不断减少，十大孔兑来沙的影响越来越显著。

4.3　不同河段冲淤计算方法

4.3.1　不同河段年冲淤量计算

在得到不同河段出口站年输沙量的基础上，便可以按照输沙率法逐时段计算各河段的年冲淤量，具体计算公式如下：

$$(\Delta W_s)_{计算} = (W_{s进} + W_{s支} + W_{s排} + W_{s风})_{实测} - (W_{s出})_{计算} \qquad (4.19)$$

式中，ΔW_s 为河段年冲淤量（亿 t）；$W_{s进}$ 为河段年进口沙量（亿 t）；$W_{s支}$ 为支流年来沙量（亿 t）；$W_{s排}$ 为区间排水沟年排沙量（亿 t）；$W_{s风}$ 为年入黄风成沙（20 世纪 50 年代不考虑）（亿 t）；$W_{s出}$ 为河段年出口沙量（亿 t）。

　　吴保生等（2015a）采用式（3.29）~ 式（3.31）的计算结果代入式（4.19），分别得到巴彦高勒 ~ 三湖河口段、三湖河口 ~ 头道拐段及巴彦高勒 ~ 头道拐段 1953 ~ 2010 年的年冲淤量，结果如图 4.39 ~ 图 4.41 所示，图中还给出了

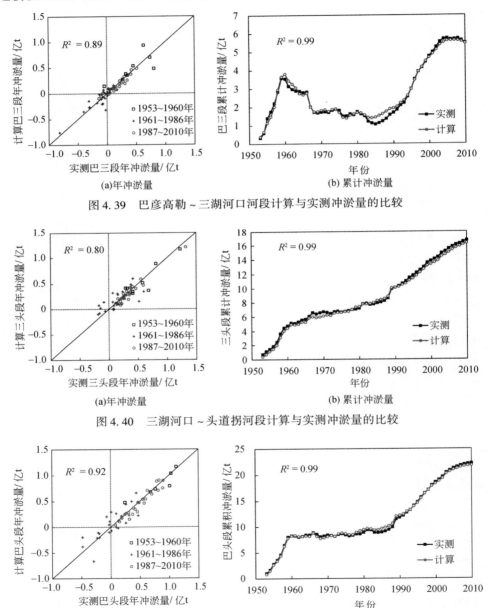

图 4.39　巴彦高勒 ~ 三湖河口河段计算与实测冲淤量的比较

图 4.40　三湖河口 ~ 头道拐河段计算与实测冲淤量的比较

图 4.41　巴彦高勒 ~ 头道拐河段计算与实测冲淤量的比较

各河段的累计淤积量过程。可以看到，各河段年冲淤量计算与实测值的符合程度较好，两者之间的相关系数 R^2 分别达 0.89、0.80、0.92；累计淤积量计算值与实测值的变化过程也十分吻合，两者之间的相关系数 R^2 均达 0.99。计算结果与实测值之间的符合程度较高，说明了该输沙量计算方法的合理性和可靠性。

（1）前期河床冲淤参数计算

关于式（3.29）~式（3.31）中前期河床冲淤参数 $\sum (W_s - D)$ 的计算，需要说明两点：一是前期河床冲淤量 ΔW_s 均采用计算值；二是在累计冲淤量的计算中不包括当年的冲淤量。这样的处理方法，不仅是因为当年的淤积量未知，更主要的是因为该参数考虑的是前期河床累计冲淤状况，不应该包含当前时段的淤积量。在实际应用中，可通过逐时段递推的方法得到前期河床冲淤参数，从而实现不同来水来沙条件下的长系列输沙量和冲淤量计算。

（2）公式主要参数取值分析

对比总河段与分河段输沙公式发现，巴头段公式（3.31）与巴三段公式（3.29）和三头段公式（3.30）参数的取值不同，主要是全河段公式中来沙量的指数 a 较分河段公式为小，而全河段公式中来水量指数 b 较分河段公式为大。这主要是由全河段公式涉及河段长度与分河段公式涉及河段长度的不同引起的。从物理意义上讲，由于河道输沙的沿程自动调整作用，河段越长则出口断面的含沙量越接近水流挟沙力（来水量指数 b 取值变大），受入口来沙量的影响也就越小（来沙量指数 a 取值变小）。此外，关于平均冲淤量参数 D 的取值，则与河段多年平均冲淤量大小有关，因此，全河段公式中 D 的取值大于分河段公式中 D 的取值。至于临界输沙水量 W_c 的取值为 80 亿 ~ 95 亿 m^3，相应年平均流量为 254 ~ 285m^3/s。公式中 W_c 取值较大意味着达到泥沙临界起动流速的流量较大，这与内蒙古河段的水流输沙能力较弱有关。由于内蒙古河段的比降小、流速低、泥沙粒径大，导致河道的输沙能力较小（郑艳爽等，2012），若以洪水期的冲淤平衡来沙系数作为指标，内蒙古河道只有 0.0038kg·s/m⁶，仅为黄河下游洪水期冲淤平衡来沙系数 0.01kg·s/m⁶ 的 1/3（张晓华等，2008a），因此，内蒙古河段的临界输沙流量或水量偏大就不难理解了。

为了分析全河段公式与分河段公式参数之间的关系，我们采用"多来多排"输沙量基本公式（3.17），暂时忽略前期累计淤积量、临界输沙水量、干支流泥沙粒径修正参数的影响。对于两个不同河段，输沙量公式可以分别表示为 $W_{s1d} = K_1 W_{s1u}^{a_1} W_{1d}^{b_1}$ 和 $W_{s2d} = K_2 W_{s2u}^{a_2} W_{2d}^{b_2}$，公式中下标 u 和 d 分别代表河段的上游入口断面和下游出口断面。注意到第 1 河段的出口输沙量就是第 2 河段的入口输沙量，即 $W_{s1d} = W_{s2u}$，可以得到：

$$W_{s2d} = K_2 \left(K_1 W_{s1u}^{a_1} W_{1d}^{b_1} \right)^{a_2} W_{2d}^{b_2} = K_2 K_1^{a_2} W_{s1u}^{a_2 \times a_1} W_{2d}^{b_2 + b_1 \times a_2} \qquad (4.20)$$

式（4.20）便是通过合并分河段公式得到的全河段输沙量计算公式，与把两河段直接作为一个河段的全河段公式 $W_{s2d} = K W_{s1u}^a W_{2d}^b$ 相比，可得两者之间的参数关系如下：

$$K = K_2 K_1^{a_2}, \quad a = a_2 \times a_1, \quad b = b_2 + b_1 \times a_2 \qquad (4.21)$$

把分河段公式（3.29）和式（3.30）中相关参数代入式（4.21）可得：$K = K_2 K_1^{a_2} = 0.051 \times 0.047^{0.62} = 0.013$（$K_0$ 代替 K），$a = a_2 \times a_1 = 0.45 \times 0.62 = 0.28$，$b = b_2 + b_1 \times a_2 = 0.62 + 0.60 \times 0.45 = 0.89$。比较分河段递推所得参数与全河段公式（3.31）的实际参数值可知，两者取值基本相同，说明了全河段公式（3.31）与分河段公式（3.29）和式（3.30）参数取值的一致性和合理性。由于合并分河段公式时忽略了前期累计淤积量、临界输沙水量、干支流泥沙粒径修正参数的影响，所得参数与实际全河段公式（3.31）的参数取值略有不同，是可以理解的。

（3）公式不同参数作用比较

输沙量一般表达式（3.22）是在"多来多排"输沙基本公式基础上建立的，相对于式（3.17）增加了临界输沙水量、前期河床冲淤参数、干支流泥沙粒径修正参数，考虑因素较为全面。虽然新增参数均具有一定的物理意义，但其对输沙量和冲淤量计算的实际贡献如何，还需要用实测资料来检验。为此，以三湖河口～头道拐河段为例，依次采用基本公式（3.17），进一步增加临界输沙水量，再增加前期累计淤积量，最后增加干支流粒径修正参数，根据相同实测资料分别得到了包括不同参数的计算公式，计算所得输沙量、河段冲淤量、累计冲淤量结果的比较见表 4.11。可以看到，随着每个参数的加入，计算结果的精度均会有所提高。例如，冲淤量的计算结果与实测值之间的相关系数 R^2，考虑泥沙临界起动条件使 R^2 由基本公式的 0.41 增大到 0.50，考虑前期累计冲淤量使 R^2 进一步增大到 0.75，考虑干支流泥沙粒径修正使 R^2 最终增大到 0.80，其中使精度提高最大的是前期累计冲淤量参数。表 4.11 的结果说明了在"多来多排"输沙基本公式基础上，考虑临界输沙水量、前期河床冲淤参数及干支流泥沙粒径修正参数的必要性和合理性。

表 4.11 输沙量公式包括不同参数时的计算结果与实测值之间的相关系数 R^2 值

公式包括参数	头道拐站输沙量	三湖河口～头道拐段 年淤积量	三湖河口～头道拐段 累计淤积量
基本公式（3.17）	0.9323	0.4125	0.9234
增加临界输沙水量	0.9374	0.5014	0.9185
增加前期累计淤积量	0.9704	0.7505	0.9941
增加干支流粒径修正参数	0.9731	0.7971	0.9965

4.3.2 不同河段的非汛期和汛期冲淤量计算

在得到不同河段出口站非汛期和汛期输沙量的基础上，便可以按照输沙率法逐时段计算各河段的非汛期和汛期冲淤量，具体计算公式如下（王彦君等，2015）：

$$(\Delta W_s)_{非汛计算} = (W_{s进非汛} + W_{s支非汛} + W_{s排非汛} + W_{s风非汛})_{实测} - (W_{s出非汛})_{计算}$$
$$(4.22)$$

$$(\Delta W_s)_{汛计算} = (W_{s进汛} + W_{s支汛} + W_{s排汛} + W_{s风汛})_{实测} - (W_{s出汛})_{计算} \quad (4.23)$$

式中，ΔW_s 为河段冲淤量（亿 t）；$W_{s进}$ 为河段进口沙量（亿 t）；$W_{s支}$ 为支流来沙量（亿 t）；$W_{s排}$ 为区间排水沟排沙量（亿 t）；$W_{s风}$ 为入黄风成沙（20 世纪 50 年代不考虑）（亿 t）；$W_{s出}$ 为河段出口沙量（亿 t）。

将式（3.32）~式（3.37）相应地代入式（4.22）和式（4.23），可以分别得到巴彦高勒~三湖河口河段、三湖河口~头道拐河段和巴彦高勒~头道拐河段 1952~2010 年非汛期和汛期的冲淤量，然后根据计算的不同年份的非汛期和汛期冲淤量，得到不同河段非汛期和汛期累计冲淤量，非汛期和汛期冲淤量及相应的累计冲淤量计算值与实测的对比结果分别如图 4.42~图 4.44 所示。巴彦高勒~三湖河口段、三湖河口~头道拐段和巴彦高勒~头道拐整个河段非汛期冲淤量的符合程度 R^2 分别为 0.80、0.61 和 0.85；汛期冲淤量的相关系数 R^2 分别为 0.89、0.75 和 0.90；非汛期累计冲淤量的相关系数 R^2 分别为 0.99、0.94 和 0.99；汛期累计冲淤量的相关系数 R^2 分别为 0.97、0.96 和 0.99。可见，各河段汛期冲淤量计算精度高于其非汛期，其中巴彦高勒~头道拐河段和巴彦高勒~三湖河口河段冲淤量的拟合精度较高，而三湖河口~头道拐河段冲淤量的拟合精度略低，但各个河段非汛期和汛期累计冲淤量计算值与实测值的变化过程符合程度较好。

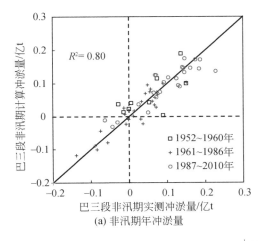

(a) 非汛期年冲淤量

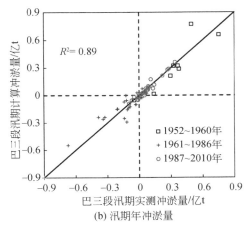

(b) 汛期年冲淤量

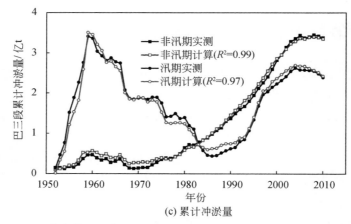

(c) 累计冲淤量

图 4.42 巴彦高勒~三湖河口河段非汛期和汛期计算与实测冲淤量的比较

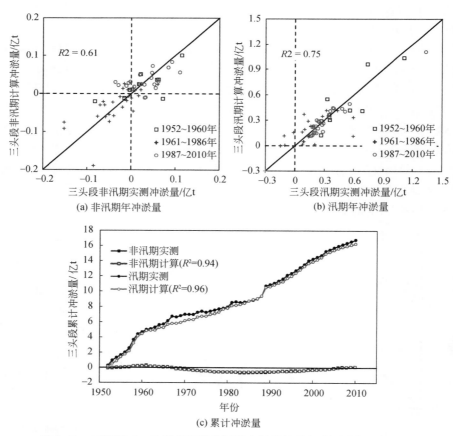

(a) 非汛期年冲淤量

(b) 汛期年冲淤量

(c) 累计冲淤量

图 4.43 三湖河口~头道拐河段非汛期和汛期计算与实测冲淤量的比较

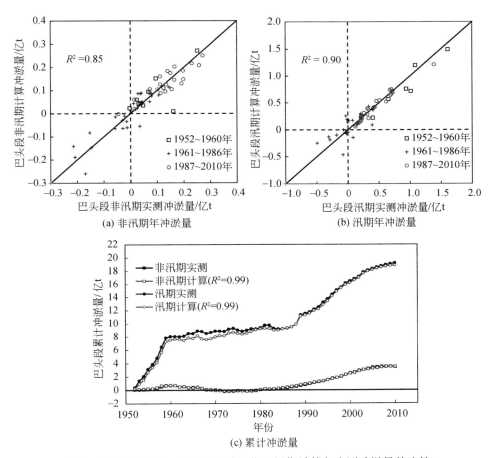

图 4.44　巴彦高勒～头道拐河非汛期和汛期计算与实测冲淤量的比较

　　总体来看，以非汛期和汛期作为研究时段的输沙量计算公式，在黄河内蒙古河段的应用中取得了很好的效果，但公式在非汛期的计算结果精度略低于汛期。根据已有研究（张晓华等，2008b；吴保生等，2010；秦毅等，2011），该河段非汛期分为封冻期和畅流期，每年 12 月～翌年 3 月河流从流凌、封冻到开河，受河面流凌和封冻的影响，凌汛期输沙能力低，导致本书所建立的非汛期输沙量的公式计算值与实测值的拟合结果略低于汛期。

　　分析冲淤量和累计冲淤量计算值与实测值的符合程度可以发现，非汛期和汛期冲淤量计算值与实测值的符合程度分别约在 0.8 和 0.9，低于相应时段输沙量的计算精度，主要是由于各河段非汛期和汛期冲淤量的绝对值比相应输沙量的绝对值小，特别是非汛期各河段冲淤量都在-0.3 亿～0.3 亿 t 变化，但各河段非汛期输沙量却在 0 ~ 0.9 亿 t 范围内变化，并且沿程支流的汇入、引排水渠和风积沙入黄等各因素的相互作用，使得短时段内冲淤量的计算精度有所降低。但累计冲淤量计算值与实测值的符合都很好，表明建立的非汛期和汛期输沙量的计算方法能够很好地模拟河道长时间的累计冲淤发展过程，特别适合于河段长时期总体冲淤发展趋势的预报计算。

对比各河段输沙量计算公式的拟合参数可以发现，各河段汛期输沙系数大于非汛期输沙系数，非汛期的临界水量大于汛期的临界水量，而临界水量和指数 b 呈现相反的变化规律，汛期的拟合指数 b 大于非汛期，而对于同河段拟合指数 a、b 呈现相反的变化规律，所以汛期的拟合指数 a 小于非汛期。上述各参数和前人的基于实测资料所得的结果呈现基本一致的变化规律（申冠卿等，2007；Qin et al.，2011），表明本书所建立的计算方法可靠。

进一步分析本书所建立的公式在不同河段的应用情况可以发现，三头段非汛期和汛期冲淤量的符合程度相对较低，主要是由于该河段有十大孔兑的高含沙水流汇入，支流来水来沙条件对该河段的河道冲淤变化影响较大，而其水沙条件主要受区域内高强度降水的影响，存在很大的不确定性（罗秋实等，2011；王平等，2013）。而模型中未考虑干支流的来水来沙过程等因素的影响，今后还需要对模型进行进一步的完善。

4.4 黄河上游水库运行对内蒙古河段冲淤量的影响

4.4.1 计算方法

为了分析黄河上游水库运行对内蒙古河段冲淤量的影响，采用基于"来沙系数"和"多来多排"的两种不同冲淤量计算方法，分别计算不同设计方案下内蒙古河段的冲淤量。第一种基于"来沙系数"的冲淤量计算方法，为4.2节建立的巴彦高勒 ~ 头道拐河段非汛期和汛期单位水量冲淤量与来沙系数之间的关系式（4.9）和式（4.5），虽然该方法比较简单，但结果作为粗略分析的依据还是具有一定参考价值的。

第二种基于"多来多排"的冲淤量计算方法，为3.3节建立的以巴彦高勒和巴彦高勒 ~ 头道拐区间入汇水沙资料作为来水来沙条件的头道拐站非汛期和汛期输沙量计算公式（3.36）和式（3.37）。吴保生等（2015b）认为，单位水量淤积量与来沙系数的关系由于没有考虑河床边界条件变化、泥沙级配变化等的影响，只能用来粗略判别河道的冲淤情况及进行淤积量的估算。因此，与第一种方法基于"来沙系数"公式的计算结果相比，第二种基于"多来多排"方法的计算结果更为可靠。

4.4.2　计算方案

黄河上游龙羊峡水库和刘家峡水库的联合运用，使得非汛期水量所占比例增加，洪峰流量大幅减小，流量过程调平，加剧了内蒙古河段水沙关系的不协调。为了分析由于水库运用导致的非汛期和汛期的水沙分配比例改变对内蒙古巴彦高勒~头道拐河段冲淤的影响，拟定了如下三种不同方案。

方案 1：在 1969~2006 年刘家峡、龙羊峡水库调蓄期间巴彦高勒和头道拐两站年径流量、输沙量资料的基础上，以 1951~1968 年非汛期、汛期水沙平均分配比进行分配；

方案 2：在 1987~2006 年龙刘水库联合调蓄期间巴彦高勒和头道拐两站年径流量、输沙量资料的基础上，以 1951~1968 年非汛期、汛期水沙平均分配比进行分配；

方案 3：将 1987~2006 年龙刘水库联合调蓄期间巴彦高勒和头道拐两站的年径流量、输沙量改用来水来沙相对较大的 1955~1974 年的年径流量、输沙量序列，而年内水沙分配采用 1987~2006 年龙刘水库联合调蓄期间非汛期、汛期水沙平均分配比进行分配。

表 4.12 为不同时段巴彦高勒和头道拐两站来水来沙量非汛期和汛期的分配比例，可以看出，1986 年以后刘家峡和龙羊峡水库联合调度以来，汛期来水来沙量所占的比例明显减小，非汛期所占比例明显增大，其中巴彦高勒站 1987~2006 年与 1951~1968 年相比汛期来水来沙量分别由 63% 减小到 36% 和 85% 减小到 58%。

表 4.12　不同方案巴彦高勒和头道拐站非汛期和汛期来水来沙量分配比例　（单位:%）

测站	时段	水量		沙量	
		非汛期	汛期	非汛期	汛期
巴彦高勒	1987~2006 年	64	36	42	58
	1951~1968 年	37	63	15	85
头道拐	1987~2006 年	62	38	41	59
	1951~1968 年	38	62	19	81

4.4.3　计算结果

不同方案巴彦高勒~头道拐河段累计冲淤量计算结果的对比见表 4.13，计算累计冲淤量变化过程如图 4.45 和图 4.46 所示。其中图 4.45（a）~图 4.45（c）分别为采用第一种基于"来沙系数"的公式计算所得不同方案下巴彦高勒~头道拐河段非汛期、汛期和全年的累计冲淤量变化过程，图4.46（a）~图4.46（c）分别为第二种基于"多来多排"的公式计算所得不同方案下巴彦高勒~头道拐河段非汛期、汛期和全年的累计冲淤量变化过程。

表 4.13　不同方案巴彦高勒~头道拐河段累计冲淤量计算结果

时段	年			非汛期			汛期		
方案	方案 1	方案 2	方案 3	方案 1	方案 2	方案 3	方案 1	方案 2	方案 3
时间序列	1969 ~ 2006 年 (38 年)	1987 ~ 2006 年 (20 年)	1955 ~ 1974 年 (20 年)	1969 ~ 2006 年 (38 年)	1987 ~ 2006 年 (20 年)	1955 ~ 1974 年 (20 年)	1969 ~ 2006 年 (38 年)	1987 ~ 2006 年 (20 年)	1955 ~ 1974 年 (20 年)
基于"来沙系数"计算公式/亿 t	7.55	8.81	13.24	1.48	1.45	1.70	6.06	7.36	11.54
减淤量/亿 t	−5.83	−3.51	6.27	−1.85	−1.61	1.95	−3.97	−1.90	4.31
减淤比例/%	−44	−28	90	−56	−53	767	−40	−20	60
基于"多来多排"计算公式/亿 t	9.79	8.90	11.84	1.86	1.72	0.05	7.92	7.18	11.79
减淤量/亿 t	−3.59	−3.41	4.87	−1.47	−1.34	0.31	−2.12	−2.07	4.57
减淤比例/%	−27	−28	70	−44	−44	120	−21	−22	63
实测/亿 t	13.37	12.32	6.97	3.33	3.06	−0.25	10.04	9.25	7.23

　　由表4.13和图4.45可以看出，基于"来沙系数"计算方法所得不同方案巴彦高勒~头道拐河段累计冲淤量结果表明，方案1和方案2在现有年来水来沙总量不变的情况下，按照龙刘水库建库前的比例进行非汛期和汛期的年内分配，即增加汛期来水来沙量，其时段累计淤积量与现状相比明显减小，其中方案1非汛期、汛期和年的减淤比例分别为56%、40%和44%，方案2非汛期、汛期和年的减淤比例分别为53%、20%和28%。方案3在1955~1974年的实测来水来沙系列条件下，采用不利的水沙分配方案，即按照龙刘水库联合调度后1987−2006年非汛期和汛期水沙量比例进行分配，可以发现与1955~1974年的实测累计淤积量相比，不利的水沙分配方案造成非汛期、汛期和年的淤积量均有所增加，增淤比例分别为767%、60%和90%。

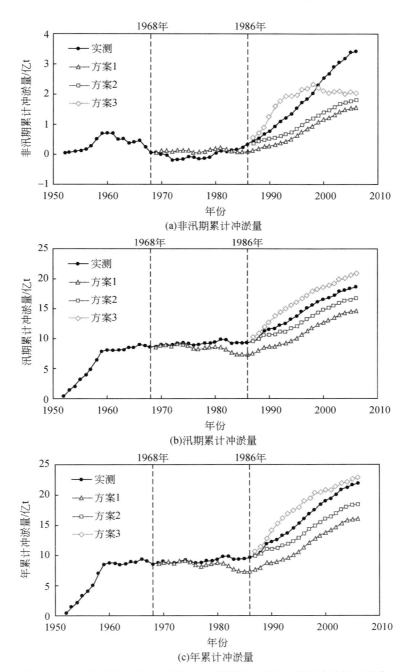

(a)非汛期累计冲淤量

(b)汛期累计冲淤量

(c)年累计冲淤量

图 4.45　采用基于"来沙系数"公式计算的不同方案累计冲淤量变化

由表 4.13 和图 4.46 可以看出，基于"多来多排"计算方法所得不同方案的累计冲淤量与采用"来沙系数"计算方法所得结果差别不大。方案 1 和方案 2 在现有来沙总量变化不大的情况下，增加汛期的来水来沙比例的累计淤积量与现状相比明显减小，其中方案 1 非汛期、汛期和年减淤比例分别为 44%、21% 和 27%，方案 2 非汛期、汛期和年减淤比例分别为 44%、22% 和 28%。换言之，龙刘水库联合调度以来，不利的水沙年内分配方案加剧了巴彦高勒～头道拐的淤积形势，在实际年来水来沙量不变情况下，水库联合调度以来由于非汛期和汛期分配比例调整的增淤比例为 27%～28%。方案 3 的结果与 1955～1974 年的实测累计淤积量相比，在水库不利的水沙分配方案下，非汛期、汛期和年的增淤比例分别为 120%、63% 和 70%。

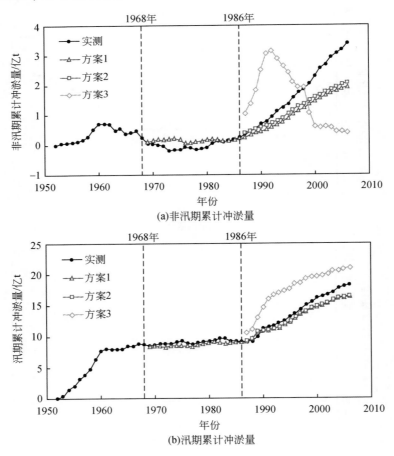

(a)非汛期累计冲淤量

(b)汛期累计冲淤量

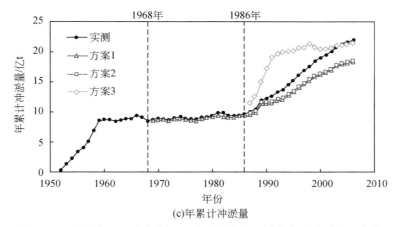

(c)年累计冲淤量

图 4.46　采用基于"多来多排"公式计算的不同方案累计冲淤量变化

4.5　累计淤积量与同流量水位及比降的关系

4.5.1　不同测站的同流量水位变化情况

同流量水位的升降反映了河底平均高程及过水面积的变化，在一定程度上反映了河床的冲淤调整（吴保生等，2015b）。图 4.47 是内蒙古河段沿程 4 个水文站断面历年汛前同流量水位的变化情况。可以看到，巴彦高勒、三湖河口及昭君坟三站同流量水位的历年变化过程基本一致，对于巴彦高勒站与三湖河口站同流量水位的同步变化规律，可以用如下线性关系来表示：

$$Z_{1000巴} = 0.87Z_{1000三} + 168.11(R^2 = 0.80) \tag{4.24}$$

式中，$Z_{1000巴}$ 和 $Z_{1000三}$ 分别为巴彦高勒站和三湖河口站的汛前 1000m³/s 同流量水位（m）。

众所周知，受进口水沙条件影响的河床沿程冲淤变化，一般是自上而下发展，相应的水位变化幅度也是自上而下变小。但式（4.24）表明，巴彦高勒站的水位变化幅度略小于三湖河口站，表现出自下而上衰减的特点，这一现象除了与巴彦高勒和三湖河口的断面形态不同有关外，还可能与十大孔兑大量来沙在三湖河口以下局部河段的大量淤积及沙坝壅水引起的溯源淤积有关。

头道拐站与上游三个水文站不同，同流量水位虽然不是常数，但也只有较小范围的波动变化，体现了其作为侵蚀基准面的特点。但考虑到内蒙古河段的侵蚀

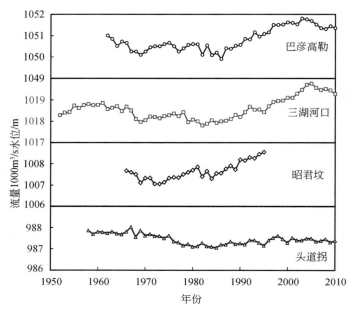

图 4.47   内蒙古河段汛前同流量（1000m³/s）水位变化

基准断面，严格来讲位于头道拐以下约 29.5km 处（图 1.4 和图 1.5），头道拐断面存在一些冲淤变化，同流量水位存在小范围的波动是可以理解的。

4.5.2   累计淤积量与同流量水位关系

图 4.48 给出了 1953～2010 年巴三段累计淤积量与三湖河口 1000m³/s 水位的变化曲线。可以看到，两者变化趋势基本一致，相关系数 $R^2=0.84$。进一步分析累计淤积量与同流量水位滑动平均值之间的关系，发现累计淤积量与同流量水位 3 年滑动平均值之间的相关系数 R^2 由原来的 0.84 提高到了 0.89，虽然幅度不大，但说明巴三段淤积还与前 2 年的三湖河口水位有关，显示了前期河床边界条件或局部侵蚀基准面对其上游河道的滞后影响作用。这里所说的局部侵蚀基准面，是指十大孔兑来沙在三湖河口以下局部河段的大量淤积及沙坝淤堵现象，在一定程度上起到的局部侵蚀基准面作用，这与式（4.24）显示的水位自下而上衰减现象是一致的。秦毅等（2011）通过分析河床淤积趋势的突变点，认为十大孔兑淤堵区的昭君坟河段对其上游河段起着局部侵蚀基准面作用，且由于河床演变的滞后性，1989 年、1994 年、1998 年孔兑来沙的影响分别反映在 1991 年、1996 年和 2000 年左右。虽然秦毅等（2011）的研究与本书采用方法不同，但关于孔

兑淤堵对上游河段的局部侵蚀基准面作用，在认识上是基本一致的。

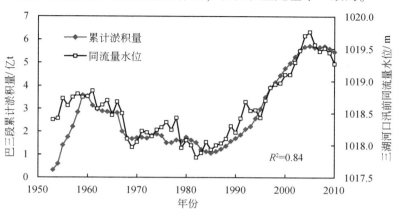

图 4.48　巴三段累计淤积量和三湖河口汛前 1000m³/s 同流量水位的历年变化过程

需要说明的是，由于十大孔兑高含沙洪水具有较大的随机性，由孔兑淤积造成的黄河干流淤积及沙坝淤堵也具有一定的随机性和暂时性，因此这种具有暂时性的局部侵蚀基准面能否对其上游河道产生持续性影响，与十大孔兑高含沙洪水发生的频率和大小有关。此外，随着上游来水的不断减少，相对加大了孔兑来沙对干流河道的淤堵机遇和淤积影响（吴保生，2014），势必会在一定程度上加大孔兑淤积对上游河道的溯源淤积作用，值得关注。

与图 4.48 表示的巴三段不同，图 4.49 给出的三头段累计淤积量与下游控制断面 1000m³/s 同流量水位之间不存在同步变化关系。图 4.49 的结果说明，由于头道拐为相对稳定的永久侵蚀基面（严格讲位于下游 29.5km 处），三头段的冲

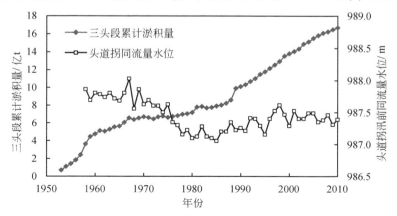

图 4.49　三头段累计淤积量和头道拐汛前 1000m³/s 同流量水位的历年变化过程

淤变化与头道拐断面的同流量水位无关，而水沙条件变化是三头段河道冲淤变化的主导因素。但这并不是说头道拐断面作为永久侵蚀基准面，对三头段的河床演变没有任何实际意义，正是由于头道拐永久侵蚀基准面的存在，使得三头段累计淤积量与头道拐同流量水位的关系表现出了与巴三段不同的特点，应区别对待。

4.5.3　累计淤积量与河段比降的关系

由于三头段的下游控制断面为永久侵蚀基准面，河道大幅度的累计淤积必然会涉及以头道拐断面为基点的整个河段的比降调整。图4.50点绘了三头段累计淤积量与三头段比降的历年变化，可以看到，河道比降随累计淤积量的增加而增大，两者之间存在较好的相关关系，R^2为0.76。类似于图4.50，我们同样点绘了巴三段累计淤积量与巴三段比降的历年变化（图略），却发现两者之间几乎不存在同步关系，显示了巴三段由于远离下游永久侵蚀基准面的直接约束，表现出一些与三头段不同的河道冲淤调整特点。

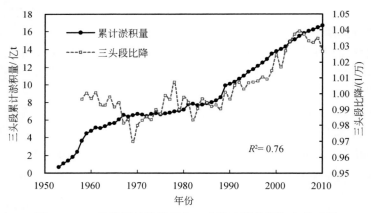

图4.50　三头段累计淤积量和三头段比降的历年变化过程

冲积河流的河相关系表明，一般河道的比降与造床流量成反比关系。图4.51点绘了根据汛前1000m³/s同流量水位所得三头段比降及三湖河口站（包括三头段区间来水）9年滑动平均流量的历年变化过程。可以看到，两者之间存在较好的反比关系，R^2可达0.86。表明三头段比降不仅与当年的水流条件有关，而且还与前期8年的水流条件有关，即河道比降是包括当年在内的连续9年来水条件累计作用的结果，体现了河床演变的滞后响应。此外，正是由于头道拐断面作为永久侵蚀基准面为内蒙古河道纵剖面提供了一个稳定的下游起始基点，才使得内蒙古河段的比降调整或宏观冲淤发展趋势与水流条件之间具有较好的相关关系。我们知道，前期水沙条件对河床演变的滞后影响具有越往前影响越小的特点，虽然图4.51采用的滑动平均流量没有区分不同年份流量的影响权重大小，但仍然能够显示出包括前期若干年水流条件的影响效果。

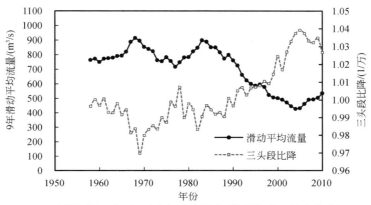

(a)三头段比降与三湖河口站(包括区间)滑动平均流量(9年)历年变化过程

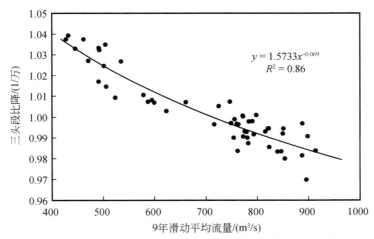

(b)三头段比降与三湖河口(包括区间)滑动平均流量(9年)的关系

图4.51 三头段比降与三湖河口（包括区间）滑动平均流量（9年）历年变化过程及关系

|第 5 章| 主槽过流能力与水沙条件响应关系

近 50 多年来，黄河内蒙古河段来水来沙持续减少、水沙关系逐步恶化，输沙能力不断下降、泥沙淤积加重，主槽持续萎缩，同流量水位显著上升，平滩流量急剧减少，行洪能力大幅降低，洪凌灾害频发，多次出现"小水决口"事件。例如，2003 年 9 月 5 日乌拉特前旗大河湾堤防溃口，三湖河口流量仅 1460m³/s，相应水位达 1019.99m，高于 1981 年洪水位 1019.97m（相应流量为 5500m³/s）；2008 年开河期杭锦旗奎素堤段发生溃口，三湖河口最高水位为 1021.22m，远高于实测最高洪水位，相应流量仅为 1640m³/s。由于防洪问题日渐增多，内蒙古河段主槽过流能力变化引起了人们的广泛关注。

平滩流量是指水位与河漫滩相平时的流量，其对应的平滩河槽相对稳定，能够代表河道主槽的规模及河道断面的主要几何特征。河流的主要功能和根本任务是排洪和输沙，河道主槽的过流能力是决定洪水能否通过河流顺利下泄的关键因素之一，而河流排洪能力主体取决于河道主槽的行洪能力，平滩流量则直接代表了主槽行洪能力的大小；另外，河道的输沙能力随着流量的增大而增大，而当流量达到平滩流量时，河道的输沙效率最高，流量超过平滩流量时，水流将会发生漫滩，而由于水流上滩后阻力迅速加大，输沙能力不再明显增加甚至有所降低，因此平滩流量也代表了河道最有利的输沙条件。考虑到平滩水位相应水流的流速大，输沙能力高，造床作用强，平滩流量在反映水流的造床能力方面具有重要的意义，常把平滩流量与造床流量联系起来，用于研究来水来沙条件对河流的造床作用。

5.1 内蒙古河段不同时期断面形态调整变化

5.1.1 过水断面形态变化

根据黄河内蒙古河段巴彦高勒、三湖河口、头道拐 3 个水文站典型年断面实测资料，绘制断面形态套绘图如图 5.1 所示。从图 5.1 可以看出：

1）1987 年以来，巴彦高勒断面形态变化不大，深泓点高程变化较小，但河床总体上淤积有所抬升，局部冲淤变化较大，其中主槽靠近左岸，河宽淤积缩窄，主槽萎缩，右岸边滩连续淤积。

2）1965~1986 年，三湖河口断面左岸坍塌，主槽逐渐向左岸摆动，右岸淤积形成新的滩地，滩唇略有降低，河宽调整幅度不大，平滩过流面积较 1965 年增加约 10%；1986~2005 年，主槽位置基本稳定，但右岸继续淤积，主槽明显缩窄，与 1986 年相比缩窄近 100m；2012 年主槽进一步萎缩，位置相对居中。

3）1987 年以来，头道拐断面形态变化较大，1987~2007 年，主槽深泓右移250m，主槽淤积抬高变得宽浅，右侧边滩发生较大冲刷，断面总体发生淤积，平均河底高程抬升约 0.25m，断面最大淤积厚度为 6.63m；2007 年后，主槽深泓进一步右移，2012 年与 1987 年相比，主槽深泓右移 430m。

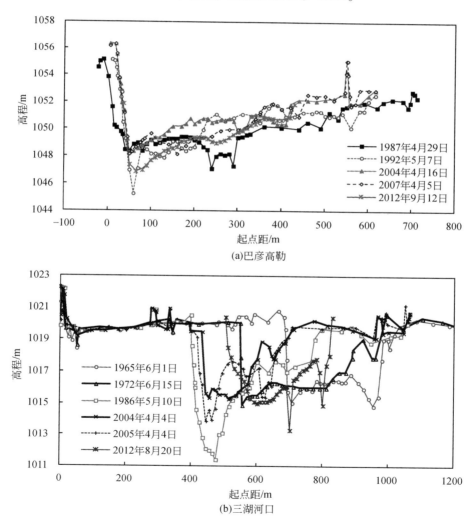

(a)巴彦高勒

(b)三湖河口

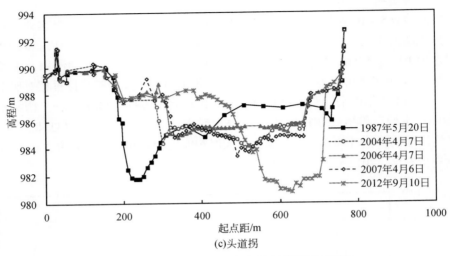

图 5.1　内蒙古河段主要水文站实测断面套汇图

图 5.2～图 5.4 分别为黄河内蒙古河段巴彦高勒、三湖河口、昭君坟、头道拐 4 个水文站历年主槽河宽、平均水深及河相系数的变化过程。

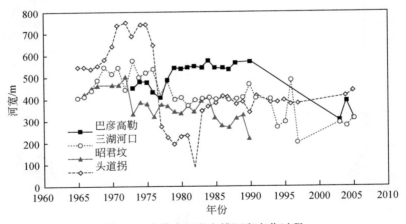

图 5.2　内蒙古河段主槽河宽变化过程

从图 5.2 和图 5.3 可以看出，巴彦高勒、三湖河口和昭君坟自 1986 年以来河宽都有减小趋势，而头道拐基本不变。巴彦高勒自 1972 年上迁后，初期几年河宽变化很小，1978 年河宽增大近 100m，1979～1990 年河宽在 550～590m，20 世纪 90 年代以后河宽减小较多，2003～2005 年平均河宽只有 350m，较 1990 年以前缩窄近 40%，而平均深度没有趋势性变化；三湖河口断面 1965～1974 年主

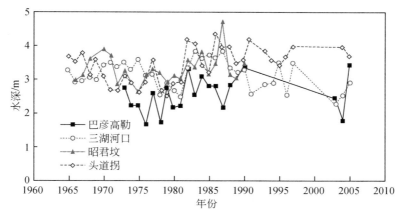

图 5.3　内蒙古河段平均水深变化过程

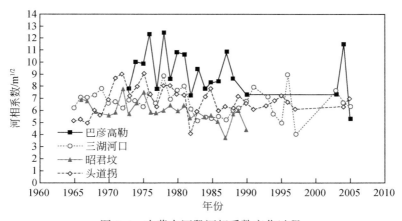

图 5.4　内蒙古河段河相系数变化过程

槽展宽、平滩河宽呈增大趋势，1974 年以后减小，1980~1993 年相对稳定，1993 年以后又减小，2003~2005 年主槽平滩河宽为 300m 左右，与 1986 年相比缩窄近 100m。平均深度在 3m 左右，2003~2005 年与 1986 年相比水深是减小的。昭君坟断面历年河宽的变化基本呈减小趋势，平均水深有一定变幅，但没有明确的变化趋势；头道拐断面河宽从 1965 年开始增大，1972 年以后转为减小直至 1982 年，1983 年河宽增幅较大，为 260m，以后河宽基本稳定略有增大，平均水深 1965~1981 年基本为减小过程，1981 年以后增大。

从图 5.4 内蒙古河段河相系数变化来看，除个别年份外，总体呈减小的趋势，主槽向窄深方向发展。

5.1.2　主槽过水断面面积变化

图 5.5 是黄河内蒙古河段巴彦高勒、三湖河口、昭君坟和头道拐 4 个水文站多年主槽过水面积变化情况。

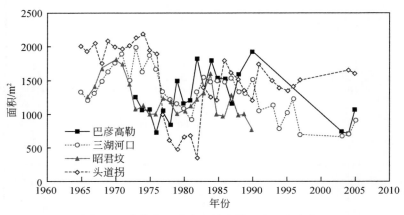

图 5.5　内蒙古河段水文站主槽过水面积变化

在图 5.5 中，巴彦高勒断面 1986 年以前主槽面积有增大的趋势，1986 年以来至近年（2003～2005 年）主槽面积减小了近 $700\mathrm{m}^2$，减少约 47%。三湖河口断面主槽面积 1965～1971 年为增大过程，1973～1981 年为减小过程，之后又有所恢复，1986 年以后又呈明显减小趋势，1986～2005 年减小了 50% 左右。昭君坟断面面积总的趋势也是减小，1986～1990 年断面面积略有减小。头道拐断面主槽面积 1965～1986 年总体为增大过程，1986 年以后减小，但减小幅度较小。由于主槽过流面积的减小，必然导致主槽的排洪能力降低，进一步影响河道输沙能力。

5.2　内蒙古河段不同时期主槽过流能力变化

5.2.1　同流量水位变化

同流量水位的升降反映出河底平均高程及过水面积的变化，从一定程度上反映了河床的冲淤调整。第 4 章给出了黄河内蒙古河段沿程巴彦高勒、三湖河口、昭君坟和头道拐 4 个水文站断面多年汛前 $1000\mathrm{m}^3/\mathrm{s}$ 下同流量水位变化情况，各

水文站断面同流量水位变化情况分别如下:

1)巴彦高勒站在 1961 年设站初期,受三盛公枢纽以及青铜峡水库初期拦沙的影响,清水冲刷,使得同流量水位下降,1962 年汛前到 1969 年汛前 1000m³/s 水位下降 0.9m;1969~1971 年受刘家峡水库初期蓄水的影响,大流量减小,同流量水位抬升 0.35m;该站 1972 年上迁至三盛公闸下 400m 处,1972~1985 年表现为汛前水位较高,经汛期冲刷后,汛后同流量水位往往低于前一年同期水位,1985 年汛后水位最低为 1049.55m,1986 年汛前水位为 1049.9m,较 1972 年下降 0.6m;1986 年以后 1000m³/s 水位持续上升,2003 年达最高值 1051.8m,较 1986 年升高 1.9m,1986~2004 年年均上升 0.1m,2004 年开始略有回落。

2)三湖河口站断面同流量水位变化可分 5 个阶段:1967 年以前变化不大;1967~1969 年为下降过程,汛前水位相比下降 0.53m;1969~1978 年同流量水位缓慢上升,汛前相比共上升 0.46m,但仍低于 1967 年以前水位;1978~1982 年为下降过程,经 1981 年大洪水冲刷之后水位最低,至 1982 年汛前有所回淤,但仍为历年汛前水位最低值,较 1978 年汛前下降 0.62m;1982 年以后表现为持续抬升,1996 年开始同流量水位已经高于 20 世纪 50 年代,1982~2005 年 23 年累计上升 1.95m,年均上升 0.085m,其中 1987~2005 年累计上升 1.76m,年均上升 0.093m,2005 年后开始回落。

3)昭君坟站 1966 年建站以来,有两个短期的下降过程和两个较长时期的上升过程。1972 年以前总体为下降,下降值为 0.62m,主要发生在 1967~1969 年;1972~1981 年汛前同流量水位抬升 0.8m;1981 年为典型的丰水年,最大日均流量为 5390m³/s,3000m³/s 以上流量持续 30 天,河床大幅度冲刷,汛期同流量水位下降 0.44m,1984 年降到最低,较 1981 年汛前累计下降 0.55m;1985~1995 年基本为持续抬升过程,11 年上升 1.25m,年均上升 0.11m。

4)头道拐站断面同流量水位 1968 年以前没有明显变化趋势;1969~1980 年为冲刷下降阶段,累计下降 0.8m;1980~1996 年年际间有升降变化,但没有明显变化趋势;1996 年以后较 20 世纪 80 年代约抬升 0.2m。头道拐附近河床相对稳定主要受两方面因素的影响,一是断面所处地理位置;二是水沙过程经过沿程自动调整已基本适应,使断面冲淤变化趋于稳定。

总之,1987 年以来内蒙古河段受来水来沙、上游水库运用等影响,巴彦高勒、三湖河口和昭君坟等站同流量水位持续抬升,年平均抬升值达 0.1m 左右,说明河道主槽处于持续剧烈淤积状态。但 2005 年后略有回落。

5.2.2 水位-流量关系变化

近年来,由于黄河内蒙古河段泥沙淤积逐步加重,河床普遍抬升,致使各水文断面的水位-流量关系曲线发生了明显的变化。

图5.6~图5.8分别为黄河内蒙古河段巴彦高勒、三湖河口和头道拐站的典型年实测汛期水位-流量关系曲线变化情况。图5.9~图5.11分别为巴彦高勒、三湖河口和头道拐站的典型年汛期实测水位-流量关系曲线走势情况的比较。

在图5.6~图5.8中（来自《宁蒙河道2012年洪水调查报告》（黄河水利委员会黄河水利科学研究院，2012）），内蒙古河段各水文站水位-流量关系变化情况分别如下：

1）巴彦高勒站1981年洪水期间以及到1985年，水位明显降低，其后到2004年水位抬升显著，与1981年相比，同500m³/s、1500m³/s流量的水位抬升幅度基本相同，在1.3m左右；到2012年水位出现下降，同流量水位降0.6~0.8m，与1981年对比，同流量水位高0.9m左右。

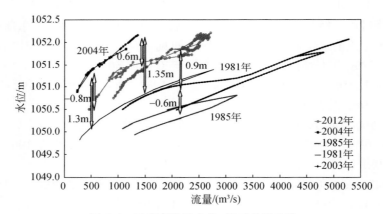

图5.6 巴彦高勒站水位-流量关系曲线

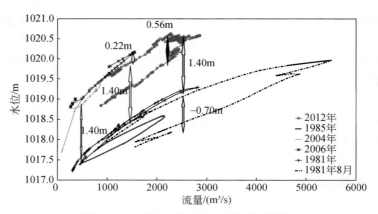

图5.7 三湖河口站水位-流量关系曲线

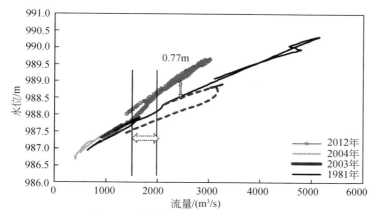

图 5.8　头道拐站水位–流量关系曲线

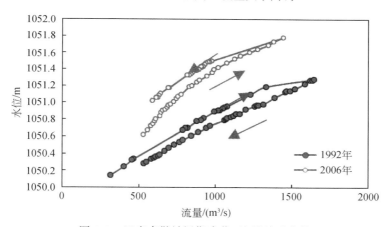

图 5.9　巴彦高勒站汛期水位–流量关系曲线

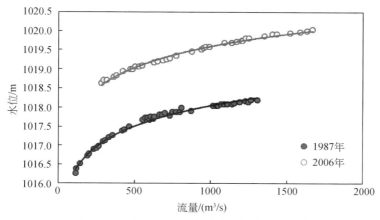

图 5.10　三湖河口站汛期水位–流量关系曲线

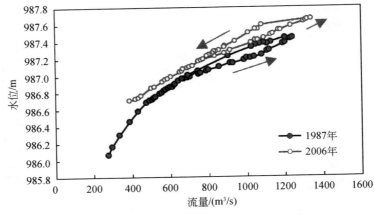

图 5.11　头道拐站汛期水位-流量关系曲线

2）三湖河口站 1981 年大水期间水位下降较大，2500m³/s 同流量水位下降 0.7m，但是其后又有所上升；1985 年水位与 1981 年相比水位变化不大；1985～2004 年，三湖河口水位升高较大，500m³/s、1500m³/s 和 2500m³/s 同流量水位普遍升高 1.4m 左右；2004～2012 年水位变化大，未出现下降的趋势，直至 2012 年才出现较大降幅，2012 年与 1981 年相比同流量水位偏高 1.4m 左右。

3）头道拐断面是个比较稳定的断面，且所处河段属基岩河道，对整个河段起到侵蚀基准面的作用，即使这样，近几年水位也逐步抬升，且水位涨率陡，高水部分水位抬升幅度更高于低水部分。2012 年比 1981 年 1500m³/s 和 2500m³/s 同流量水位分别抬高 0.41m 和 0.77m。

在图 5.9～图 5.11 中，内蒙古河段各水文站水位-流量曲线走势变化情况分别如下：

1）巴彦高勒站 2006 年与 1992 年水位流量关系对比，形态基本相似，走向相反，2006 年为涨冲落淤的逆时针绳套，曲线整体向左上方抬升，同流量水位普遍抬高，落水段 1000m³/s 流量的水位抬高约 0.8m。

2）三湖河口站 2006 年与 1987 年水位流量关系对比，曲线整体向左上平移，走向和形态一致，均为单一线，同流量水位普遍抬高，1000m³/s 流量的水位抬高约 1.6m。

3）头道拐站 2006 年与 1987 年水位流量关系对比，整体向左上方抬升，走向和形态近似，均为逆时针绳套曲线，落水段 1000m³/s 流量的水位抬高 0.16m。

进一步对各水文站 2005 年实测断面推算各级流量下的水位与"81·9"洪水的水位进行比较，见表 5.1。

表 5.1　2005 年各水文站过洪能力与"81·9"洪水对比

站名	"81·9"洪水		2005 年同水位下流量/（m³/s）	同水位流量减小量/（m³/s）	与"81·9"相比过洪能力降低率/%
	最大流量/（m³/s）	相应水位/m			
巴彦高勒	5290	1052.07	1260	4030	76
三湖河口	5500	1019.97	1460	4040	73
头道拐	5150	990.33	5000	150	3

由表 5.1 可以看出，巴彦高勒水文断面"81·9"洪水最高水位为 1052.07m，在此水位下该断面 2005 年过流能力仅为 1260m³/s，较"81·9"洪水时降低了 76%。三湖河口水文断面"81·9"洪水最高水位为 1019.97m，在此水位下该断面 2005 年过流能力仅为 1460m³/s，较"81·9"洪水时降低了 73%。头道拐水文断面"81·9"洪水最高水位为 990.33m，在此水位下该断面 2005 年过流能力为 5000m³/s，较"81·9"降低了 3%。高水位下过洪能力的变化与平滩流量的降低幅度一致。

5.2.3　平滩流量变化

平滩流量是反映河道排洪输沙能力的重要指标。一般情况下，洪水漫滩后，主槽过流能力明显大于滩地，可以达到全断面过流量的 60% ~ 80%。图 5.12 是黄河内蒙古河段巴彦高勒、三湖河口、昭君坟 3 个水文站历年汛后平滩流量变化情况。

在图 5.12 中，20 世纪 90 年代以前，巴彦高勒汛后平滩流量变化在 4000 ~ 5000m³/s，1991 年开始明显减小，之后平滩流量持续减小，到 2004 年只有 1350m³/s；三湖河口断面 90 年代以前汛后平滩流量在 3200 ~ 5000m³/s，1987 年后呈减小趋势，1992 年为 3200m³/s，之后仍呈减小趋势，到 2004 年只有 950m³/s；昭君坟断面的汛后平滩流量 1974 ~ 1988 年在 2200 ~ 3200m³/s，1990 年为 2000m³/s，之后仍持续减小，1995 年约为 1400m³/s。到 2004 年，个别河段的平滩流量更小，流量 700m³/s 即开始出现漫滩，2005 年后有所恢复。

总体来看，1986 年后平滩流量均呈减小趋势，目前，内蒙古河段的主槽过流能力较 1986 年平均降低 70% 左右，平滩流量多在 1500m³/s 以下。

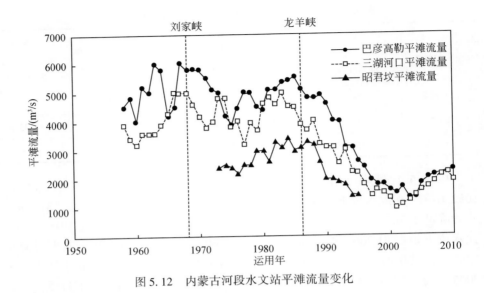

图 5.12　内蒙古河段水文站平滩流量变化

5.3　内蒙古河段平滩流量对水沙条件的滞后响应

5.3.1　内蒙古河段有效输沙流量对平滩流量的累计影响

在对巴彦高勒站各年有效输沙流量与有效来沙系数进行多年滑动平均，并分析平滩流量与多年滑动平均有效输沙流量、有效来沙系数之间的关系，如图5.13所示。

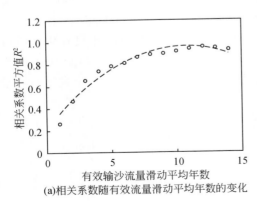

(a)相关系数随有效流量滑动平均年数的变化

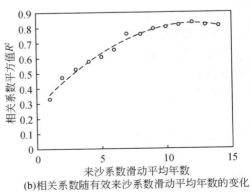

(b)相关系数随有效来沙系数滑动平均年数的变化

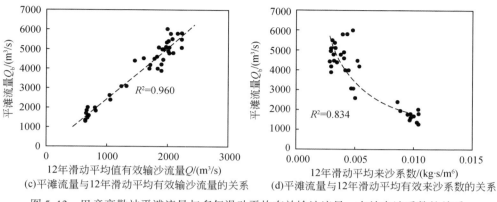

(c)平滩流量与12年滑动平均有效输沙流量的关系　(d)平滩流量与12年滑动平均有效来沙系数的关系

图 5.13　巴彦高勒站平滩流量与多年滑动平均有效输沙流量、有效来沙系数的关系

在图 5.13 中，随着巴彦高勒站有效输沙流量、有效来沙系数滑动平均年数的增大，平滩流量与有效输沙流量及有效来沙系数之间的相关系数逐步增大；当滑动平均年数为 12 年时，相关关系最好；之后，相关系数增长缓慢，甚至降低。也就是说内蒙古河段巴彦高勒站平滩流量调整分别受到包括当年在内的前期 12 年来水来沙条件的累计影响，而更早年份的来水来沙条件对平滩流量调整的影响基本消失。

5.3.2　内蒙古河段非汛期、汛期水沙条件对汛后平滩流量的共同影响

黄河的非汛期一般为去年 11 月至当年 6 月，共计 8 个月，汛期一般为当年 7~10 月，共计 4 个月。根据内蒙古河段巴彦高勒站多年长序列实测非汛期水沙资料及汛后平滩流量资料，分别给出巴彦高勒站汛后平滩流量对当年非汛期平均流量与来沙系数、5 年及 10 年滑动平均非汛期平均流量与来沙系数的关系，如图 5.14 所示。

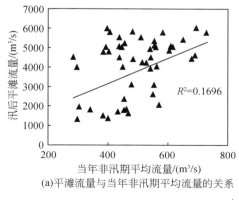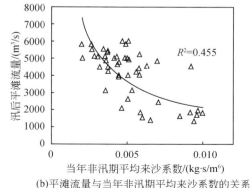

(a)平滩流量与当年非汛期平均流量的关系　(b)平滩流量与当年非汛期平均来沙系数的关系

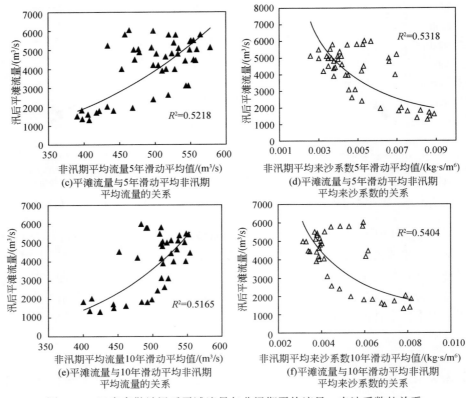

图 5.14　巴彦高勒站汛后平滩流量与非汛期平均流量、来沙系数的关系

根据内蒙古河段巴彦高勒站多年长序列实测汛期水沙资料及汛后平滩流量资料，分别给出巴彦高勒站汛后平滩流量对当年汛期平均流量与来沙系数、5 年及10 年滑动平均汛期平均流量与来沙系数的关系，如图 5.15 所示。

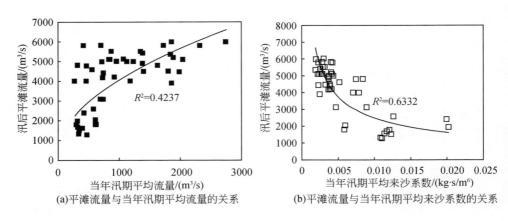

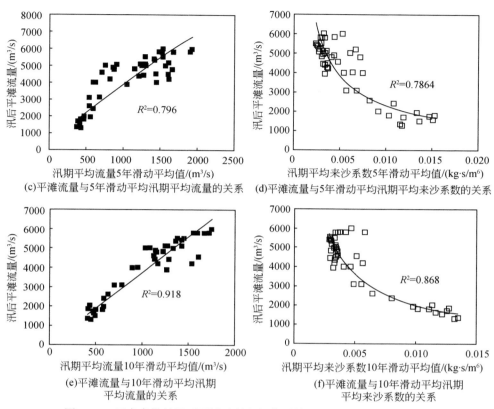

图 5.15 巴彦高勒站汛后平滩流量与汛期平均流量、来沙系数的关系

巴彦高勒站汛后平滩流量与非汛期、汛期平均流量与来沙系数相关系数的平方值随滑动平均年数的关系，如图 5.16 所示。

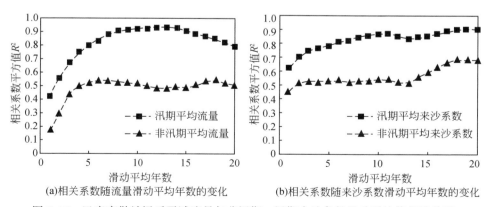

图 5.16 巴彦高勒站汛后平滩流量与非汛期、汛期水沙条件滑动平均值相关关系

从图 5.14 ~ 图 5.16 可以看出：①巴彦高勒站汛后平滩流量与非汛期、汛期水沙条件之间均呈现出一定的相关关系，因此，应综合考虑非汛期、汛期水沙条件对汛后平滩流量的共同影响；②随着滑动平均年数的增多，汛后平滩流量与非汛期、汛期平均流量及来沙系数之间的相关系数逐步增大，反映出前期水沙条件对汛后平滩流量的累计影响。

5.4 内蒙古河段平滩流量滞后响应模型

5.4.1 平滩流量滞后响应模型的一般形式

冲积河流可以看作是一个具有物质和能量输入和输出的开放系统。在这一开放系统中，来水来沙是流域施加于河道的外部控制变量，河床的冲淤变化和主槽几何形态的调整则是内部变量对外部控制条件的响应，结果会使主槽形态朝着与来水来沙相适应的平衡状态发展。冲积河流系统的自动调整作用（或称自动调整原理），是指冲积河流具有的"负反馈机制"或"平衡倾向"，即当一个河段的上游来水来沙条件或下游边界条件发生改变时，河段将通过河床的冲淤调整，最终建立一个与改变后的水沙条件或下游边界条件相适应的新的平衡状态，结果使得来自上游的水量和沙量刚好能够通过河段下泄，河流保持一定的相对平衡。

滞后响应现象是河流非平衡演变过程的典型特征，在冲积河流的河床演变中普遍存在。我们知道，天然河流的来水来沙条件变化是比较快的，而相应的河床冲淤变形却比较慢。河床变形总是滞后于来水来沙条件及其他外界扰动的变化，称为河床演变的滞后响应现象。当前时段的河床演变，不仅受当前水沙条件的影响，而且通过边界条件，还受前期若干时段内水沙条件的影响。

平滩流量作为河床演变的特征变量，是衡量河道过流能力和河道形态特征的重要指标。对于一个处于相对稳定状态的河流，当上游水沙条件 (S, Q) 变化后，河道原有的输沙平衡被打破，河床开始发生冲淤变形，平滩流量 Q_b 开始进行调整，由于河床要通过河床泥沙的不断冲淤达到与水流条件相适应的新的输沙平衡状态，需要经历一个较长的时间过程，因此，在水沙条件变化后的一个较长时间内，河床将处于不断的冲淤变形中，平滩流量也将处于持续的调整变化中，如图 5.17 所示。实际河流系统的水沙条件总是不断变化的，在一个给定的有限时段内，平滩流量不一定能够调整至平衡状态 Q_e。此时如果水沙条件再次发生变化，平滩流量将进行新一轮的调整，而上一时段河床调整的结果，将作为初始条件对新一轮的调整过程和最终的调整结果产生影响，并由此使得前期的水沙条件对后期的平滩流量产生影响。因此，通常情况下，冲积河流的平滩流量不仅与当年的水沙条件有关，同时也会对前期一定时期内的水沙条件作出响应。

平滩流量随水沙条件的调整过程如图 5.17 所示，其响应调整的基本方程可以描述为

$$\frac{\mathrm{d}Q_\mathrm{b}}{\mathrm{d}t} = \beta(Q_\mathrm{e} - Q_\mathrm{b}) \tag{5.1}$$

式中，Q_b 为平滩流量（$\mathrm{m^3/s}$）；Q_e 为平滩流量的平衡值（$\mathrm{m^3/s}$）；β 为平滩流量的调整速率；t 为时间。

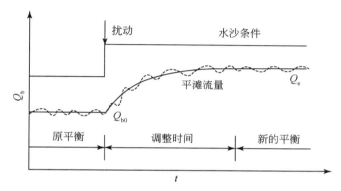

图 5.17 平滩流量对水沙条件的响应过程示意图

对于图 5.17 所示的平滩流量响应模式，有如下几点需要说明：①假定水沙变化的扰动是突然发生的，之后维持足够长的时间不变；②平滩流量新的平衡状态值 Q_e 由扰动后的来水来沙条件唯一决定；③河床通过冲淤立即对水沙变化作出响应，没有延迟时间；④初始的平滩流量可以是原有的平衡状态值，也可以是处于不平衡状态的任何值。

根据以上假定，当水沙条件确定后，Q_e 可视为常数，对式（5.1）进行积分求解，可以得到其解析解如下：

$$Q_\mathrm{b} = (1 - \mathrm{e}^{-\beta t})Q_\mathrm{e} + \mathrm{e}^{-\beta t}Q_\mathrm{b0} \tag{5.2}$$

式中，Q_b0 为 $t=0$ 时平滩流量的初始值。

实际中河流系统的来水来沙条件总是不断变化的，在一个给定的有限时段 Δt 内，河道断面不一定能够调整至平衡状态。在初始水沙条件作用下，平滩流量调整至 Q_b0 状态。此时，水沙条件发生扰动，平滩流量由 Q_b0 开始调整。经过 Δt 时段后，平滩流量调整至 Q_b1，由此式（5.2）改写为如下形式：

$$Q_\mathrm{b1} = (1 - \mathrm{e}^{-\beta \Delta t})Q_\mathrm{e1} + \mathrm{e}^{-\beta \Delta t}Q_\mathrm{b0} \tag{5.3}$$

式中，Q_e1 为第一个 Δt 时段内的水沙条件所决定的平滩流量的平衡值。

在下一个时段 Δt 内，将上一个时段末的平滩流量 Q_b1 作为这一时段的初始平

滩流量，则经过 Δt 时段的调整后，时段末的平滩流量 Q_{b2} 可表达为

$$Q_{\text{b2}} = (1 - e^{-\beta\Delta t})Q_{\text{e2}} + e^{-\beta\Delta t}Q_{\text{b1}} \qquad (5.4)$$

式中，Q_{e2} 为第二个 Δt 时段内的水沙条件所决定的平滩流量的平衡值。

以此类推，将上一个时段的结果作为下一个时段的初始条件，逐时段递推，经过 n 次计算后得到如下迭代关系式：

$$Q_{\text{b}n} = (1 - e^{-\beta\Delta t})\sum_{i=1}^{n} e^{-(n-i)\beta\Delta t}Q_{\text{e}i} + e^{-n\beta\Delta t}Q_{\text{b0}} \qquad (5.5)$$

式中，n 为迭代时段数；i 为时段编号。

考虑到 $e^{-n\beta t}$ 的实际值远小于 1，初始边界条件对 $Q_{\text{b}n}$ 的影响随时间的增加而逐渐减小，为了消除对初始值 Q_{b0} 的依赖，可以用 Q_{e0} 近似代替 Q_{b0} 由此得到：

$$Q_{\text{b}n} = (1 - e^{-\beta\Delta t})\sum_{i=1}^{n} e^{-(n-i)\beta\Delta t}Q_{\text{e}i} + e^{-n\beta\Delta t}Q_{\text{e0}} \qquad (5.6)$$

式（5.5）和式（5.6）表明，前期不同时段内的水沙条件对当前平滩流量 $Q_{\text{b}n}$ 的影响权重不同，其权重的大小可由式（5.5）和式（5.6）确定。式（5.5）中初始平滩流量 Q_{b0} 的影响权重为 $e^{-n\beta\Delta t}$，而第 i（$i = 1, 2, \cdots, n$）个时段内水沙条件的影响权重呈现依次增大的趋势，即越靠近当前时段的水沙条件对当前平滩流量的影响越大。而对于式（5.6）以 Q_{e0} 近似代替 Q_{b0} 使得第 1 个时段之前的一个时段内（记为第 0 时段）的水沙条件也对当前的平滩流量产生影响，影响权重为 $e^{-n\beta\Delta t}$。从影响当前平滩流量的物理机理来看，第 0 时段水沙条件的影响权重应该小于之后的任何一个时段，由于第 i 时段的影响权重 $(1 - e^{-\beta\Delta t})e^{-(n-i)\beta\Delta t}$ 随 i 增大依次增大，因此只需第 0 时段的影响权重小于第 1 时段的影响权重即可：

$$e^{-n\beta\Delta t} < (1 - e^{-\beta\Delta t})e^{-(n-1)\beta\Delta t} \qquad (5.7)$$

上式可直接求解得：$\beta > 0.693$。但实际计算过程中利用实测资料拟合的参数可能会出现 $\beta \leq 0.693$ 的情况。为了解决这一由 Q_{e0} 近似代替 Q_{b0} 带来的矛盾，按照第 i（$i = 1, 2, \cdots, n$）时段内水沙条件影响权重的分布规律，将模型中第 0 时段 Q_{e0} 的权重调整为 $(1 - e^{-\beta\Delta t})e^{-n\beta\Delta t}$。这样，式（5.6）可改写为如下形式：

$$Q_{\text{b}n} = (1 - e^{-\beta\Delta t})\sum_{i=0}^{n} e^{-(n-i)\beta\Delta t}Q_{\text{e}i} \qquad (5.8)$$

对于平滩流量平衡值 Q_{e}，可以近似采用下式计算：

$$Q_{\text{e}} = \kappa Q^{a}\xi^{b} \qquad (5.9)$$

式中，ξ 为来沙系数（含沙量与流量的比值）；κ 为待定系数；a、b 为指数。

5.4.2　基于汛期流量的平滩流量滞后响应模型

考虑到黄河内蒙古河段上游来水来沙条件年内分配不均，河床冲淤变化主要发生在汛期，所以以汛期的水沙条件来反映水沙条件的变化，这样平滩流量的平衡值可以表示为

$$Q_e = \kappa Q_f^a \xi_f^b \tag{5.10}$$

式中，Q_f 为汛期平均流量；ξ_f 为汛期平均来沙系数（汛期平均含沙量与汛期平均流量的比值）。

将式（5.10）代入到式（5.8）可以得到平滩流量的计算公式为

$$Q_{bn} = \kappa(1 - e^{-\beta\Delta t}) \sum_{i=0}^{n} (e^{-(n-i)\beta\Delta t} Q_{fi}^a \xi_{fi}^b) \tag{5.11}$$

5.4.3　非汛期、汛期水沙共同作用的平滩流量滞后响应模型

虽然黄河内蒙古河段的冲淤变化主要集中在汛期，但由于受上游龙刘水库联合运用的影响，该河段水沙的年内分配发生显著变化，非汛期水沙条件对河道冲淤的影响有所增加，所以需要建立综合考虑非汛期、汛期水沙条件对汛后平滩流量耦合影响的汛后平滩流量计算模型。

基于式（5.8），取 $\Delta t = 1$ 年，并将 1 年划分为非汛期与汛期，则可以分别得到非汛期（去年 11 月至当年 6 月，共计 8 个月）末、汛期（当年 7~10 月，共计 4 个月）末的平滩流量表达式：

$$Q_{bn+0.8} = (1 - e^{-\beta_1 2\Delta t/3}) Q_{ben+0.8} + e^{-\beta_1 2\Delta t/3} Q_{bn} \tag{5.12}$$

$$Q_{bn+1} = (1 - e^{-\beta_2 \Delta t/3}) Q_{ben+1} + e^{-\beta_2 \Delta t/3} Q_{bn+0.8} \tag{5.13}$$

式中，$Q_{bn+0.8}$、Q_{bn+1} 分别为第 $n+1$ 运用年汛前、汛后平滩流量；Q_{bn} 为第 n 运用年汛后平滩流量；$Q_{ben+0.8}$、Q_{ben+1} 分别为第 $n+1$ 运用年内非汛期、汛期水沙条件所对应的平滩流量平衡值；$2\Delta t/3$、$\Delta t/3$ 分别为非汛期、汛期时间间隔；β_1、β_2 分别为非汛期、汛期平滩流量的调整速率。

将式（5.12）代入式（5.13）得

$$Q_{bn+1} = (1 - e^{-\beta_2 \Delta t/3}) Q_{ben+1} + e^{-\beta_2 \Delta t/3}(1 - e^{-\beta_1 2\Delta t/3}) Q_{ben+0.8} + e^{-(\beta_2 + 2\beta_1)\Delta t/3} Q_{bn} \tag{5.14}$$

式中，$Q_{ben+0.8}$、Q_{ben+1} 分别为非汛期、汛期水沙条件的函数，反映出非汛期、汛期水沙条件对汛后平滩流量平衡值的共同影响；$(1 - e^{-\beta_2 \Delta t/3})$、$e^{-\beta_2 \Delta t/3}(1 - e^{-\beta_1 2\Delta t/3})$ 分别为非汛期、汛期水沙条件所对应的平滩流量平衡值的权

重系数，反映出非汛期、汛期水沙作用时间对汛后平滩流量平衡值的影响。

式（5.14）所表示的汛后平滩流量滞后响应模式可采用图 5.18 进行表示。

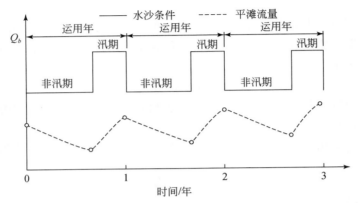

图 5.18　汛后平滩流量对非汛期、汛期水沙条件共同作用下的响应示意图

在图 5.18 中：①将 1 个运用年划分为非汛期、汛期，并将非汛期、汛期水沙条件分别概化为恒定的水沙过程；②非汛期与汛期水沙条件之间的变化是突然发生的；③当扰动发生后，河床立即通过冲淤对水沙变化作出响应，没有延迟时间；④在非汛期、汛期水沙条件共同作用下，河床通过自动调整作用最终处于一种动态的相对平衡状态，汛后平滩流量达到平衡值；⑤汛后平滩流量平衡值受到非汛期、汛期水沙条件共同合作用的影响。

5.4.4　基于汛期流量的平滩流量计算

根据巴彦高勒站 1965～2006 年和三湖河口站 1974～2005 年实测平滩流量资料所得巴彦高勒站和三湖河口站的平滩流量与包括不同年数的滑动平均汛期来水来沙条件之间的相关关系如图 5.19 所示。可以看出，平滩流量与当年来水来沙条件的相关性都较低，巴彦高勒站平滩流量与当年汛期平均流量相关系数 R^2 仅为 0.33，与当年汛期平均来沙系数的相关系数 R^2 仅为 0.45；而三湖河口站平滩流量与当年汛期平均流量和来沙系数的相关系数 R^2 分别为 0.35 和 0.50。但随着包括年数 n 的增加，相关系数均不断提高。当 $n=10$ 年左右时，巴彦高勒站平滩流量与汛期滑动平均流量和汛期滑动平均来沙系数的相关系数 R^2 达到最大，分别为 0.88 和 0.87，之后随着 n 的进一步增大，相关系数 R^2 却有所降低；当 $n=14$ 年左右时，三湖河口站平滩流量与汛期滑动平均流量和汛期滑动平均来沙系数的相关系数 R^2 达到最大，分别为 0.94 和 0.87，之后随着 n 的进一步增大，相关系数 R^2 反而有所降低。这表明巴彦高勒站和三湖河口站平滩流量的调整分别受到包括当年在内的前期 10 年和 14 年的来水来沙条件的影响，而更早年份的来水来沙条件对平滩流量调整的影响基本消失。所以分别取 $n=10$ 和 $n=14$ 作为巴彦高勒站和三湖河口站平滩流量受前期水沙条件影响的年数。

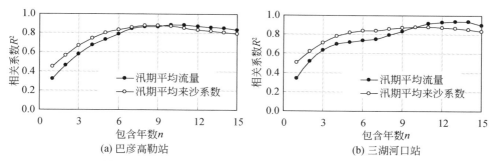

图 5.19　平滩流量与汛期水沙条件滑动平均值相关关系

取 $n=9$，计算时取 $\Delta t=1$ 年。利用巴彦高勒站 1956~2006 年实测水沙数据和 1965~2006 年实测平滩流量资料得到：$\kappa=43.7$，$a=-0.49$，$b=0.45$，$\beta=0.038$。将其代入式（5.11），得到巴彦高勒站平滩流量计算公式如下：

$$Q_{b9}=1.641\sum_{i=0}^{9}\left(e^{-0.038\times(9-i)}\xi_{fi}^{-0.49}Q_{fi}^{0.45}\right) \tag{5.15}$$

根据式（5.15）可得第 0~9 年的影响权重依次为：0.0266、0.0277、0.0287、0.0299、0.0310、0.0322、0.0335、0.0348、0.0362、0.0376，呈依次增大的趋势。图 5.20（a）给出了巴彦高勒站平滩流量实测值与式（5.15）计算值的历年变化过程，图 5.20（b）点绘了计算值与实测值的相关图，可以看出二者相关性很好，相关系数 R^2 达到 0.96。定义相对误差为平滩流量计算值与实测值之差同平滩流量实测值之比的绝对值，可得式（5.15）计算平滩流量与实测平滩流量间最大相对误差为 25%，平均相对误差为 7%。

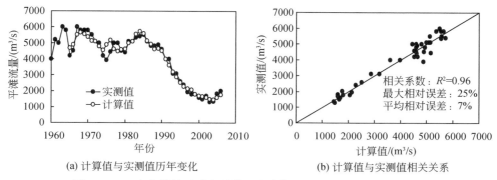

图 5.20　巴彦高勒站平滩流量滞后响应模型计算值与实测值的对比

同样对于三湖河口站，利用同样的方法，取 $n = 13$，计算时取 $\Delta t = 1$ 年。根据该站 1961 ~ 2005 年的实测水沙资料和 1974 ~ 2005 年实测平滩流量资料得到：$\kappa = 0.795$，$a = -0.53$，$b = 0.92$，$\beta = 0.036$。将其代入式（5.11），得到三湖河口站平滩流量计算公式如下：

$$Q_{b13} = 0.0282 \sum_{i=0}^{13} \left(e^{-0.036 \times (13-i)} \xi_{fi}^{-0.53} Q_{fi}^{0.92} \right) \tag{5.16}$$

图 5.21（a）给出了三湖河口站平滩流量实测值与式（5.16）计算值的历年变化过程，图 5.21（b）点绘了计算值与实测值的相关图，可以看出二者相关性很好，相关系数 R^2 达到 0.95，最大相对误差为 24%，平均相对误差为 7%。

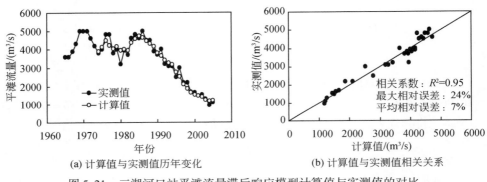

(a) 计算值与实测值历年变化   (b) 计算值与实测值相关关系

图 5.21　三湖河口站平滩流量滞后响应模型计算值与实测值的对比

5.4.5　基于非汛期、汛期流量的平滩流量计算

根据冲积性河流平滩流量滞后响应模型式（5.12）和式（5.13），在内蒙古河段巴彦高勒站 1958 ~ 2006 年实测非汛期、汛期流量、含沙量及汛后平滩流量资料的基础上，通过拟合率定，可以得到巴彦高勒站汛前、汛后平滩流量经验计算表达式分别为

$$Q_{bn+0.8} = (1 - e^{-0.16}) 9 Q_{nf}^{0.47} \xi_{nf}^{-0.54} + e^{-0.16} Q_{bn} \tag{5.17}$$

$$Q_{bn+1} = (1 - e^{-0.24 \times 0.4 \times 1}) 14 Q_f^{0.52} \xi_f^{-0.47} + e^{-0.24 \times 0.4 \times 1} Q_{bn+0.8} \tag{5.18}$$

式中，Q_{nf}、ξ_{nf} 分别为非汛期平均流量、平均来沙系数；Q_f、ξ_f 分别为汛期平均流量、平均来沙系数。

根据式（5.17）和式（5.18）分别采用解析-递推模式、多步递推模式计算得到内蒙古河段巴彦高勒站汛前、汛后平滩流量变化情况如图 5.22（a）和图 5.22（b）所示。图 5.23（a）和图 5.23（b）分别为两种计算模式得到的汛后平滩流量计算值与实测值的相关关系情况。

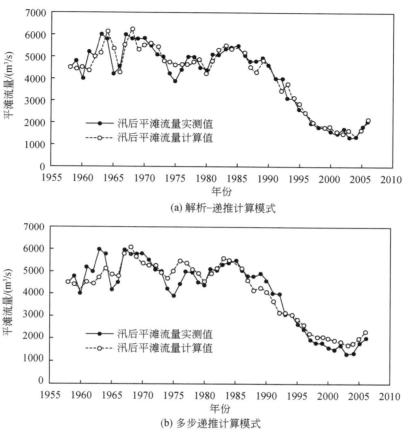

(a) 解析-递推计算模式

(b) 多步递推计算模式

图 5.22　巴彦高勒站汛前、汛后平滩流量计算值

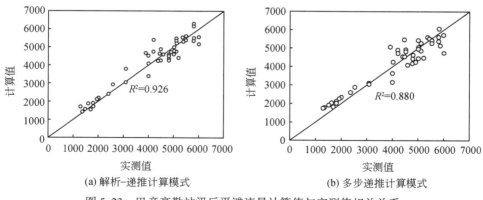

(a) 解析-递推计算模式

(b) 多步递推计算模式

图 5.23　巴彦高勒站汛后平滩流量计算值与实测值相关关系

5.5　内蒙古河段年内水沙分配对平滩流量的影响

5.5.1　年径流量及年内分配对平滩流量影响的理论分析

黄河内蒙古河段巴彦高勒站非汛期、汛期平均来沙系数与平均流量之间具有一定的相关关系，如图 5.24 所示。

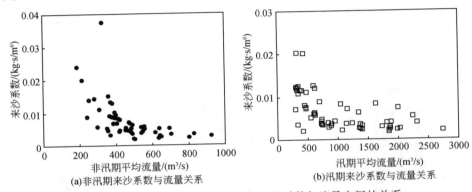

(a)非汛期来沙系数与流量关系　　(b)汛期来沙系数与流量关系

图 5.24　巴彦高勒站非汛期、汛期来沙系数与流量之间的关系

巴彦高勒站非汛期、汛期对应平滩流量平衡值近似统一采用下式进行计算：

$$Q_{be} = Q^{1.19} \tag{5.19}$$

根据式（5.14），采用多步递推模式计算得到内蒙古河段巴彦高勒站 1958～2010 年汛后平滩流量变化情况如图 5.25 所示。

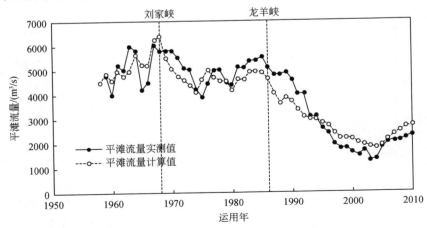

图 5.25　巴彦高勒站汛后平滩流量计算情况

从图 5.25 可以看出：采用式（5.19）对内蒙古河段巴彦高勒站汛后平滩流量进行计算后，发现计算值与实测值的变化趋势基本吻合。

5.5.2 黄河上游水库运行对汛后平滩流量影响计算

黄河内蒙古河段巴彦高勒站汛后平滩流量变化不仅受年径流量及其分配的影响，同时还受年输沙量及其分配的影响。其中，黄河上游大型水库调蓄是影响内蒙古河段水沙年内分配的重要因子。

为深入分析黄河上游大型水库调蓄对下游内蒙古河段汛后平滩流量的影响，初步拟定 3 种水沙分配方案：

1）在 1987～2006 年龙刘水库联合调蓄期间巴彦高勒站年径流量、输沙量资料的基础上，以 1950～1968 年非汛期、汛期水沙平均分配比进行分配；

2）在 1969～2010 年刘家峡、龙羊峡水库调蓄期间巴彦高勒站年径流量、输沙量资料的基础上，以 1950～1968 年非汛期、汛期水沙平均分配比进行分配；

3）将 1987～2010 年龙刘水库联合调蓄期间巴彦高勒站的年径流量、输沙量改用来水来沙相对较大的 1955～1978 年的年径流量、输沙量序列，而年内水沙分配采用 1987～2010 年龙刘水库联合调蓄期间非汛期、汛期水沙平均分配比进行分配。

根据式（5.17）和式（5.18）采用多步递推模式，可以分别计算得到上述 3 种水沙分配方案所对应的汛后平滩流量变化情况，如图 5.26 所示。

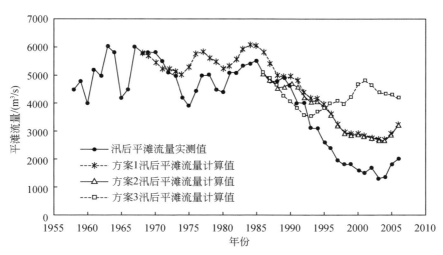

图 5.26　巴彦高勒站不同水沙分配方案汛后平滩流量计算值

　　在图 5.26 中，方案 1 和方案 2 计算结果表明，龙刘水库修建后，在现有巴彦高勒站年径流量、输沙量总量不变的基础上，如果增大汛期水沙比例，可以在一定程度上增大汛后平滩流量；方案 3 计算结果表明，龙刘水库修建后，在巴彦高勒站现有不利的水沙分配条件下，如果增大年径流量、输沙量，汛后平滩流量增大效果比较明显。

|第6章| 交汇区河床演变过程的模型试验

孔兑高含沙洪水淤堵干流形成沙坝的现象对当地防洪安全、社会生产活动和黄河河道冲淤演变造成很大影响和危害。但是限于观测资料的缺乏，以往针对这一问题的研究开展得较少，本章拟通过模型试验对高含沙洪水交汇区水沙运动特性、沙坝形态特征和沙坝形成、发展以及消亡过程进行研究，揭示高含沙洪水交汇区沙坝的演变过程和机理。

6.1 交汇区模型设计与验证

考虑到沙坝形成过程是局部河段的单向淤积过程，干流非淤堵河段冲淤演变不是本试验所关注问题，并且支流淤堵过程历时短，非淤堵河段河床冲淤变形与沙坝相比是小量。因此本模型按动床模型设计，初始地形制作成定床，在定床基础上开展浑水试验，重点关注交汇区淤积过程。

6.1.1 模型设计

6.1.1.1 模拟河段

历史上有过几次较为详细的西柳沟高含沙洪水淤堵事件的记载，西柳沟龙头拐水文站具有相对连续的水文泥沙观测资料，本次试验以西柳沟入黄交汇区的干支流河段为试验模拟河段，如图 6.1 所示，交汇区干支流河道条件见表 6.1。模型初始地形根据万分之一地形图和 2008 年统测大断面制作。

表 6.1 原型河段河道特征值

项目	黄河（昭君坟河段）	西柳沟（龙头拐站）
河宽/m	4000	—
主槽平均宽/m	624	280
平均水深/m	2.19	1.23 ~ 3.0
平均流速/（m/s）	0.7 ~ 1.6（流量范围 500 ~ 3000m³/s）	3.5 ~ 4.8（流量范围 500 ~ 3000m³/s）
河床糙率	0.014 ~ 0.020（流量范围 500 ~ 3000m³/s）	0.02 ~ 0.028（流量范围 1300 ~ 3200m³/s）

项目	黄河（昭君坟河段）	西柳沟（龙头拐站）
比降/‰	1.2	1.9
悬沙中径/mm	0.023	—
床沙中径/mm	0.17	0.14

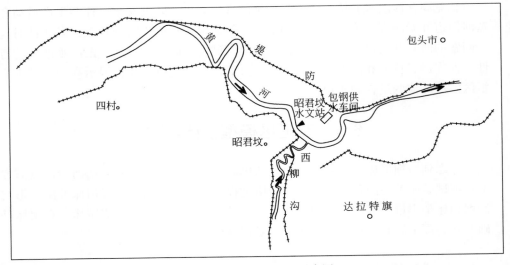

图 6.1　模拟原型河段示意图

6.1.1.2　模型比尺

（1）相似条件

模型相似律采用黄河高含沙水流动床模型相似律（张红武等，1994）。本次试验主要模拟沙坝形成过程，重点考虑泥沙悬移相似，主要相似条件如下。

水流重力相似条件：

$$\lambda_V = \lambda_H^{0.5} \tag{6.1}$$

水流阻力相似条件：

$$\lambda_n = \frac{\lambda_R^{2/3}}{\lambda_V}\lambda_J^{0.5} \tag{6.2}$$

泥沙悬移相似条件：

$$\lambda_\omega = \lambda_V\left(\frac{\lambda_H}{\lambda_L}\right)^{0.75} \tag{6.3}$$

水流挟沙相似条件：

$$\lambda_s = \lambda_{s_*} \tag{6.4}$$

河床冲淤变形相似条件:

$$\lambda_{t_2} = \frac{\lambda_{\gamma_0} \lambda_L}{\lambda_s \lambda_V} \tag{6.5}$$

式中,λ_L 为水平比尺;λ_H 为垂直比尺;λ_V 为流速比尺;λ_n 为糙率比尺;λ_J 为比降比尺;λ_ω 为泥沙沉速比尺;λ_d 为悬移质泥沙粒径比尺;λ_R 为水力半径比尺;$\lambda_{\gamma_s-\gamma}$ 为泥沙与水的容重差比尺;λ_s、λ_{s_*} 为含沙量及水流挟沙力比尺;λ_{t_2} 为河床变形时间比尺;λ_{γ_0} 为淤积物干容重比尺。

（2）几何比尺

1989 年 7 月 21 日,西柳沟洪水在黄河干流形成的沙坝规模最大（支俊峰和时明立,2002）,沙坝分布在西柳沟入汇口上游 1km 和下游 6km 范围内。模型模拟范围应覆盖该次沙坝范围并适当向上下游延伸。结合试验场地条件,拟定模型平面比尺 $\lambda_L = 1000$,垂直比尺 $\lambda_H = 80$,模拟干流长度 35km,其中西柳沟入汇口以上 24km,入汇口以下 11km,模拟西柳沟下游入黄口以上 8km 河道。模型平面图如图 6.2 所示。模型几何变率 $D_t = 1000/80 = 12.5$,下面对变率的合理性进行论证。

窦国仁等（1978）从控制变态模型边壁阻力与河底阻力的比值以保证模型水流与原型相似的概念出发,提出了限制模型变率的关系式:

$$D_t \leq 1 + \frac{B}{20H} \tag{6.6}$$

将模拟河段黄河干流主槽 B、H 数值代入上式,求得 $D_t \leq 16.3$,显然本模型所取变率满足限制条件（6.6）。

谢鉴衡（1990）根据寇利根、冈恰洛夫和洛西耶夫斯基等的研究成果综合提出了模型变率的限制条件:

$$\frac{B_m}{H_m} > 5 \sim 10 \tag{6.7}$$

由原型值计算得 $\frac{B_m}{H_m} = 24.4$,显然满足上式。

张瑞瑾等（1983）认为过水断面水力半径 R 对模型变态十分敏感,建议采用如下形式的方程式表达河道水流二度性的模型变态指标 D_R:

$$D_R = R_x / R_1 \tag{6.8}$$

式中,R_1 为正态模型的水力半径;R_x 为竖向长度比尺与正态模型长度比尺相等、变率为 D_t 的模型中的水力半径。$D_R = 0.95 \sim 1$ 为理想区。由式（6.8）可导出如下变率限制式:

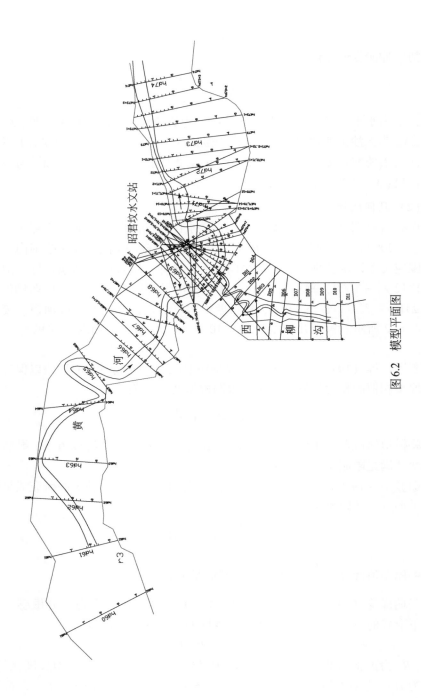

图 6.2 模型平面图

$$D_{\mathrm{R}} = \frac{2H + B}{2D_t H + B} \tag{6.9}$$

由式（6.9）计算出模型变率指标 D_{R} 为 0.93，其值基本接近理想区段下限值。

张红武（1987）根据原型河宽、水深及模型变率等因素，提出了变态模型相对保证率的概念，即

$$P_* = \frac{B - 4.7HD_t}{B - 4.7H} \tag{6.10}$$

代入原型资料算得 $P_* = 0.82$，说明模型变率为 12.5 时可保证过水断面上有 82% 以上区域流速场与原型相似。

以上分析说明本模型变率采用 $D_t = 12.5$ 基本满足各家公式所限制的变率范围，几何变态的影响较小，可以满足工程实际需要。

（3）糙率比尺

由重力相似条件求得 $\lambda_V = 8.94$，由此求得流量比尺 $\lambda_Q = \lambda_V \lambda_H \lambda_L = 715\,542$；取 $\lambda_R = \lambda_H$，由阻力相似条件求得糙率比尺 $\lambda_n = 0.59$，即要求模型糙率为原型的 1.69 倍。交汇区域黄河干流糙率为 0.011 ~ 0.015，故干流模型糙率为 0.019 ~ 0.026。西柳沟河道糙率在 0.02 ~ 0.028，模型糙率在 0.034 ~ 0.048。模型初始地形为水泥抹面的定床，其糙率一般低于所要求模型糙率，需通过加糙满足要求。

（4）悬沙沉速及粒径比尺

根据泥沙悬移相似条件求得泥沙沉速比尺 $\lambda_\omega = 1.345$。试验采用郑州热电厂粉煤灰（ $\gamma_s = 20.58\mathrm{kN/m^3}$ ），该粉煤灰化学性能稳定，不易板结，能较好地满足冲刷和淤积相似，为黄河水利科学研究院模型试验所长期使用。采用滞流区公式得悬沙粒径比尺关系式：

$$\lambda_d = \left(\frac{\lambda_\omega \lambda_\nu}{\lambda_{\gamma_s - \gamma}} \right)^{1/2} \tag{6.11}$$

原型沙比重为 $26\mathrm{kN/m^3}$，故 $\lambda_{\gamma_s - \gamma} = (26 - 9.8) / (20.58 - 9.8) = 1.5$。西柳沟洪水主要发生在夏季，本试验主要在夏秋季进行，试验水流与原型温度相差不大，故水流黏滞系数比尺 λ_ν 近似取为 1.0，可求得 $\lambda_d = 0.947$。由于西柳沟没有常规实测悬移质资料，为确定模型沙粒径带来困难。前面提到的西柳沟龙头拐水文站 2010 年 7 月 31 日所取悬沙样品的颗粒级配偏细，显然不能代表洪水期悬沙粒径。黄河宁蒙水文局对西柳沟河床质（入黄口上游 2.5km 处）取样测定结果表明，其河床质中值粒径平均为 0.138mm，西柳沟洪水悬沙中值粒径在 0.051 ~ 0.138mm。

为进一步确定模型设计所需原型悬沙粒径，仍考虑借鉴皇甫川洪水悬沙粒

径。对皇甫川部分洪水期的平均悬沙级配进行了计算，如图 6.3 所示。各场洪水悬移质平均中值粒径在 0.079~0.10mm，平均值为 0.088mm，在上述西柳沟悬沙中值粒径范围之内，以该值作为西柳沟洪水悬移质泥沙中值粒径，由粒径比尺求得模型沙中值粒径 d_{50} 为 0.093mm。

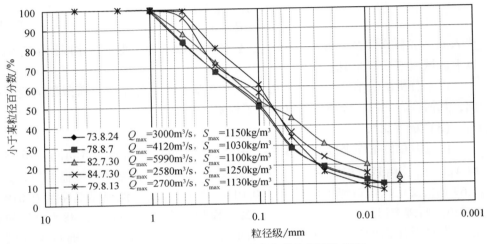

图 6.3　皇甫川皇甫站洪水期悬移质平均级配

（5）含沙量比尺

含沙量比尺可通过计算水流挟沙力比尺来确定。张红武等（1994）提出了同时适用于原型沙及轻质沙的水流挟沙力公式：

$$S_* = 2.5 \left[\frac{\xi(0.0022 + S_V) V^3}{\kappa \left[\frac{\gamma_s - \gamma_m}{\gamma_m} \right] gh\omega_s} \ln\left(\frac{h}{6D_{50}}\right) \right]^{0.62} \tag{6.12}$$

式中，κ 为卡门常数；γ_m 为浑水容重；ω_s 为泥沙在浑水中的沉速；V 为流速；h 为水深；D_{50} 为床沙中径；S_V 为体积含沙量；ξ 为容重影响系数，可表示为

$$\xi = \left[\frac{1.65}{\gamma_s - \gamma} \right]^{2.25} \tag{6.13}$$

对于选用的模型沙 γ_s 约为 2.1t/m³，则 $\xi = 2.5$。对原型沙，$\gamma_s = 2.65$t/m³，则 $\xi = 1$。采用式（6.12）计算水流挟沙力，应考虑含沙量对 κ 值及 ω_s 的影响，两者与含沙量的关系分别为

$$\kappa = \kappa_0 \left[1 - 4.2\sqrt{S_V} (0.365 - S_V) \right] \tag{6.14}$$

$$\omega_{s} = \omega_{cp}(1 - 1.25S_{V})\left(1 - \frac{S_{V}}{2.25\sqrt{d_{50}}}\right)^{3.5} \qquad (6.15)$$

式中，κ_{0} 为清水卡门常数，为 0.4；ω_{cp} 为泥沙在清水时的平均沉速（cm/s）；d_{50} 为悬沙中径（mm）。

将干流昭君坟站和支流龙头拐站资料代入式（6.11），可得到原型水流挟沙力 S_{*p}。同时采用原型有关物理量及相应的比尺值代入上述计算式，并通过试算可得到模型水流挟沙力 S_{*m}，见表 6.2。表中还列出了两者的比值 S_{*p}/S_{*m}，可以看出干流 S_{*p}/S_{*m} 值变化范围为 1.95~2.13，支流 S_{*p}/S_{*m} 值变化范围为 1.73~2.35，本模型设计初步取其平均值，即含沙量比尺 λ_{s} 约为 2.0。

表 6.2   水流挟沙能力比尺分析计算表

站名	测验时间	Q /(m³/s)	V /(m/s)	H /m	S /(kg/m³)	S_{*p} /(kg/m³)	S_{*m} /(kg/m³)	S_{*p}/S_{*m}
黄河昭君坟站	1988/7/17	2030	1.65	3.6	11.2	22.07	10.37	2.13
	1987/8/24	1130	1.25	3.02	4.12	10.19	5.14	1.98
	1987/9/10	846	1.11	2.56	2.96	7.93	4.07	1.95
	1986/8/10	1810	1.32	5.07	4.67	5.06	2.57	1.97
	1986/8/22	1430	1.32	3.97	4.48	9.08	4.60	1.98
	1986/7/16	2980	1.43	5.16	9.3	16.87	8.14	2.07
	1985/9/20	3240	1.4	5.95	10.4	11.93	5.73	2.08
	1985/9/2	1530	1.37	4.27	5.59	8.97	4.48	2.00
	1985/7/9	1900	1.42	4.34	7.71	9.91	4.83	2.05
	1984/7/11	1800	1.53	3.1	9.05	18.29	8.70	2.10
	1983/8/25	3510	1.64	5.31	9.73	15.55	7.48	2.08
	1983/7/29	3340	1.48	5.61	8.46	8.56	4.17	2.05
	1982/10/6	1630	1.41	4.35	9.2	9.11	4.38	2.08
	1982/9/17	1400	1.12	3.37	3.32	14.24	7.32	1.95
	1982/8/10	1970	1.7	3.14	7.11	16.42	7.96	2.06
	1981/9/24	5300	1.69	5.83	6.22	9.09	4.54	2.00
	1980/10/3	2170	1.71	3.61	8.33	16.84	8.10	2.08
	1980/8/17	1190	1.36	2.77	8.45	13.88	6.61	2.10

站名	测验时间	Q /（m³/s）	V /（m/s）	H /m	S （kg/m³）	S_{*p} /（kg/m³）	S_{*m} /（kg/m³）	S_{*p}/S_{*m}
西柳沟龙头拐站	1961/8/21	3180	5.72	3.53	1200	2017	1169	1.73
	1966/8/13	3660	4.62	3.25	1380	1916	1061	1.81
	1971/8/31	602	3.23	1.1	1420	1897	980	1.94
	1973/7/10	301	3.4	0.88	563	575	246	2.34
	1973/7/17	3620	4.78	2.56	1370	2284	1235	1.85
	1973/7/17	2070	4.56	2.53	889	979	438	2.23
	1981/7/1	884	3.16	1.18	1370	1606	885	1.81
	1981/7/1	884	3.16	1.18	1370	1606	885	1.81
	1981/7/26	312	3.74	0.9	955	1306	557	2.35
	1982/9/16	449	3.96	0.8	1320	2757	1533	1.8
	1984/8/9	660	4.43	0.97	651	1052	496	2.12
	1988/9/9	531	3.14	0.88	1290	1619	889	1.82
	1989/7/21	6940	4.54	4.12	1240	1286	717	1.79

（6）时间比尺

由水流连续相似导出的时间比尺 $\lambda_{t_1} = \lambda_L/\lambda_V = 111.8$。河床冲淤变形时间比尺 λ_{t_2} 除与水流运动时间比尺有关外，还与泥沙干容重比尺 λ_{γ_0} 及含沙量比尺 λ_s 有关。原型泥沙干容重为 1.4t/m³，所用粉煤灰干容重为 0.66t/m³，因此 $\lambda_{\gamma_0} = 1.4/0.66 = 2.12$。根据式（6.5）算得河床变形时间比尺为 $\lambda_{t_2} = 118.6$。可见河床变形时间比尺与水流运动时间比尺接近，时间变态可以忽略。

（7）比尺汇总

通过上述分析得到本模型主要比尺，汇总于表 6.3。

表 6.3　模型比尺汇总

比尺名称	比尺数值	依据	备注
水平比尺 λ_L	1 000	根据试验要求及场地条件	
垂直比尺 λ_H	80		
流速比尺 λ_V	8.94	式（6.1）	
流量比尺 λ_Q	715 542	$\lambda_Q = \lambda_L \lambda_H \lambda_V$	
糙率比尺 λ_n	0.587	式（6.2）	
沉速比尺 λ_ω	1.345	式（6.3）	

续表

比尺名称	比尺数值	依据	备注
悬沙中径 λ_d	0.947	式（6.11）	
容重差比尺 $\lambda_{\gamma_s-\gamma}$	1.50	模型沙为郑州热电厂煤灰	$\gamma_{sm}=20.58\text{kN/m}^3$
含沙量比尺 λ_s	2.00	式（6.4）	尚待验证试验确定
干容重比尺 λ_{γ_0}	2.12	$\lambda_{\gamma_0}=\gamma_{0p}/\gamma_{0m}$	
水流运动时间比尺 λ_{t_1}	111.8	$\lambda_{t_1}=\lambda_L/\lambda_V$	与 λ_{t_e} 相等
河床变形时间比尺 λ_{t_2}	118.6	式（6.5）	尚待验证试验确定

6.1.2　模型验证

　　模型建成后采用梅花加糙法（谢鉴衡，1990）对模型进行加糙，并进行阻力验证。阻力验证通过水位流量关系和流速流量关系与原型是否符合来判定。昭君坟站1995年以后停测，三湖河口和昭君坟流速流量关系接近（图6.4），因此干流原型流速和流量关系借用近期三湖河口站流速和流量关系。水位流量关系采用昭君坟断面现状设计值。西柳沟模拟河段流速流量关系借用龙头拐站。经反复试验，选用直径为 $d=5\sim10\text{mm}$ 的不规则碎石，按行间距 $L=2\text{cm}$ 排列，可使模型阻力达到设计要求，如图6.5～图6.7所示。

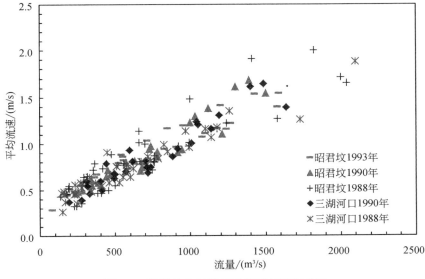

图 6.4　昭君坟和三湖河口流速与流量关系

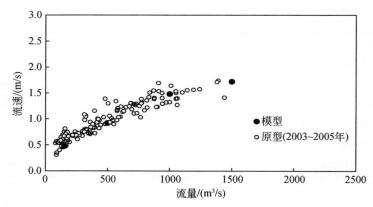

图 6.5　昭君坟断面模型与原型流速和流量关系

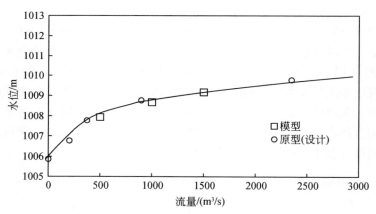

图 6.6　昭君坟断面模型与原型水位流量关系

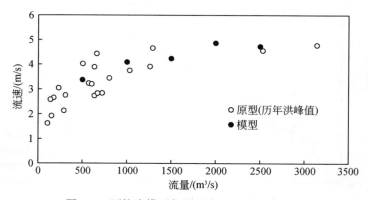

图 6.7　西柳沟模型与原型流速和流量关系

有关沙坝规模的详细观测资料很少，缺乏沙坝淤积量、淤积尺度、淤积分布等验证资料。沙坝形成时干流昭君坟站水位变幅是沙坝规模的间接反映，可以作为验证的依据之一。有关文献对 1989 年 7 月 21 日和 1998 年 7 月 12 日两次大规模沙坝事件的现场考察的量化描述，如估算的淤积量、冲淤分布和淤积厚度等，可为沙坝淤积相似的论证提供参考。1998 年 7 月缺乏西柳沟洪水过程资料，仅选择 1989 年 7 月沙坝事件进行沙坝淤积相似性验证，干支流水沙条件均采用原型水沙条件。1989 年 7 月洪水水沙特征见表 2.15。为便于试验操作，按水沙总量不变的原则将洪水过程进行概化，原型和概化后的洪水过程如图 6.8 所示。支流洪水汇入前干流昭君坟站流量和含沙量过程相对稳定，试验中干流流量维持在 $1200 \text{m}^3/\text{s}$ 左右，含沙量维持在 4.2kg/m^3 左右。

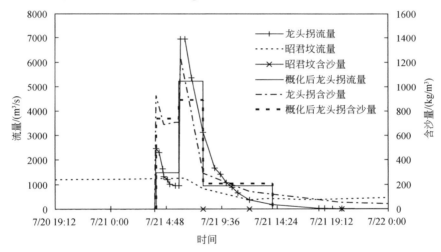

图 6.8 原型和概化后 1989 年 7 月 21 日干支流洪水过程

试验中交汇区主槽和滩地均发生了大量淤积，主槽淤积范围主要集中在 HD68～HD72 断面，沿河道长度为 9.8km，如图 6.9 所示。滩地漫滩范围主要集中在交汇区左岸 HD68～HD70+12 断面。试验淤积厚度、淤积范围以及淤积量等与原型沙坝淤堵规模描述的对比见表 6.4。1989 年 7 月 21 日淤堵事件中，沙坝淤积范围的现场估计分别为 7km 和 10km，前一个估算中汇流口以上淤积范围为 1km，汇流口以下淤积范围为 6km，后一个估算没有给出汇流口上下游淤积范围。试验沙坝淤积范围为 9.8km，其中汇流口以上为 2.6km，汇流口以下为 7.2km。由于原型沙坝范围是在有水情况下观察到的，试验沙坝是在停水后基本无水情况下测量得到的，原型估计沙坝范围会比实际情况偏小。因此，试验沙坝淤积范围是合理的。

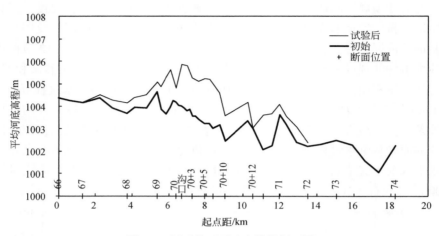

图 6.9 试验前后干流主槽纵剖面图

表 6.4 原型和试验沙坝特征值

项目		沙坝原型特征值			试验沙坝特征值
		支俊峰和时明立（2002）	武盛和于玲红（2001）	赵昕等（2001）	
沙坝淤积范围	全长	7km	10km	7km	9.8km（HD69~72）
	沟口以上	1km	—	1km	2.6km（HD69~70）
	沟口以下	6km	—	6km	7.2km（HD70~72）
沙坝高度	主槽堆积高度	4m	2m	2~4m	局部最大堆积高度 4.24m（HD70+4） 断面平均最大堆积高度 2.0m（HD70+2）
	滩面堆积高度	0.5~2m			局部最大堆积高度 2.16m（HD69+2） 断面平均最大堆积高度 1.15m（HD70+2）
淤积量		1700 万~3000 万 t，合 1200 万~2140 万 m³	1200 万 m³	—	879 万 m³，主槽 564 万 m³，滩地 315 万 m³

在沙坝高度方面，支俊峰和时明立（2002）给出了主槽和滩地淤积厚度，分别为 4m 和 0.5~2m，而武盛和于玲红（2001）和赵昕等（2001）给出的数据较

为笼统，分别为 2m 和 2~4m。试验得到的主槽局部最大淤积厚度可以达到 4.24m，主槽最大平均淤积厚度为 2.0m，滩地局部最大淤积厚度为 2.16m，最大断面平均淤积厚度为 1.15m，试验沙坝高度数据与原型观察估算值比较接近。另外，支俊峰和时明立（2002）估算的沙坝总淤积量为 1700 万~3000 万 t，经换算后为 1200 万~2140 万m³，武盛估算值为 1200 万m³，试验中得到的沙坝总淤积量为 879 万m³，其中主槽淤积量为 559 万m³，滩地为 315 万m³，较原型估算数据偏小。由于原型估算是在缺乏详细观测资料的情况下进行的，供算结果仅供参考。

经反复试验，确定模型含沙量比尺 $\lambda_s = 2$，河床变形时间比尺 $\lambda_{t_2} = 118.6$。

6.2 交汇区水沙运动与河床形态

为研究高含沙支流入汇后，交汇区水沙运动特性、干流淤堵过程和交汇区河床形态特征，开展了多种方案的试验研究。

6.2.1 试验水沙条件

表 4.7 分析西柳沟洪水淤堵干流时，从轻度淤堵到严重淤堵的实测洪水沙量在 233 万~4743 万 t，洪峰流量在 722~6940m³/s，含沙量在 342~1380kg/m³。试验水沙条件中各变量的取值在天然条件变化范围内，以反映不同洪水沙量、汇流比和流量等因素对交汇区的影响。由于支流高含沙洪水历时短，流量和含沙量变化快，试验中很难控制，因此本次试验采用恒定流量、恒定含沙量过程。出口断面水位根据昭君坟断面设计水位流量关系，按河道比降推算。由于洪水过程中干流来沙量和支流相比可以忽略，干流含沙量不作为一个影响因素考虑，试验中在干流中不加沙。这样也利于观察交汇区高含沙水流运动状态。试验方案共拟定了 30 组，见表 6.5，其中方案 1~4、5~8、9~12、13~14 和 15 各组内支流来沙量、流量和干流流量不变，支流含沙量和历时变化，各组间总来沙量逐渐加大，干支流流量和汇流比也相应加大。这几组方案可以反映支流不同来沙量级的影响。方案 16~20、21~25、26~30、31~35 分别固定支流流量（Q_t）、含沙量（S_t）、历时（T）以及干流流量（Q_m）四个因素中的任意三个，可以反映单个因素的影响。

表 6.5　试验水沙方案

编号	支流沙量/万 t	$Q_m/$ （m³/s）	$Q_t/$ （m³/s）	$S_t/$ （kg/m³）	T/h	Q_t/Q_m
1	300	500	500	200	8.33	1.0
2				400	4.17	
3				600	2.78	
4				800	2.08	
5	800	750	1500	400	3.70	2.0
6				600	2.47	
7				800	1.85	
8				1000	1.48	
9	1600	1000	2000	400	5.56	2.0
10				600	3.70	
11				800	2.78	
12				1000	2.22	
13	3200	1000	2500	800	4.44	2.5
14				1000	3.56	
15	5000	1200	3600	800	4.82	3
16	432	1000	2000	100	6.00	2.0
17	864			200		
18	1728			400		
19	2592			600		
20	3456			800		
21	432	1000	500	400	6.00	0.5
22	864		1000			1.0
23	1296		1500			1.5
24	1728		2000			2.0
25	2592		3000			3.0
26	576	1000	2000	400	2.00	2.0
27	864				3.00	
28	1152				4.00	
29	1440				5.00	
30	1728				6.00	

6.2.2 清水交汇区水流结构

在沙坝淤堵试验前开展了不同汇流比下清水交汇试验。试验中干流流量设定为 $500m^3/s$,支流流量取 $500m^3/s$、$750m^3/s$、$1000m^3/s$、$1250m^3/s$ 和 $1500m^3/s$。采用粒子跟踪成像系统对流场进行观测。在试验中观察到,支流水流冲入干流后,首先顶托壅高干流水位,同时与干流掺混,在入汇处上游形成壅水、低流速区[图6.10(a)]。支流与干流掺混区,首先沿支流方向推进,在对岸附近再转

(a) $Q_{干流}$=500m³/s,$Q_{支流}$=500m³/s

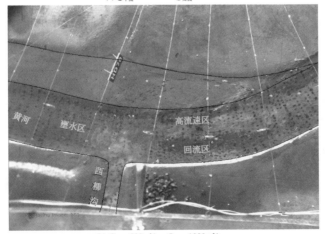

(b) $Q_{干流}$=500m³/s,$Q_{支流}$=1000m³/s

图 6.10 不同汇流比下交汇区平面流态
蓝色虚线为摄像装置记录的粒子轨迹,红色为根据色轨迹人工标记的流场图

向下游；高流速带紧贴掺混区，多数情况靠近对岸或在对岸滩地；在交汇区下游近岸区，形成回流区；回流区下游掺混逐渐完成。汇流比较大时，部分水流漫过低滩［图6.10（b）］，随汇流比增大，支流顶托作用加强，回流区尺寸增大。交汇区水流结构与已有实验结果基本一致。

6.2.3 高含沙水流交汇区水沙运动规律

6.2.3.1 不同方案交汇区水沙运动特点

图6.11是总沙量300万t各方案（方案1~4）下干支流交汇情况，可以看出支流水流进入干流后，受干流水流推送开始向下游偏转，然后到达干流左岸，受左岸顶托后再次偏转，主流斜向流向右岸。在紧靠汇流口下游右岸产生明显的回流区。汇流口上游干流水位因受支流顶托而壅高。当含沙量为200kg/m³时，汇流口以上未出现浑水扩散现象，含沙量为400kg/m³［方案2，图6.11（b）］以上时出现浑水逆流扩散现象，在脱离汇流口区，扩散现象转化为异重流现象，并且含沙量越大，运行距离越远。异重流到达一定距离后动能耗尽，部分泥沙沉降淤积，未沉降部分被干流水流又带回下游。壅水区下游高流速带，由于流速较大，泥沙扩散作用相对较小，淤积也较少。干支流水沙掺混后，一部分泥沙随高流速带输往下游，由于干流比降较缓，输沙能力较低，回流区下游干流河道产生严重淤积。

图6.12是总沙量800万t各方案（方案5~8）试验中干支流交汇情况。该方案中支流流量为1500m³/s，干流流量为750m³/s。较大的支流流量和汇流比，使得支流入汇后流向偏转角减小，对干流顶托作用加强，并且高流速带部分漫过嫩滩，部分沿干流左岸偏转向下游流动，高流速带整体向干流左岸移动，回流区范围扩大。汇流口以上发生较为强烈的扩散掺混，异重流上溯至HD68断面。

(a) S_t=200kg/m³   (b) S_t=400kg/m³

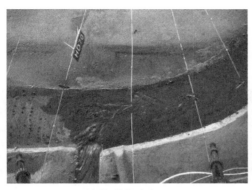

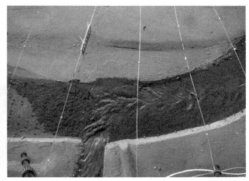

(c) S_t=600kg/m³

(d) S_t=800kg/m³

图 6.11 不同含沙量下交汇情景 (洪水总沙量 300 万 t)

(a) S_t=400kg/m³

(b) S_t=600kg/m³

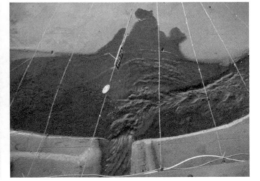

(c) S_t=800kg/m³

(d) S_t=1000kg/m³

图 6.12 不同含沙量下交汇情景 (洪水总沙量 800 万 t)

支流沙量 1600 万 t 方案（方案 9 ~ 12）中干支流流量进一步增大，浑水水流顶冲干流左岸，相继漫过嫩滩和滩地（图 6.13），漫滩范围主要在 HD69+3 ~ HD70+10。回流区范围进一步扩大。壅水区所形成的异重流向上最远运行至 HD67+2 断面。

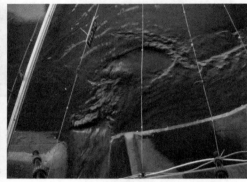

(a) S_t=1000kg/m³   (b) S_t=800kg/m³

图 6.13　不同含沙量下交汇情景（洪水总沙量 1600 万 t）

支流来沙量 3200 万 t 方案（方案 13 ~ 14，图 6.14）和 5000 万 t 方案（方案 15，图 6.15）中，干支流流量和汇流比进一步增大，支流水流入汇后流量偏转更小，近乎直冲对岸。汇流口附近及其以上河段滩地几乎全部漫滩，浑水异重流上溯距离更远，其中 3200 万 t 方案异重流可运行至 HD66 断面，5000 万 t 方案中异重流可运行至 HD65 断面。

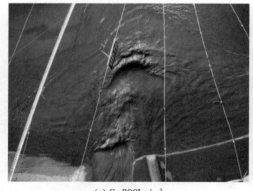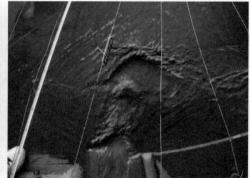

(a) S_t=800kg/m³   (b) S_t=1000kg/m³

图 6.14　不同含沙量下交汇情景（洪水总沙量 3200 万 t）

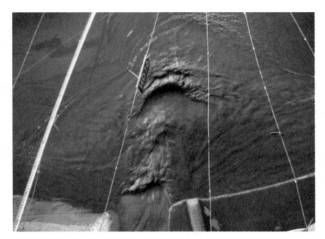

图 6.15　不同含沙量下交汇情景（洪水总沙量 5000 万 t，含沙量 800kg/m³）

6.2.3.2　高含沙水流交汇区水流结构分区

各组试验表明，高含沙支流交汇区与一般交汇区的水流结构基本一致，如图 6.16 所示。支流水流进入干流后，与干流相互顶托，支流水流流向发生偏转，形成高流速带。交汇口上游流速降低，形成壅水区。交汇口下游右岸与高流速带右侧形成回流区（分离区）。高流速带与壅水区和回流区之间形成剪切层。

1）壅水区。支流水流进入干流后，壅水区水位突然抬高，流速显著降低，如图 6.17 所示。当流速减小到一定程度趋于稳定，而水位增大到一定程度时相对稳定。流速变化与汇流比关系密切，以沙坝形成过程中出现的最小流速与正常流速的比值表达流速的变化，如图 6.18 所示，可以看出，最小流速和正常流速之比与汇流比呈线性负相关；以壅水区最大壅水高度与初始水深的比值表达水位的变化程度，如图 6.19 所示，可以看出，随着汇流比增大壅水高度与初始水深比线性增大，而在同一汇流比下，初始水位越低，即流量越小，壅水高度越大。

2）回流区。回流区内流速远低于高流速区，存在流速为零的区域，如图 6.16 中断面 70+1 上即为流速为零区。剪切层至零流速区之间为正向流速，零流速区至右岸为反向流速。受高流速带影响，正流速区流速相对较大，但正流速区宽度小于负流速区。随着汇流比增大，回流区长度和宽度均增大，但回流区宽度的变幅小于长度的变化如图 6.20 所示。由于回流区具有低流速、低压强、低紊动强度的特点，大量泥沙在回流区内淤积。

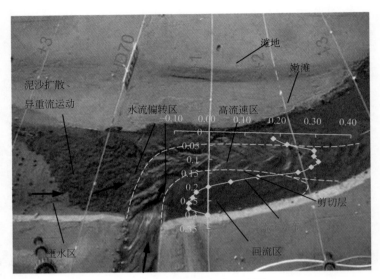

图 6.16　交汇区水沙运动图

图中数据为流速

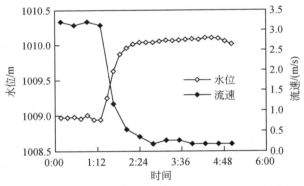

图 6.17　壅水区（昭君坟）水位和流速变化图（方案 10）

6.2.4　高含沙水流交汇区泥沙输移规律

6.2.4.1　交汇区泥沙输移扩散机理分析

支流高含沙水流进入交汇区后，泥沙向不同的方向运动扩散。一是向交汇口上游方向扩散，进入壅水区；二是向交汇口下游右侧扩散，进入回流区；三是向下游方向运动，沿高流速带向下游输移，如果水流漫滩则随水流输送到滩地。泥

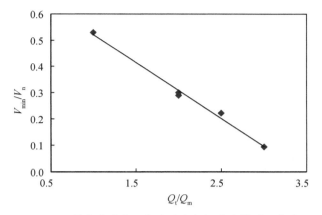

图 6.18 壅水区（HD69+3）最小流速和正常流速比与汇流比关系（方案 4、7、11、13、15）

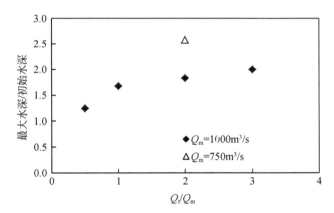

图 6.19 壅水区（昭君坟）壅水高度/初始水深与汇流比关系（方案 4、7、11、13、15）
图中数据为初始水深

沙进入壅水区和回流区的过程则主要通过侧向扩散完成，如图 6.21 所示。

泥沙侧向扩散作用包括了紊动扩散 $\left(\varepsilon_z \dfrac{\partial S}{\partial z}\right)$ 和浓度扩散 $\left(D_m \dfrac{\partial S}{\partial z}\right)$ 两种作用。这两种扩散作用均与剪切层有关。剪切层内存在强烈的紊动作用，使得泥沙通过紊动作用由高流速带进入壅水区和回流区。由于高流速带与周围水体巨大的泥沙浓度差异，交界面上即剪切层内浓度引起的扩散作用十分突出。高流速带水流由于受到挤压产生收缩，流速较大，泥沙不易淤积。至回流区末端干支流水流逐渐掺混完成，恢复正常流动，流速降低，泥沙沿程大量淤积，不平衡输沙特性显著。从扩散理论来看，高流速带泥沙输送主要是随流输送，紊动扩散作用相对

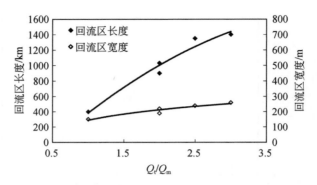

图 6.20　回流区长度和宽度与汇流比关系（方案 4、7、11、13、15）

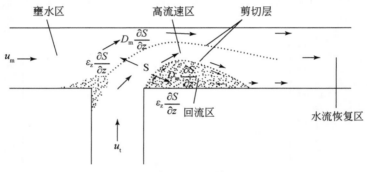

图 6.21　交汇区泥沙输移方向

较小。

　　泥沙在壅水区内的运动可以用二维扩散方程来描述，如式（6.16）。由于干流水流方向与泥沙运动方向相反，因此 u 前符号为负。等号左侧依次为时变项、对流项，右侧第一、二项为紊动扩散项，第三项为浓度扩散项，第四项为沉降项。当汇流比增大到一定时，壅水区流速降至很低，甚至接近于零，这时对流项和水流紊动扩散项可以忽略，式（6.16）变为式（6.17）。式（6.17）与静水中的物质扩散方程相似，只多了一个沉降项 $\omega \dfrac{\partial S}{\partial y}$。

$$\frac{\partial S}{\partial t} - u\frac{\partial S}{\partial x} = \frac{\partial}{\partial x}\left(\varepsilon_x \frac{\partial S}{\partial x}\right) + \frac{\partial}{\partial y}\left(\varepsilon_y \frac{\partial S}{\partial y}\right) + D_m\left(\frac{\partial^2 S}{\partial x^2} + \frac{\partial^2 S}{\partial y^2}\right) + \omega \frac{\partial S}{\partial y} \qquad (6.16)$$

$$\frac{\partial S}{\partial t} = D_m\left(\frac{\partial^2 S}{\partial x^2} + \frac{\partial^2 S}{\partial y^2}\right) + \omega \frac{\partial S}{\partial y} \qquad (6.17)$$

一维情况下静水中的物质浓度具有正态分布特征，其表达式为

$$c(x, t) = \frac{M}{\sqrt{4\pi D_m t}}\exp\left(-\frac{x^2}{4D_m t}\right) \tag{6.18}$$

式中，M 为泥沙总质量；D_m 为扩散系数；t 为时间。在水流方向上壅水区泥沙扩散形成的浓度分布也应该具有类似的正态分布特征。

在回流区，由于流速低、紊动强度低，回流区内大量泥沙淤积，形成沿河道走向分布的带状淤积体。回流区下游干支流掺混完成，高流速带消失，水流恢复正常流动，流速减小，泥沙沿程淤积。

6.2.4.2 壅水区异重流运动规律

试验中发现，当支流高含沙水流含沙量大于某一值（一般为 400kg/m^3）时，壅水区的泥沙向上游运行一定距离后即形成异重流（图 6.22）。这一现象在清水或低含沙水流交汇的研究中尚未见到。水流重度差异是产生异重流的根本原因，同时也需要满足一定的水力条件。一般水库异重流潜入条件，即潜入点流速、水深和含沙量的关系满足使异重流弗氏数小于 1。流速过大、水深过小或含沙量过低都会影响异重流的形成。同时被潜入水体流速一般很低或者为静水，不至于造成清浑水的过强掺混，影响异重流形成。浑水异重流多产生于具有较大水深、流速很低或者为静水的水库或河渠盲肠河段。异重流形成后能否持续运动，运动的速度和距离除了受重度差异影响外，还受异重流细颗粒泥沙含量、来流持续时间以及底坡和地形条件的影响。本试验中高含沙支流入汇后，上游水位壅高，流速急剧降低，加之具有显著的重度差异，产生了向上游运行的异重流。与一般水库异重流相比，本试验中所形成的异重流是向上游逆行，属于反坡异重流，而一般水库异重流为顺坡运行。后者运动过程只需要克服各种边界阻力做功，重力势能不断转化为动能。而反坡异重流运动过程除了克服各种边界阻力外，还要克服重力做功。异重流运动的能量主要来自势能向动能的转化，因此反坡异重流所能获得的能量不超过潜入点处水深所代表的相对势能，这就限制了反坡异重流运行距离和爬升高度。因此在相同来流和边界条件下，反坡异重流运行距离远小于顺坡异重流。水库中常发生的干流异重流倒灌支流的现象是反坡异重流的一种形式。韩其为（2003）曾提出了异重流倒灌长度的计算式：

$$L = \frac{1 + 0.5F_{r,1}^2}{J_0 + 0.125\lambda_0 F_{r,1}^2}h_1 \tag{6.19}$$

式中，L 为倒灌长度；$F_{r,1}$ 为潜入后的修正弗氏数；J_0 为底坡；h_1 为潜入后水深；λ_0 为阻力系数。其中，$F_{r,1}^2 = \frac{U_1^2}{g\eta_g h_1}$（$U_1$ 为潜入后的异重流流速；η_g 为重力修正系数）为常数，对于具体河段 J_0 也为定值，则由式（6.19）可知异重流倒灌长度

为潜入后水深 h_1 的线性函数。由于潜入后水深 h_1 与潜入点水深 h_0 存在函数关系，本试验中潜入点水深 h_0 可以认为与干流流量和干支流动量有关，经回归分析得到异重流倒灌长度函数关系：

$$L = \left(\frac{M_b}{M_m}\right)^{1.29} Q_m^{1.646} \exp(-12.81) \tag{6.20}$$

式中，L 为异重流运行距离；M_b 和 M_m 分别为干、支流水流动量；Q_m 为干流流量。根据式（6.20）计算的异重流运行距离与试验值对比如图 6.23 所示，两者吻合较好。

图 6.22　壅水区异重流运动

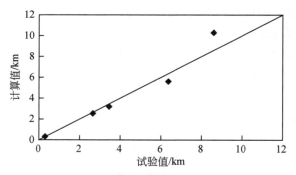

图 6.23　异重流运行距离计算值与试验值对比（方案 4、7、11、13、15）

6.2.5 高含沙水流交汇区河床形态

各组试验表明，不同沙量、汇流比等条件下，非对称高含沙水流交汇区中壅水区、回流区及输水输沙主槽的规模、形态等各有特点；高含沙水流交汇区河床形态既不同于一般水流交汇区河床形态，与泥石流交汇的河床形态也有明显差别。

6.2.5.1 不同方案交汇区河床形态特征

（1）300 万 t 方案

汇流比较小、支流来沙量较少，高含沙水流交汇区淤堵较轻，交汇口上游附近，扩散的泥沙落淤，形成规模很小的沙坎（图 6.24），沙坎规模随高含沙水流含沙量的增大而增大。汇流区产生明显淤积，靠右岸带状淤积为回流区淤积体，占据半个河宽。高流速区，主槽淤积不明显。回流区下游河段泥沙沿程淤积（图6.25），床面形态为明显的二维沙波。回流区最大断面平均淤积厚度在 0.11 ~ 0.31m（表 6.6），回流区下游最大断面淤积厚度在 0.24 ~ 0.31m，而壅水区淤积与之相比可以忽略。

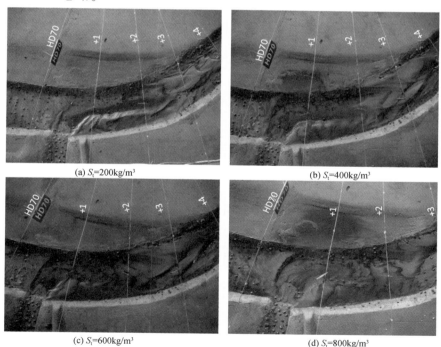

(a) S_t=200kg/m³

(b) S_t=400kg/m³

(c) S_t=600kg/m³

(d) S_t=800kg/m³

图 6.24 不同含沙量下交汇区淤积形态（总沙量 300 万 t）

表6.6　交汇区主槽淤积形态特征值（原型）

编号	总沙量/万t	含沙量/(kg/m³)	雍水区 范围	长度/km	最大断面平均淤积厚度 厚度/m	断面号	回流区 范围	长度/km	宽度/km	最大断面平均淤积厚度 厚度/m	断面号	远离区 最大断面平均淤积厚度/m	断面号
1	300	200					汇流口～HD70+2-1	0.90	145	0.31	HD70+1	0.31	HD70+6
2		400					汇流口～HD70+2	0.83	150	0.25	HD70+1	0.44	HD70+7
3		600					汇流口～HD70+2	0.75	155	0.19	HD70+1	0.29	HD70+7
4		800					汇流口～HD70+2	0.68	145	0.11	HD70+1	0.24	HD70+8
5	800	400	HD69+1～70	0.40	0.58	HD70	汇流口～HD70+3	1.13	230	0.59	HD70+2-1	1.17	HD70+10
6		600	HD69+1～70	1.20	0.51	HD69+3	汇流口～HD70+3	1.05	222	0.47	HD70+2-1	1.17	HD70+10
7		800	HD68+2～70	2.35	0.51	HD69+3	汇流口～HD70+2-1	0.98	193	0.50	HD70+1-1	1.00	HD70+7
8		1000	HD68+2～70	2.35	0.59	HD70	汇流口～HD70+2-1	0.90	166	0.49	HD70+1-1	0.82	HD70+7
9	1600	400	HD68～70	3.95	1.37	HD70	汇流口～HD70+4	1.63	258	1.22	HD70+2-1	1.71	HD70+7
10		600	HD68～70	3.95	1.36	HD70	汇流口～HD70+4	1.46	236	1.19	HD70+2	1.68	HD70+10
11		800	HD68～70	3.95	1.29	HD70	汇流口～HD70+3	1.29	220	0.94	HD70+2	1.66	HD70+10
12		1000	HD68～70	3.95	1.04	HD69+3	汇流口～HD70+3	1.13	218	0.60	HD70+2-1	1.21	HD70+10
13	3200	800	HD67+2～70	5.15	1.80	HD69+3	汇流口～HD70+4	1.62	233	1.40	HD70+2	2.06	HD70+10
14		1000	HD67+2～70	5.15	2.10	HD69+3	汇流口～HD70+4	1.60	233	1.14	HD70+3	1.87	HD70+7
15	5000	1000	HD66～70	9.54	2.42	HD69+3	汇流口～HD70+4	1.64	228	2.00	HD70+2	2.37	HD70+5

图 6.25 交汇区淤积形态（总沙量 300 万 t，含沙量 800kg/m³）

（2）800 万 t 方案

汇流比和支流来沙量增大，形成较严重的沙坝淤堵。交汇口上游壅水区出现较大规模淤积，并且随着含沙量增大，淤积体长度和宽度均增大。含沙量为 400kg/m³ 时，在汇流口上游有一锥形淤积体，尚未占据全部河宽 ［图 6.26（a）］；含沙量为 600kg/m³ 以上时，形成一个占据全部河宽、具有倒坡降的坝形堆积体 ［图 6.26（b）～图 6.26（d）］。壅水区最大断面淤积厚度在 0.51～0.59m。回流区淤积宽度及长度明显增大，淤积体规模明显较 300 万 t 时增大，回流区最大断面平均淤积厚度在 0.49～0.59m。HD69+3～HD70+3 有小范围的嫩滩发生淤积。高流速带明显向对岸偏移，部分进入嫩滩，高流速带区淤积形成明显的主槽。回流区下游形成较严重的沿程淤积（图 6.27），最大淤积厚度在 1.00～1.21m。

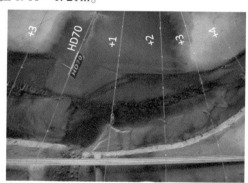

(a) S_t=400kg/m³   (b) S_t=600kg/m³

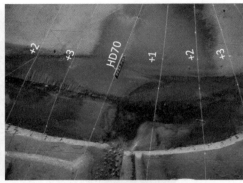

(c) S_t=800kg/m³   (d) S_t=1000kg/m³

图 6.26　不同含沙量下交汇区淤积形态（总沙量 800 万 t）

(a) 交汇区全景图（总沙量800万t、含沙量1000kg/m³）

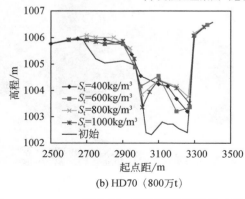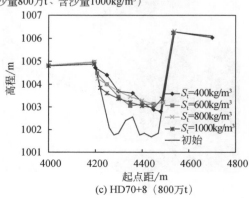

(b) HD70（800万t）　　　(c) HD70+8（800万t）

图 6.27　交汇区淤积形态（总沙量 800 万 t，含沙量 1000kg/m³）

（3）1600 万 t 方案

支流总沙量超过 1600 万 t 时，形成严重沙坝淤堵（图 6.28）。交汇区上、下游主槽大部分被沙坝淤积体堆满，沙坝高度甚至超过滩岸高程（图 6.29）。支流入汇后，挤压干流，穿过主槽，涌上对岸滩地，漫滩范围在 HD69+3 ~ HD70+8，滩地上大量淤积后，形成过流主槽。

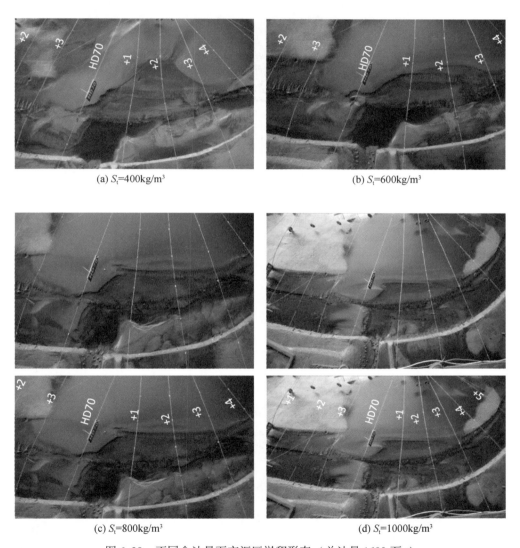

(a) S_t=400kg/m³

(b) S_t=600kg/m³

(c) S_t=800kg/m³

(d) S_t=1000kg/m³

图 6.28　不同含沙量下交汇区淤积形态（总沙量 1600 万 t）

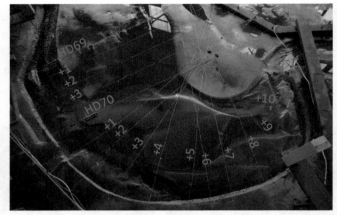

(a) 交汇区全景图（总沙量1600万t，含沙量400kg/m³）

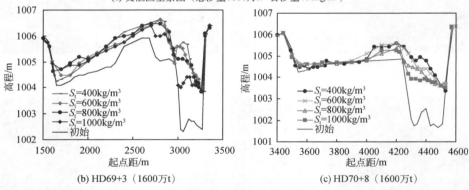

(b) HD69+3（1600万t）　　　　　　(c) HD70+8（1600万t）

图 6.29　交汇区淤积形态（总沙量 1600 万 t，含沙量 400kg/m³）

（4）3200 万 t 方案

支流总来沙量超过 3200 万 t 时，交汇区主槽几乎被沙坝堵死，滩地泥沙淤积明显增加，漫滩范围在 HD69+2～HD70+10（图 6.30 和图 6.31）。

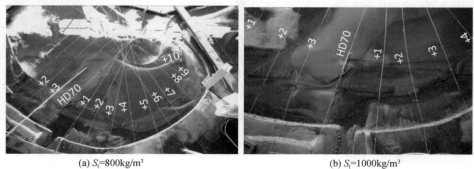

(a) S_t=800kg/m³　　　　　　　　　(b) S_t=1000kg/m³

图 6.30　不同含沙量下交汇区淤积形态（总沙量 3200 万 t）

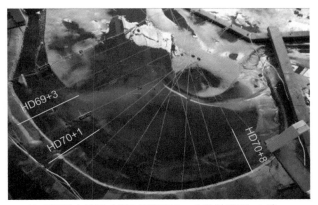

(a) 交汇区全景图（总沙量3200万t，含沙量1000kg/m³）

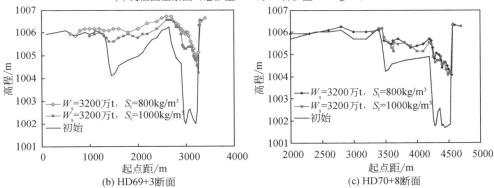

(b) HD69+3断面   (c) HD70+8断面

图 6.31   不同含沙量下交汇区淤积形态（总沙量 3200 万 t）

（5）5000 万 t 方案

    滩地大量泥沙淤积（图 6.32），漫滩范围在 HD68+2～HD70+11，交汇区上下游附近河段基本被沙坝堵死，原来高流速带区的主槽也被完全淤堵，后期水流在交汇区沙坝顶部及滩地形成漫流、乱流。

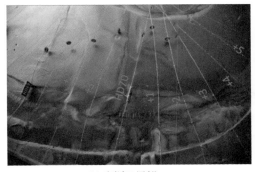

(a) 交汇口局部

(b) 交汇区全局

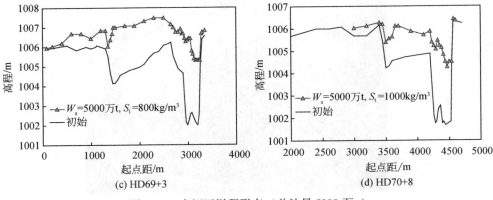

(c) HD69+3　　　　　　　　　　(d) HD70+8

图 6.32　交汇区淤积形态（总沙量 5000 万 t）

6.2.5.2　交汇区河床淤积纵剖面特征

图 6.33～图 6.36 是主槽淤积的纵向分布图。从图中可看出：①壅水区淤积体高程和厚度自下而上减小，具有明显倒比降，并且紧邻汇流口附近淤积高程是沿程最高的，说明壅水区沙坝对壅水水位的影响最大。②800 万 t、1600 万 t、3200 万 t 和 5000 万 t 各方案淤积范围向上下游延伸，总沙量越大纵向淤积范围和淤积厚度越大。各方案向上淤积范围分别达到 HD68+2 断面、HD68 断面、HD67+2 断面和 HD66 断面，各方案向下淤积范围均到模型末端。③壅水区淤积和 HD70+4～HD70+12 断面河段是淤积厚度最大的两个河段，HD70～70+4 河段是回流区所在，淤积量稍小，HD70+12 断面以下淤积厚度最小。HD70+12 以上淤积河段淤积集中，加之滩地和主槽均发生淤积，淤积厚度大，可以看作形成沙坝的主要区间。

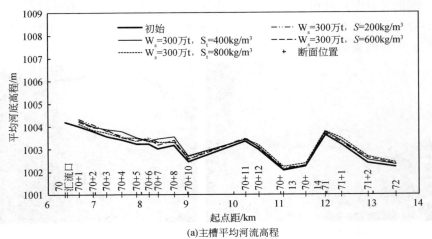

(a)主槽平均河流高程

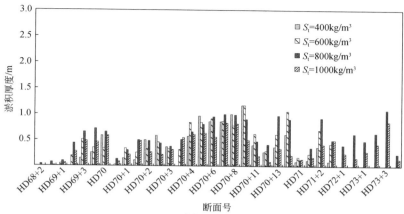

(b)主槽平均淤积厚度

图 6.33   淤积纵剖面（总沙量 300 万 t）

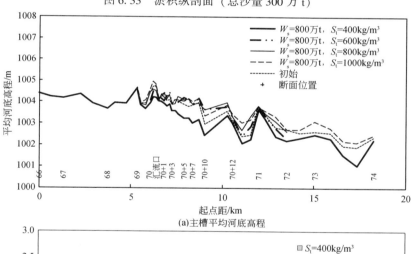

(a)主槽平均河底高程

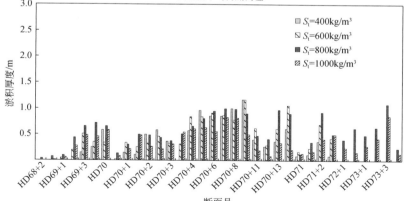

(b)主槽平均淤积厚度

图 6.34   淤积纵剖面（总沙量 800 万 t）

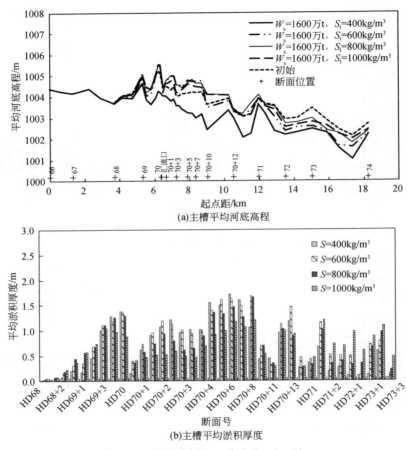

(a)主槽平均河底高程

(b)主槽平均淤积厚度

图6.35 淤积纵剖面（总沙量1600万t）

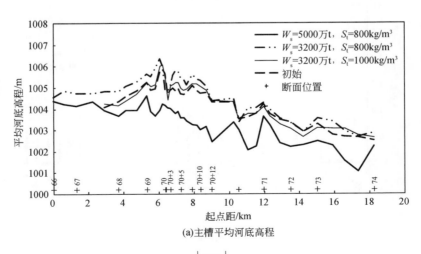

(a)主槽平均河底高程

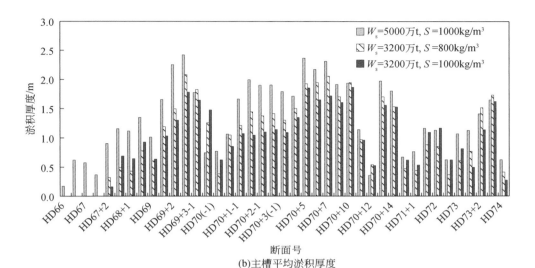

(b) 主槽平均淤积厚度

图 6.36　淤积纵剖面（总沙量 5000 万 t 和 3200 万 t）

6.2.5.3　高含沙水流交汇区河床形态模式

（1）高含沙水流交汇区河床形态

根据各组模型试验，可得到非对称高含沙水流交汇区河床形态的基本组成元素，即壅水区淤积体、回流区淤积体、介于壅水区淤积体、回流区淤积体及对岸之间的输水输沙主槽，以及汇流区下游的沙洲，如图 6.37 所示；当交汇区出现漫滩时，还有滩地淤积体。各区淤积体规模视支流来沙量和汇流比不同而不同。

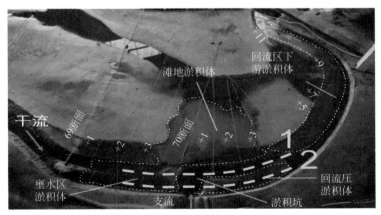

(a) 平面图

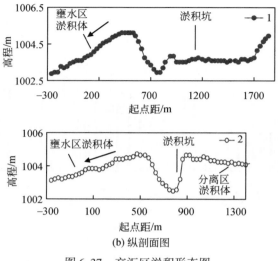

(b) 纵剖面图

图 6.37　交汇区淤积形态图

壅水区淤积体：通过高含沙水流扩散进入壅水区段的泥沙，基本上在壅水区落淤，并逐渐向上游延伸，高度逐渐减小，如图 6.37（b）所示。由于大部分泥沙尤其是粗泥沙在扩散段和异重流潜入段淤积，异重流向上游输送的泥沙只是很小部分的细颗粒，异重流运行段最终只形成薄薄的淤积层，没有造成主槽形态的较大改变，异重流总淤积量也远小于扩散段淤积量。

回流区淤积体：在交汇口下游回流区范围内形成贴右岸、沿河道走向分布的带状淤积体。

输水输沙主槽：在交汇区中央和高流速区，淤积明显少于壅水区和回流区，形成凹坑，是主要的输水输沙通道。

回流区下游淤积沙洲：高含沙水流进入交汇区后，通过输水输沙主槽输往下游的泥沙，往往处于超饱和状态，在主槽中淤积并形成河中沙洲。

滩地淤积体：水流漫滩后引起滩地不同程度的淤积，形成滩地淤积体。

（2）　高含沙水流交汇区河床形态与其他类型交汇区对比

高含沙水流交汇区淤积形态不同于一般清水或低含沙水流交汇区，如图 6.38所示。高含沙水流交汇区，在汇流河口处没有明显的塌落面，而是在壅水区出现了淤积沙洲或沙坝 ［图 6.38（b）］。在清水或低含沙水流交汇区，汇流口处为冲刷坑 ［图 6.38（a）］，由入汇水流冲刷形成（Best，1987，1988；惠遇甲和张国生，1990）；而高含沙水流交汇区的"冲刷坑"即输水输沙主槽，主要是由于壅水区和回流区河床淤积抬高后导致口门河床的相对降低而形成的，也就是说主要是淤积形成的。另外，在低含沙量水流交汇区，交汇口上游和下游回流区同样也会产生淤积（王桂仙和陈稚聪，1987；惠遇甲和张国生，1990），但其淤积程度远远达不到造成河床形态显著改变的程度。

高含沙水流交汇区的淤积形态也不同于泥石流交汇区。泥石流颗粒粗、密度大，入汇干流后往往在口门处形成扇形堆积体（陈德明等，2002；陈春光等，2004；Tsai，2006），如图 6.38（c）所示，与干流水体的掺混远不如高含沙水流剧烈。泥石流的堆积虽然也会造成上游水位壅高，但不会形成向上游较长距离的扩散淤积和异重流运动。在本次试验中还发现，不仅交汇区口门上下河段大量淤积，下游很长距离内淤积也很严重，这是高含沙水流超饱和输沙的显著特点。

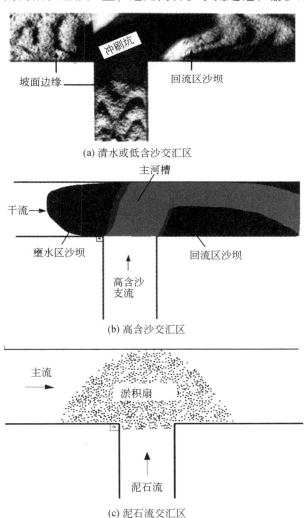

(a) 清水或低含沙交汇区

(b) 高含沙交汇区

(c) 泥石流交汇区

图 6.38　不同类型交汇区河床形态图

6.2.5.4　壅水区淤积沙坝变化规律

由于泥沙的沉降作用，进入壅水区的泥沙一边扩散一边淤积，最终基本上都淤积下来，其沿程淤积分布与泥沙浓度的分布基本一致。图 6.39 是方案 11 中壅水区沿程淤积厚度（断面平均）分布图，可以看出拟合后的曲线为正态分布曲线，与静水中泥沙浓度分布相似。分别选择距交汇口最近的壅水区沙坝和回流区沙坝作为对象，以沙坝高度和淤积量作为表征沙坝规模的指标，建立沙坝规模与各因子的响应关系。沙坝高度指壅水区和回流区初始河底至沙坝表面厚度最大值，以最大断面平均淤积厚度代表如图 6.40 所示。

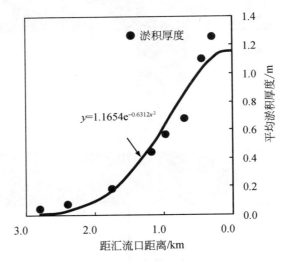

$$y = 1.1654 e^{-0.6312x^2}$$

图 6.39　壅水区沿程淤积厚度（方案 11）

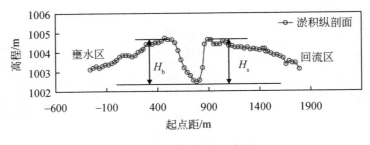

图 6.40　沙坝高度示意图

图 6.41 是壅水区沙坝高度与支流来沙量的关系，两者具有较好的正相关关系。图 6.42 是壅水区沙坝淤积量与支流来沙量的关系，两者呈正相关线性关系。这说明支流来沙量对壅水区淤积量的影响要大于对淤积分布的影响。支流来沙量其实是流量、含沙和时间组合而成的复合因素。孔兑高含沙洪水交汇区泥沙运动和沙坝形成的主要因素可以分解为干流流量 Q_m、支流流量 Q_t、支流含沙量 S_t 和历时 T。图 6.43 是壅水区沙坝高度和各因素的响应关系，其中 Q_m 和 Q_t 以汇流比 η（Q_t / Q_m）表示。可以看出，沙坝高度与汇流比 η、含沙量 S_t 和历时 T 均具有很好的正相关关系。将沙坝高度与各因素进行多元回归后得到沙坝高度与各因素的综合关系式：

$$H_b = \eta^{0.23} Q_t^{1.06} S_t^{0.82} T^{1.03} \exp(-14.51) \tag{6.21}$$

图 6.44 是计算值和试验值的对比，可以看出二者符合较好。

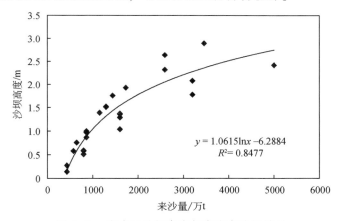

图 6.41　壅水区沙坝高度与支流来沙量关系

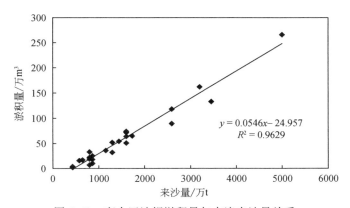

图 6.42　壅水区沙坝淤积量与支流来沙量关系

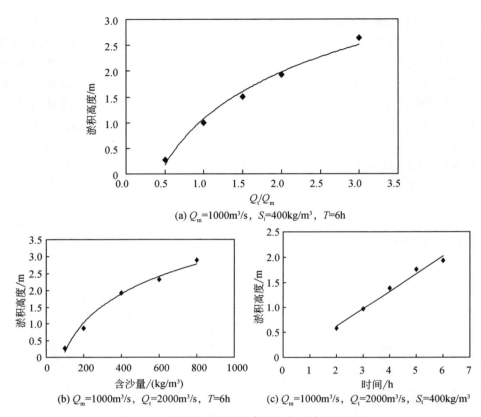

(a) Q_m=1000m³/s，S_t=400kg/m³，T=6h

(b) Q_m=1000m³/s，Q_t=2000m³/s，T=6h   (c) Q_m=1000m³/s，Q_t=2000m³/s，S_t=400kg/m³

图 6.43　壅水区沙坝淤积高度与各因素之间关系

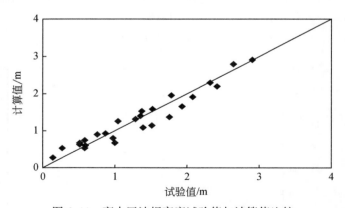

图 6.44　壅水区沙坝高度试验值与计算值比较

6.2.5.5 回流区淤积体变化规律

图 6.45 是回流区沙坝高度与各因素的关系。可以看出，回流区沙坝高度与汇流比 η、含沙量 S 和历时 T 均具有很好的正相关关系。将沙坝高度与各因素进行多元回归后得到沙坝高度与各因素的综合关系式：

$$H_s = \eta^{0.81} Q_t^{0.57} S_t^{0.7} T^{1.25} \exp(-10.83) \tag{6.22}$$

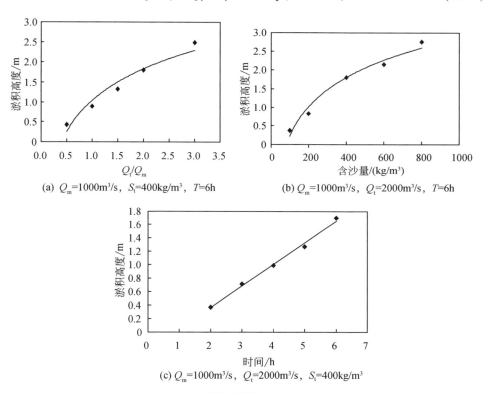

(a) $Q_m = 1000m^3/s$，$S_t = 400kg/m^3$，$T=6h$ (b) $Q_m = 1000m^3/s$，$Q_t = 2000m^3/s$，$T=6h$

(c) $Q_m = 1000m^3/s$，$Q_t = 2000m^3/s$，$S_t = 400kg/m^3$

图 6.45   回流区沙坝淤积厚度与各因素之间的关系

图 6.46 是计算值和试验值的对比，可以看出二者符合较好。

6.2.5.6 高含沙水流交汇区交汇口以下河段冲淤计算

对于明渠非恒定含沙水流，若不考虑侧向流入，其泥沙连续方程为

$$\frac{\partial}{\partial t}(AS) + \frac{\partial}{\partial x}(QS) + \alpha B \omega (S - S_*) = 0 \tag{6.23}$$

式中，Q 为流量；S 为含沙量；S_* 为挟沙能力；ω 为泥沙沉速；A、B 分别为水流过水面积及河宽；α 为泥沙恢复饱和系数。在恒定流输沙条件下，对式（6.23）

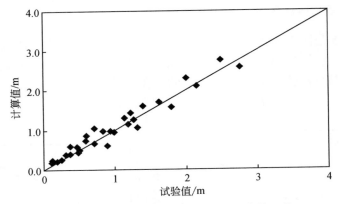

图 6.46　回流区沙坝高度试验值与计算值比较

积分，并假定在短河段 L 内，河宽及挟沙能力沿程不变，可得出非平衡输沙的基本方程：

$$S = S_* + (S_0 - S_*)\,\mathrm{e}^{\frac{-\alpha\omega L}{q}} \tag{6.24}$$

式中，S_0 为河段进口含沙量；q 为单宽流量。

当支流入汇干流后，交汇区下游河段冲淤量可由下式表示：

$$\Delta W_s = \Delta t(Q_t S_t + Q_0 S_0 - QS) \tag{6.25}$$

式中，Q_0、S_0 分别为支流入汇前干流流量、含沙量；Q、S 分别为支流入汇后干流流量、含沙量；Q_t、S_t 分别为支流流量、含沙量；ΔW_s 为河段冲淤量；Δt 为时段，如图 6.47 所示。

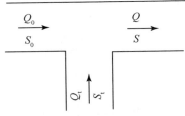

图 6.47　支流入汇干流示意图

令汇流比 $\eta = \dfrac{Q_t}{Q_0}$，且 $Q = Q_0 + Q_t$，代入式（6.25）可得

$$\Delta W_s = \Delta t(\eta Q_0 S_t + Q_0 S_0 - Q_0 S(1 + \eta)) \tag{6.26}$$

当支流高含沙洪水交汇后，若与干流完全掺混，则掺混后的含沙量为

$$S_{01} = \frac{(Q_t S_t + Q_0 S_0) \Delta t}{(Q_t + Q_0) \Delta t} = \frac{\eta S_t + S_0}{\eta + 1} \quad (6.27)$$

将式（6.24）中的 S_0 由 S_{01} 替换，并将掺混后干流流量代入，可得出交汇区出口处的含沙量：

$$S = S_* + \left(\frac{\eta S_t + S_0}{\eta + 1} - S_* \right) e^{\frac{-\alpha \omega L B}{Q_0(1+\eta)}} \quad (6.28)$$

将式（6.28）代入式（6.26），并且干流含沙量和挟沙能力与支流含沙量相比可以忽略，于是得到：

$$\Delta W_s = W S_t (1 - e^{\frac{-\alpha \omega L B}{Q_0(1+\eta)}}) \quad (6.29)$$

式中，WS_t 为支流沙量。可以看出，对于黄河上游挟沙能力较低的交汇区，高含沙洪水入汇后，交汇口以下河段的冲淤量受高含沙洪水沙量、汇流比、干流流量、泥沙粒径、交汇区河道边界等因素的影响。当其他因素不变时，交汇口以下河段冲淤量与支流高含沙洪水沙量呈线性关系，支流沙量对交汇口以下河段的冲淤影响更为明显。

利用试验数据（表 6.7）对泥沙恢复饱和系数 α 进行率定后，可进行交汇口以下任意河长范围内淤积量的计算。将式（6.29）中右端 WS_t 移至左端，两边取对数后得到：

$$-\ln\left(1 - \frac{\Delta W_s}{WS_t}\right) = \frac{\alpha \omega L B}{Q_0(1+\eta)} \quad (6.30)$$

表 6.7 回流区沙坝淤积量

支流来沙量 WS_t/万 t	干流流量 Q_0/（m³/s）	汇流比 η	支流含沙量 S_t/（kg/m³）	沙坝长度 L/m	沙坝淤积量 /万 t
300	500	1	200	448	14.3
300	500	1	400	448	11.7
300	500	1	600	448	10.4
300	500	1	800	448	3.9
800	750	2	400	593	22.9
800	750	2	600	593	23.8
800	750	2	800	593	23.1
800	750	2	1000	593	23.7
1600	1000	2	400	738	58.5
1600	1000	2	600	738	62.4
1600	1000	2	800	738	41.6

支流来沙量 WS_t/万 t	干流流量 Q_0/（ m^3/s）	汇流比 η	支流含沙量 S_t/（ kg/m^3）	沙坝长度 L/m	沙坝淤积量 /万 t
1600	1000	2	1000	738	26.0
3200	1000	2.5	800	1070	96.2
3200	1000	2.5	1000	1070	80.6
5000	1200	3	800	1070	127.4
648	1000	3	100	1070	47.7
1296	1000	3	200	1240	94.3
432	1000	2	100	1070	30.1
864	1000	2	200	1070	61.1
1728	1000	2	400	1400	126.6
2592	1000	2	600	1300	160.3
3456	1000	2	800	1400	192.1
864	1000	1	400	734	49.5
2592	1000	3	400	1380	168.6
432	1000	0.5	400	297	4.8
1296	1000	1.5	400	1250	97.6
576	1000	2	400	800	23.4
864	1000	2	400	1150	45.5
1152	1000	2	400	1070	66.4
1440	1000	2	400	1350	92.0

利用全部试验中 20 个方案数据，点绘 $-\ln\left(1 - \dfrac{\Delta W_s}{WS_t}\right)$ 与 $\dfrac{\alpha\omega LB}{Q_0(1 + \eta)}$ 的关系如图 6.48 所示。经拟合得到 $\alpha = 0.082$，即式（6.29）为

$$\Delta W_s = WS_t(1 - e^{-\frac{0.082\omega LB}{Q_0(1 + \eta)}}) \tag{6.31}$$

式中悬移质泥沙中值粒径为 0.088mm，采用如下群体沉速公式计算沉速（钱意颖等，1980）：

$$\omega_s = \omega_0 \frac{\gamma_s - \gamma_m}{\gamma_s - \gamma}\exp(-4.57S_v) \tag{6.32}$$

式中，ω_0 为清水沉速（m/s），采用斯托克斯公式计算；γ_s 为泥沙容重（ kg/m^3 ）；γ_m 为浑水容重（ kg/m^3 ）；γ 为清水容重（ kg/m^3 ）；S_v 为泥沙体积含沙量（ m^3/m^3 ）。假定支流高含沙水流与干流混合均匀，计算 S_v 时含沙量取混合后的值，由

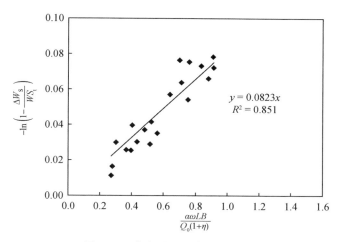

图 6.48　恢复饱和系数 α 率定图

式（6.27）计算得到。河宽采用河段平均值 405m，河长 L 取换算后的回流区沙坝长度原型值。

利用其余 10 组试验数据对式（6.32）进行验证，如图 6.49 所示。可以看出，淤积量计算值和试验点据紧密分布在 45°线两侧，两者吻合较好。

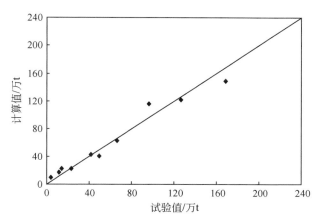

图 6.49　回流区冲淤量计算值与试验结果比较

6.3　沙坝冲刷过程

天然情况下，沙坝形成后经水流冲刷会逐渐消失。在西柳沟与黄河交汇区，沙坝的消失可由昭君坟水位的逐渐恢复正常来间接反映。但是，沙坝冲刷过程中形态的变化、泥沙输移特点、沙坝冲刷过程的关键因素等并不清楚，仍需进一步开展冲刷试验研究。

6.3.1 试验方案

沙坝冲刷试验前先进行淤堵试验，形成沙坝，然后再进行冲刷试验。试验共进行了 5 组，为了比较不同流量的冲刷效果，每组试验的初始沙坝规模相同，即每组试验中沙坝形成的水沙条件相同，见表 6.8。沙坝形成水沙条件中，支流水量、沙量、流量和含沙量分别为 4320 万 m^3、864 万 t、2000m^3/s 和 200kg/m^3。由沙坝形成条件可知该水沙条件形成的沙坝为严重淤堵沙坝。各组试验冲刷流量分别为 1000m^3/s、1500m^3/s、2000m^3/s、2500m^3/s 和 3000m^3/s。

表 6.8　沙坝冲刷试验方案

形成条件					冲刷条件
干流	支流				干流
流量/（m^3/s）	水量/万 m^3	沙量/万 t	流量/（m^3/s）	含沙量/（kg/m^3）	流量/（m^3/s）
1000	4320	864	2000	200	1000
1000	4320	864	2000	200	1500
1000	4320	864	2000	200	2000
1000	4320	864	2000	200	2500
1000	4320	864	2000	200	3000

6.3.2 冲刷过程的水沙运动特点

各组试验冲刷流量不同，但冲刷过程中泥沙输移方式相同。图 6.50 是沙坝形态及冲刷时水沙输移示意图。壅水区沙坝靠近左岸，存在横向坡度，与右岸构成一定的过流面积，如图 6.51 所示。冲刷过程中可以观察到坝体表面泥沙推移、跃起、悬移等运动形式。壅水区沙坝形态的变化在横断面向上表现为垂向的冲刷降低和横向的蚀退，主槽过流面积逐渐恢复（图 6.51），在纵向表现为冲刷降低和向上游的蚀退，如图 6.52 所示。

水流经过壅水区沙坝后进入输水输沙主槽，直接顶冲回流区沙洲头部，一部分水流沿主槽行进，一部分在回流区沙洲表面流动。沙坝表面可以观察到泥沙的推移、跃起和悬移等运动形式，并逐渐形成沙波；沙坝表面除有泥沙的纵向输移

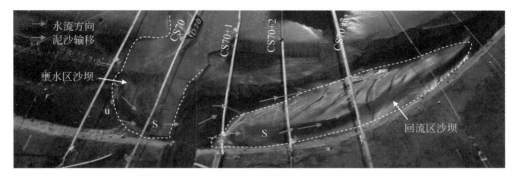

图 6.50 交汇区沙坝及冲刷时水沙输移示意图

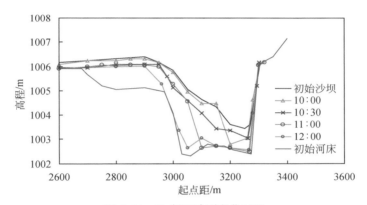

图 6.51 70 断面冲刷变化过程

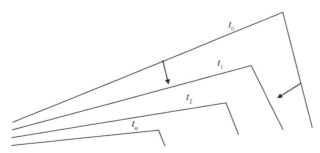

图 6.52 壅水区沙坝纵剖面变化示意图

外，还有斜向对岸的运动，这是由环流作用引起的。

回流区沙洲逐渐冲刷降低，而泥沙斜向运动的结果是泥沙逐渐在对岸堆积，这样右侧主槽逐渐降低，左侧主槽逐渐抬高，两侧主槽高差逐渐反转，由右高左低变化为左高右低，如图 6.53 所示。但是泥沙的纵向冲刷和输移始终存在，被输送到主槽左侧堆积的泥沙还是被逐渐冲刷带走，主槽高程逐渐恢复到淤堵前。

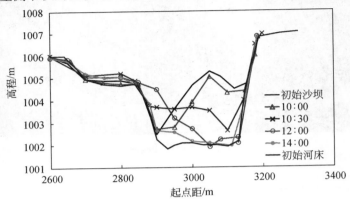

图 6.53　70+2 断面冲刷变化过程

6.3.3　冲刷影响因素和冲刷过程分析

沙坝的冲刷可以归结于两个因素，即冲刷效率和冲刷历时。冲刷效率越大、历时越长，冲刷量越大；一定规模的沙坝条件下，冲刷效率越大，则冲刷历时越短，反之，亦然。王兆印等（1998）基于水流功率和颗粒临界起动功率，通过大量实验和黄河下游、长江实测资料验证，提出了适用于不同比重、不同粒径的床沙冲刷率公式，其基本形式为

$$E = c(W - W_c) J^{0.5} d^{-0.25} \tag{6.33}$$

式中，W 为水流功率；W_c 为颗粒临界起动功率；J 为坡降；d 为床沙粒径；c 为常数。这里冲刷率 E 的定义为水流在单位时间内从单位面积河床上冲刷带走的泥沙重量。水流功率和颗粒临界起动功率的表达式分别为

$$W = \gamma h U = \gamma q J = \gamma \frac{Q}{B} J \tag{6.34}$$

$$W_c = k \frac{\gamma}{g} \left(\frac{\gamma_s - \gamma}{\gamma} g d \right)^{1.5} \tag{6.35}$$

式中，γ 为清水容重；h 为水深；U 为平均流速；J 为坡降；q 为单宽流量；Q 为断面平均流量；B 为河宽；γ_s 为泥沙容重。

沙坝的冲刷效率可以用冲刷率公式来表达。将式（6.33）右端乘以河宽和冲刷历时可得到单位河长冲淤量计算式：

$$W_s = BET = cT(\gamma Q J - B W_c) J^{0.5} d^{-0.25} \tag{6.36}$$

进一步可得到断面面积变化式：

$$A_t = \frac{W_s}{\gamma_s'} = \frac{cT}{\gamma_s'}(\gamma QJ - BW_c)J^{0.5}d^{-0.25} \tag{6.37}$$

式中，γ_s' 为淤积泥沙干容重。可见决定沙坝冲刷量的主要因素有流量 Q、泥沙粒径 d、历时 T、比降 J。若忽略 d 和 J 的变化，影响冲刷量的主要因素为流量 Q 和历时 T。

冲刷试验过程中对沙坝淤堵区横断面进行了持续观测。设沙坝形成前的初始过流断面面积为 A_0，淤积后过流断面面积为 A_1，断面淤堵面积为 A_0-A_1。设冲刷过程中任意时刻过流断面面积以 A_t 表示，则从初始时刻至 t 时刻断面冲刷面积为 A_t-A_1。定义沙坝冲刷比为

$$\eta = \frac{A_t - A_1}{A_0 - A_1} \tag{6.38}$$

图 6.54 和图 6.55 分别为 CS70 断面和 CS70+3 断面在不同流量下 η 随时间的变化过程，分别代表壅水区沙坝和分离区沙坝的冲刷过程。可以看出，沙坝冲刷过程存在一个明显的拐点，拐点之前冲刷发展较快，拐点之后则变化缓慢或是停滞。当流量在 2000m³/s 以上时，冲刷比还可继续缓慢增大直至接近 1，即沙坝基本冲刷殆尽，但流量在 2000m³/s 以下时冲刷比不再明显增大或减小。对该沙坝规模而言，在 1000m³/s、1500m³/s、2000m³/s、2500m³/s 和 3000m³/s 冲刷流量下，两断面冲刷拐点时间均分别为 13.5 天、12.3 天、10 天、10 天和 9.2 天，CS70 断面拐点时刻冲刷率分别为 0.84、0.85、0.87、0.91 和 0.94，CS70+3 断面冲刷率分别为 0.74、0.77、0.83、0.90 和 0.96，两断面较为接近。冲刷流量越大拐点出现越早，η 值也越大。从两图可以看出，冲刷比或者冲刷量与冲刷历时有正相关关系，但并不是线性关系，这是因为冲刷过程中其他因素也会起影响作用，如比降的调整、河床的粗化等。

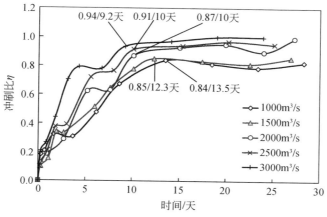

图 6.54 CS70 断面冲刷恢复过程

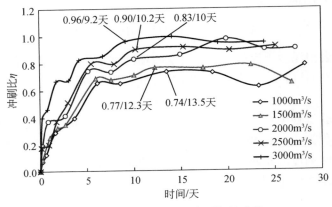

图 6.55　CS70+3 断面冲刷恢复过程

在上述冲刷拐点时刻之后，冲刷比或者不再增大，或者仅有微小增加。因此，可以认为对于某一冲刷流量，在拐点时刻以后沙坝冲刷基本结束。根据拐点时刻的冲刷比和冲刷历时、冲刷流量，分别建立冲刷历时、冲刷比与冲刷流量的关系，如图 6.56 所示。可以看出，冲刷历时随冲刷流量增大而减小、冲刷比随冲刷流量增大而增大，相关性很好。当流量大于 2000m³/s 后，冲刷历时的增幅明显减小。冲刷流量小于 3000m³/s 时，CS70 断面冲刷比大于 CS70+3 断面，即壅水区沙坝冲刷比要大于回流区沙坝冲刷比。

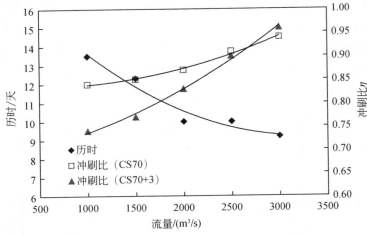

图 6.56　沙坝冲刷历时和冲刷比与冲刷流量的关系

将不同流量下的冲刷比、冲刷水量、冲刷历时列于表 6.9。显然，流量越大，冲刷历时越短，冲刷效果越好，但冲刷耗水量大；流量越小，冲刷历时越长，冲刷效果越差，冲刷耗水量越小。比较来看2000m³/s 流量冲刷效果较好，耗水量、历时均适中。另外，对该河段而言，流量超过 2000m³/s 时非淤堵河段存在漫滩和灾害风险，并且这种风险会随着流量增大而增大。因此综合比较而言，2000m³/s 是较优的冲刷流量。

表 6.9　不同方案冲刷比和冲刷水量比较

流量/（m³/s）	水量/亿 m³	历时/天	冲刷比 η	
			壅水区	回流区
3000	23.8	9.2	0.94	0.96
2500	22	10.2	0.91	0.9
2000	17.3	10	0.87	0.83
1500	15.9	12.3	0.85	0.77
1000	11.7	13.5	0.85	0.74

沙坝的冲刷过程实际上是干流河床形成的沙坝与新的水沙条件相适应的自动调整过程，并向新的平衡方向发展。河床对水沙变化的响应具有滞后现象，称为冲积河流的滞后响应现象（吴保生，2008a）。水沙条件的变化有几种典型模式（吴保生，2008a），一是变化后维持一定的恒定值；二是呈梯级增大或减小；三是呈交替增减变化。本试验中冲刷水沙条件显然属于第一种情况。在天然情况下，孔兑洪水和干流洪水一般不遭遇，沙坝冲刷一般发生在平水期，流量变化小，可以近似看作第一种情况。吴保生（2008a，2008b）等假定河床的某一特征变量在受到外部扰动后，其调整变化速率与该变量的当前状态和平衡状态之间的差值成正比，建立了冲积河流河床演变滞后响应模型，可以描述不同水沙变化模式下的河床特征量变化过程。对于外部扰动突然发生后，扰动维持不变的简单情况即第一种水沙模式，可以用如下单步解析模式来表达：

$$\eta = \eta_e + (\eta_0 - \eta_e)e^{-\beta t} \tag{6.39}$$

式中，η 为特征变量；η_e 为特征变量的平衡值；η_0 为特征量初始值；t 为时间；β 为系数，是时间的函数，但为了求解方便假定为常数。这里以冲刷比 η 作为特征变量，则 η_e 为稳定后的冲刷比，η_0 为冲刷比初始值，根据冲刷比的定义，η_0 的值为零。显然，当冲刷流量不同时，对应的 β 值和冲刷比平衡值也不同。根据某一级流量下的试验数据可以确定 η_e，并可率定得到 β 值，从而得到该流量级下冲刷比表达式。表 6.10 给出了壅水区沙坝在不同流量下的冲刷比关系式，冲刷比平衡值 η_e 是由图 6.55 中冲刷拐点之后的数据综合确定，其值略大于拐点值。由冲刷比关系式可以估算任意时刻的沙坝冲刷比，或根据冲刷比值估算冲刷时间。图 6.57 是冲刷比试验值和计算值的比较，可以看出两者符合较好。

表 6.10　不同流量壅水区沙坝冲刷比关系式

1	η_0	η_e	β	冲刷比 y 表达式
3000	0	1	0.332	$\eta = 1 - e^{-0.306t}$
2500	0	0.97	0.246	$\eta = 0.97 - 0.97e^{-0.246t}$
2000	0	0.95	0.21	$\eta = 0.95 - 0.95e^{-0.21t}$
1500	0	0.87	0.205	$\eta = 0.87 - 0.87e^{-0.205t}$
1000	0	0.85	0.18	$\eta = 0.85 - 0.85e^{-0.18t}$

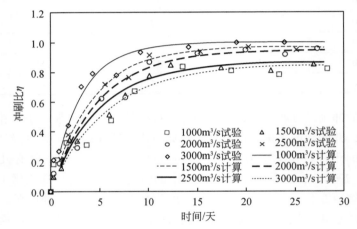

图 6.57　壅水区沙坝冲刷过程试验值和计算值比较

|第 7 章|　　交汇区河床演变过程的数值模拟

7.1　模型介绍

水沙数学模型是以流体力学、计算流体力学、泥沙运动力学为理论基础，对河流、湖泊、海洋等水体中的水流、泥沙运动及河床、海床冲淤变形进行数值模拟的一种有效研究方法。随着对泥沙运动机理、数值计算方法研究的深入及计算机存储、运算能力的飞速发展，水沙数学模型也日趋完善，所模拟问题的复杂程度也越来越高，在水利工程的规划设计中发挥了巨大的作用。

一维水沙模型基本控制方程是在过水断面上积分得到，难以反映变量沿河宽方向的变化，通常用来研究河道断面平均的运动特性沿流程的变化，一般用它来分析和研究长时期、长河段的水流泥沙运动及河床冲淤。二维水沙数学模型又可分为平面二维和剖面二维水沙数学模型，平面二维数学模型由水沙运动方程沿水深积分得到，它适用于河床坡度不大的浅水长波流动，平面二维数学模型可模拟垂线平均流动在平面上的变化，是目前广泛用于模拟大尺度水域水沙运动的有效手段。三维模型，需要直接求解三维水沙运动方程，因受计算方法及计算机运算能力的制约，在河流模拟实际应用中受到较大局限，目前在大尺度水域计算中受到一定限制。

本章以清华大学开发的平面二维非恒定水沙数学模型 SiFSTAR2D (Simulation of Flow and Sediment Transport in Alluvial Rivers with 2-Dimentional Mathematical Model) 为主，结合 SELFE 模型对所交汇区河床演变过程进行模拟并分析。下面分别介绍这两个模型。

7.1.1　平面二维非恒定水沙数学模型 SiFSTAR2D

平面二维非恒定水沙数学模型 SiFSTAR2D (钟德钰和张红武，2004；钟德钰等，2009) 由清华大学钟德钰等开发，是以水流和泥沙运动方程为基础，辅以其他补充方程而建立的。将各个基本方程离散后得到线性方程组，求解线性方程组即可得到模拟结果。模型具有以下特点：

1）采用计算流体力学中最新发展的离散格式和计算方法，使该模型具有守恒性好、计算稳定、效率高的特点；

2）本模型为非恒定水沙模型，可模拟洪水传播过程，诸如滞洪区中洪水演进，河道洪水漫滩、消退过程；

3）可模拟具有强间断特征的洪水波运动；

4）模型为全沙数学模型，可模拟推移质、悬移质共同引起的河床冲淤变化，由于模型中引入了我们关于水流阻力、挟沙力、不平衡输沙及冲泻质运动机理等最新研究成果，模型在模拟泥沙运动、河床冲淤方面更加完善；

5）采用边界跟踪技术，使模型能够精确模拟河岸、心滩等动边界随水位的变化，同时模型中对河道中道路、堤防等交通、水利设施做了细致模拟，因而能够更好地反映边界条件对流场的影响，使计算结果更符合实际情况；

6）采用无结构网格，便于模拟复杂计算区域。

模型的基本方程包括水流连续方程、动量方程、悬移质不平衡输沙方程、推移质输沙方程和河床变形方程。各方程分别如下：

1）水流连续方程：

$$\frac{\partial h}{\partial t} + \frac{\partial (hu)}{\partial x} + \frac{\partial (hv)}{\partial y} = 0 \tag{7.1}$$

式中，h 为水深（m）；u、v 分别为 x、y 方向上的流速分量（m/s）。

2）动量方程：

$$\frac{\partial (hu)}{\partial t} + \frac{\partial}{\partial x}\left(u^2 h + \frac{1}{2}gh^2\right) + \frac{\partial (huv)}{\partial y} = \frac{\partial}{\partial x}\left[\nu_t \frac{\partial (hu)}{\partial x}\right]$$
$$+ \frac{\partial}{\partial y}\left[\nu_t \frac{\partial (hu)}{\partial y}\right] - gh(S_{fx} + S_{ox}) \tag{7.2}$$

$$\frac{\partial (hv)}{\partial t} + \frac{\partial (huv)}{\partial x} + \frac{\partial}{\partial y}\left(v^2 h + \frac{1}{2}gh^2\right) = \frac{\partial}{\partial x}\left[\nu_t \frac{\partial (hv)}{\partial x}\right]$$
$$+ \frac{\partial}{\partial y}\left[\nu_t \frac{\partial (hv)}{\partial y}\right] - gh(S_{fy} + S_{oy}) \tag{7.3}$$

式中，g 为重力加速度（m/s²）；ν_t 为动量紊动扩散系数；$S_{fx} = un^2\sqrt{u^2+v^2}/h^{4/3}$ 和 $S_{fy} = vn^2\sqrt{u^2+v^2}/h^{4/3}$ 为水流摩阻项；n 为河床糙率；S_{ox} 和 S_{oy} 为河床比降。

3）悬移质不平衡输沙方程：

$$\frac{\partial hc_L}{\partial t} + \frac{\partial huc_L}{\partial x} + \frac{\partial hvc_L}{\partial y} = \frac{\partial}{\partial x}\Gamma_x \frac{\partial hc_L}{\partial x} + \frac{\partial}{\partial y}\Gamma_y \frac{\partial hc_L}{\partial y} - K_{1L}\alpha_{*L}\omega_L(f_1 c_L - c_{*L}) \tag{7.4}$$

式中，c_L 为非均匀沙中 L 组悬移质含沙量；Γ_x 和 Γ_y 分别为 x 和 y 方向的悬移质紊动扩散系数；ω_L 为泥沙沉速；α_{*L} 为平衡条件下底部含沙量与平均含沙量之比；c_{*L} 为水流对 L 组悬移质的挟沙力；α_{*L} 和 c_{*L} 的计算在后续补充方程中详细介绍；

K_{1L} 为考虑泥沙存在所产生影响和紊流脉动在水平方向的扩散作用而引入的修正系数，K_{1L} 及非饱和系数 f_1 由量纲分析及实测资料得到，其中：

$$K_{1L} = \frac{1}{2.65} n^{4.5} \left(\frac{u_*^{1.5}}{u^{0.5} \omega_L} \right)^{1.14}, \qquad f_1 = \left(\frac{c_L}{c_{*L}} \right)^{\frac{0.1}{\operatorname{arctg}\left(\frac{c_L}{c_{*L}} \right)}}$$

4）推移质输沙及河床变形方程：

$$\frac{\partial g_{bx}}{\partial x} + \frac{\partial g_{by}}{\partial y} = E - (1-p) \frac{\partial z_b}{\partial t} \qquad (7.5)$$

式中，p 为泥沙孔隙率；g_{bx} 和 g_{by} 分别为 x 和 y 方向的推移质输沙率分量；$E = \omega C_a - \overline{v'c'}|_a$ 为推移质与悬移质的交换通量，下标 a 为参考高度；ω 为泥沙沉速；C_a 为推移层顶部含沙量；$\overline{v'c'}|_a$ 为紊动引起的通过推移层的起悬通量。分析可知 E 与式（7.4）中右端最后一项等价，即 $E = \omega C_a - \overline{v'c'}|_a = k_{1L} \alpha_{*L} \omega_L (f_1 C_1 - C_{*L})$。式（7.5）中 $(1-p) \frac{\partial z_b}{\partial t}$ 表示推移质、悬移质运动引起的河床高程的变化率，因此该方程又是描述河床冲淤变化的方程。

7.1.2　方程离散

由于模型基本方程均为偏微分方程，很难求得其解析解，故而需对其进行离散以便于求解。计算流体力学中常用的离散方法有有限差分法、有限元法和有限体积法。

有限差分法是以含有离散点变量的代数方程代替偏微分方程，利用代替之后的代数方程求解离散点处的未知量的一种离散方法。在早期的研究和应用当中，有限差分法的使用最多，主要具有以下优点：程序设计简单；效率高；易于应用高精度格式。但是，当计算区域的几何形状或者边界条件较为复杂时，由于通常使用正交曲线网格或者矩形网格，使得有限差分法在计算域概化及计算精度上存在较大困难。有限单元法是利用单元系数矩阵合成整体方程使问题得到解决的一种离散方法。其主要优点是网格剖分灵活，缺点是计算量大，存储容量要求高，逆风性差。

有限体积法求解偏微分方程的步骤如下：将计算区域划分为一组互不重复的控制体；在控制体上对微分方程积分，得到一组离散方程；通过计算控制体边界上的数值通量来求解方程组得到微分方程的近似解。利用有限体积法求解微分方程的优点如下：基本思想有直接的物理解释，易于理解；计算效率高；具有明显的守恒特性。

SiFSTAR2D 中采用有限体积法离散偏微分方程组，计算区域则离散为四边形、三角形或者四边形和三角形混合的非结构网格。

对于水流运动方程式（7.1）~式（7.3），将其改写为如下的向量形式：

$$\frac{\partial q}{\partial t} + \frac{\partial (F^{\mathrm{I}} + F^{\mathrm{V}})}{\partial x} + \frac{\partial (G^{\mathrm{I}} + G^{\mathrm{V}})}{\partial y} = S \tag{7.6}$$

式中，

$$q = [\, h,\ hu,\ hv\,]^{\mathrm{T}},\ F^{\mathrm{I}} = \left[\, uh,\ u^2 h + \frac{gh^2}{2},\ uvh \,\right]^{\mathrm{T}},$$

$$F^{\mathrm{V}} = \left[\, 0,\ -v_{\mathrm{t}}\frac{\partial hu}{\partial x},\ -v_{\mathrm{t}}\frac{\partial hv}{\partial x} \,\right]^{\mathrm{T}}$$

$$G^{\mathrm{I}} = \left[\, vh,\ uvh,\ v^2 h + \frac{gh^2}{2} \,\right]^{\mathrm{T}},\ G^{\mathrm{V}} = \left[\, 0,\ -v_{\mathrm{t}}\frac{\partial hu}{\partial y},\ -v_{\mathrm{t}}\frac{\partial hv}{\partial y} \,\right]^{\mathrm{T}}$$

$$S = [\, 0,\ -gh(S_{\mathrm{fx}} + S_{\mathrm{ox}}),\ -gh(S_{\mathrm{fy}} + S_{\mathrm{oy}}) \,]^{\mathrm{T}}$$

将式（7.6）在控制体单元内积分得到：

$$A_i \frac{\partial q_i}{\partial t} = -\oint_{\partial c_i} \vec{F} \cdot \vec{n}\mathrm{d}l + S_i A_i \tag{7.7}$$

式中，$\vec{F} = [F^{\mathrm{I}} + F^{\mathrm{V}},\ G^{\mathrm{I}} + G^{\mathrm{V}}]^{\mathrm{T}}$；$\partial c_i$ 为单元 i 的边界；A_i 为单元面积；$\vec{n}$ 为 ∂c_i 的外法线。用有限体积法离散式（7.7），该式右端第一项可写为控制体各边通量之和。即

$$\oint_{\partial c_i} \vec{F} \cdot \vec{n}dl = \sum_j (\mathrm{f}_{nj} - \mathrm{d}_{nj})\Delta\mathrm{l}_j$$

其中，f_{nj}、d_{nj} 分别为单元 i 第 j 边的法向对流和扩散通量，SiFSTAR2D 中采用 Roe 格式进行计算；Δl_j 为第 j 边边长。

对于悬移质扩散方程式（7.4），将其在控制体单元内积分得到：

$$A_i \frac{\mathrm{d}hc_L}{\mathrm{d}t} = -\sum_j f_{cnj}\Delta l_j + \sum_j d_{cnj}\Delta l_j + S_c A_i \tag{7.8}$$

式中，$f_{cnj} = (huc_L)n_{jx} + (hvc_L)n_{jy}$ 为控制体单元 i 第 j 边悬移质对流通量；$d_{cnj} = \Gamma_x \frac{\partial hc_L}{\partial x}n_{jx} + \Gamma_y \frac{\partial hc_L}{\partial y}n_{jy}$ 扩散通量，$(n_{xj},\ n_{yj})$ 为控制体 j 单位外法线。f_{cnj} 采用 TVD 格式计算：

$$f_{cnj} = \frac{1}{2}[f_L + f_R - Q(a_{\mathrm{LR}})(c_R - c_L)]$$

式中，f_L、f_R 分别为界面两侧数值通量；c_R 和 c_L 为界面两侧浓度；$Q(x)$ 及 a_{LR} 定义为

$$Q(x) = \begin{cases} |x| & x \geq \varepsilon \\ \dfrac{x^2 + \varepsilon^2}{2\varepsilon} & x < \varepsilon \end{cases}, \quad a_{LR} = \begin{cases} \dfrac{f_R - f_L}{c_R - c_L} & c_R - c_L \neq 0 \\ \dfrac{df}{dc} & c_R - c_L = 0 \end{cases}$$

其中，ε 为一小量。该格式为逆风守恒格式。

综上，空间上离散后的控制方程具有如下形式：

$$A_i \frac{dq}{dt} = -\sum_j f_{nj} \Delta l_j + \sum_j d_{nj} \Delta l_j + A_i S_i \qquad (7.9)$$

对式（7.9）中的时间导数项进行离散如下：

$$A_i \frac{dq}{dt} = A_i \frac{q^{n+1} - q^n}{\Delta t}$$

式中，上标"n"、"$n+1$"分别为第 n 及 $n+1$ 时刻的变量值；Δt 为时间步长。

对于式（7.9）右端第一项，即对流通量，可引入时间加权系数 $0 \leq \theta \leq 1$，用 $(1-\theta)f_{nj}^n + \theta f_{nj}^{n+1}$ 来近似 f_{nj}，扩散通量取在 n 时刻，则式（7.9）可写为

$$A_i \frac{q^{n+1} - q^n}{\Delta t} = -\sum_j (1-\theta)f_{nj}^n \Delta l_j - \sum_j \theta f_{nj}^{n+1} \Delta l_j + \sum_j d_{nj}^n \Delta l_j + A_i S_i^n \quad (7.10)$$

当 $\theta = 0$ 时，表示时间差分格式为欧拉向前格式；$\theta = 1$ 为欧拉向后格式（全隐格式），$0 < \theta < 1$ 为不完全隐格式；$\theta = 0.5$ 为二阶中心格式。

7.1.3 方程求解

方程求解主要包括以下两方面内容：①初始条件及边界条件；②离散方程组的求解。

初始条件是指初始时刻各单元的水深、流速、含沙量、河床高程及床沙级配等。水深、流速及含沙量根据实测资料确定，但是通常情况下没有如此完整的实测资料，需通过预备计算得到。预备计算从任意条件（一般选取水深、流速及含沙量均为 0）开始，采用与正式计算相同的地形及边界条件，将解恒定流时的流场和含沙量作为初始值。河床高程由地形图得到，本书所需的交汇区河床地形是采用运动摄像结构重构技术得到黄科院模型试验地形，然后将其放大至原型所得到的。

边界条件包括固壁边界条件和进出口边界条件。固壁边界条件通常为无滑移且法向速度为 0。进口则给定流量和含沙量过程。出口则给定水位过程或者水位流量关系。

根据本书研究内容，选取干流水位和流速恒定，含沙量为 0 且支流水位、流速及含沙量均为 0 作为正式计算的初始条件，因此预备计算从水深、流速及含沙

量均为 0 开始，在干流入口处给定恒定流量且含沙量为 0 进行计算直至干流水深和流速恒定，将此时的水深、流速和含沙量作为正式计算的初始条件。正式计算时，干流入口流量恒定且含沙量为 0，支流入口则给定流量和含沙量过程。

对于水流控制方程的求解采用迭代法进行如下：

$$\left[I \frac{A_i}{\Delta t} + \theta \sum_j \frac{\partial f_{nj}^*}{\partial q} \Delta l_j \right] (q^{s+1} - q^s)$$

$$= - A_i \frac{q^s - q^n}{\Delta t} - (1 - \theta) \sum f_{nj}^n \Delta l_j - \sum_j \theta f_{nj}^n \Delta l_j + \sum_j d_{nj}^n \Delta l_j + A_i S_i^n$$

$$(7.11)$$

式中，I 为单位矩阵；$\frac{\partial f_{nj}}{\partial q}$ 的计算如下：

$$\frac{\partial f_{nj}}{\partial q} = \begin{bmatrix} 0 & n_x & n_y \\ (c^2 - u^2) n_x - uvn_y & 2un_x + vn_y & un_y \\ - uvn_x + (c^2 - v^2) n_y & vn_x & un_x + 2vn_y \end{bmatrix}$$

其中，$c = \sqrt{gh}$。将式（7.11）进行简化如下：

$$A\Delta q^s = b, \qquad q^{s+1} = q^s + \Delta q^s \qquad (7.12)$$

通过迭代法求解式（7.11），当 $\| \Delta q^s \|$ 小于给定精度时，q^{s+1} 收敛于 q^{n+1}。$\| \square \|$ 表示向量的范数。

对于悬移质扩散方程，采用与水流控制方程相同的迭代方法进行求解如下：

$$\left[h \frac{A_i}{\Delta t} + \theta \sum_j (hu)_{nj}^* \Delta l_j \right] \Delta c_L^s$$

$$= - \frac{A}{\Delta t} [(hc_L)^s - (hc_L)^n] - \sum_j [\theta f_{cnj}^s + (1 - \theta) f_{cnj}^n] \Delta l_j + \sum_j d_{cnj}^n \Delta l_j + A_i S_{ci}^n$$

$$(7.13)$$

迭代直至 $\| \Delta c_L^s \|$ 小于给定值后即可得到 $n + 1$ 时刻的悬移质浓度。

对于河床变形方程，将方程在控制体上积分可得：

$$A_i (1 - p) \frac{dz_b}{dt} = A_i \sum K_{1L} \alpha_{1L} w_L (f_{1L} c_l - c_{*L}) - \sum g_{bnj} \Delta l_j \qquad (7.14)$$

式中，g_{bnj} 为 i 单元 j 边上的推移质单宽输沙率，取相邻两单元的平均值。对于时间导数项 $A_i (1 - p) (dz_b / dt)$，将其直接离散为 $A_i (1 - p) (z_b^{n+1} - z_b^n / \Delta t)$ 后求解式（7.14）可得 $n + 1$ 时刻河床高程 z_b^{n+1}。

7.1.4 SELFE 模型

SELFE（Semi-implicit Eulerian-Lagrangian Finite-Element Model）模型是由美

国弗吉尼亚海洋研究所的 Zhang 和 Baptista 等（Zhang et al.，2004；Zhang and Baptista，2008）开发的采用半隐式有限单元法求解 Navier-Stokes 方程组的计算流体力学模型。模型的建立主要针对河口地区的水流、盐度及温度等的计算。Baptista 等（2005）将其应用到哥伦比亚河口地区并对模型的精确度进行了验证。Rodrigues 等（2009）针对葡萄牙阿维罗河口地区进行了模拟，结果表明，水位、流速及盐度等与实测资料符合较好。部分国内学者将其应用到珠江河口（朱泽南等，2013）、长江河口（潘冲等，2011）、海南岛（王道儒等，2011）等区域。模型具有如下特点：

1）采用 θ 半隐式离散解决了求解快速传播的重力波的时间步长限制，极大地提高了 CFL 稳定性条件的限制，因此可采用较大的时间步长进行模拟计算。

2）水平上采用非结构网格，对复杂地形的边界有很好的模拟；垂向上采用混合的 S 坐标和 Z 坐标，可有效提高垂向空间分辨率，同时可以有效地减小因河床地形变化剧烈带来的 PGF 误差。

3）对流项和水平涡黏性项采用欧拉-拉格朗日方法（ELM）离散计算，取代了传统的模拟分裂求解方法，因此消除了内外模式分裂带来的误差。

4）计算采用基于 MPI 的并行模式，加上有限元的求解方法，极大地提高了计算效率，在大尺度区域中可以很好地实现高精度数值模拟。

7.1.4.1 水流运动模块

SELFE 模型的水流计算模块包括水流连续方程、动量方程、温度和盐度输运方程。

1）水流连续方程：

$$\nabla \cdot \vec{u} + \frac{\partial w}{\partial z} = 0 \tag{7.15}$$

将水流连续方程（7.15）沿水深积分后得到：

$$\frac{\partial \eta}{\partial t} + \nabla \cdot \int_{-h}^{\eta} \vec{u} \mathrm{d}z = 0 \tag{7.16}$$

2）动量方程：

$$\frac{D\vec{u}}{Dt} = \vec{f} - g \nabla \eta + \frac{\partial}{\partial z}\left(\nu \frac{\partial \vec{u}}{\partial z}\right)$$

$$\vec{f} = -f\vec{k} \times \vec{u} + \alpha g \nabla \hat{\psi} - \frac{1}{\rho_0} \nabla p_{\mathrm{A}} - \frac{g}{\rho_0} \int_z^{\eta} \nabla \rho \mathrm{d}\zeta + \nabla \cdot (\mu \nabla \vec{u}) \tag{7.17}$$

式中，x、y、z 为水平和垂向坐标（m）；t 为时间（s）；$\eta(x, y, t)$ 为水位（m）；$h(x, y)$ 为水深（m）；$\vec{u}(x, y, z, t)$ 为水平流速（u, v）（m/s）；w 为垂向流速（m/s）；f 为科氏力（s^{-1}）；g 为重力加速度（$\mathrm{m/s}^2$）；$\hat{\psi}(\phi, \lambda)$ 为潮汐位（m）；α

为弹性系数；$\rho(x, y, z, t)$ 为水的密度（kg/m^3）；$p_A(x, y, t)$ 为水面大气压强（N/m^2）；μ、ν 分别为水平和垂向涡动黏性系数（m^2/s）。

为对上述基本方程进行求解，需增加补充方程使其封闭。下面介绍紊流封闭条件，即水平和垂向涡动黏性系数 μ 和 ν 的计算方法。

SELFE 采用 Umlauf 和 Burchard（2003）提出的 GLS（generic length scale）紊流封闭方法来计算水平和垂向涡动黏性系数。GLS 中，湍流动能 K 和通用长度尺度 ψ 的控制方程如下：

$$\frac{DK}{Dt} = \frac{\partial}{\partial z}\left(\nu_k^\psi \frac{\partial K}{\partial z}\right) + \nu M^2 + \mu N^2 - \varepsilon \tag{7.18}$$

$$\frac{D\psi}{Dt} = \frac{\partial}{\partial z}\left(\nu_\psi \frac{\partial \psi}{\partial z}\right) + \frac{\psi}{K}\left(c_{\psi_1}\nu M^2 + c_{\psi_3}\mu N^2 - c_{\psi_2}F_W\varepsilon\right) \tag{7.19}$$

式中，ν_k^ψ 和 ν_ψ 为紊流垂向扩散系数；c_{ψ_1}、c_{ψ_2} 和 c_{ψ_3} 为模型常量，具体数值参见 Zhang 等（2004）；F_W 为壁面近似函数；M 和 N 分别为剪切力和浮力频率；ε 为耗散率。通用长度尺度定义如下：

$$\psi = (c_\mu^0)PK^m l^n \tag{7.20}$$

其中，$c_\mu^0 = \sqrt{0.3}$；l 为紊流掺混长度；P、m 和 n 值的不同会产生不同的封闭模型，如 $k-\varepsilon$、$k-\omega$ 等模型。

最终，利用上述公式得到黏度系数和扩散系数如下：

$$\mu = \sqrt{2}s_h l\sqrt{K}, \quad \nu = \sqrt{2}s_m l\sqrt{K}, \quad \nu_k^\psi = \nu/\sigma_k^\psi, \quad \nu_k = \nu/\sigma_\psi \tag{7.21}$$

式中，施密特数 σ_k^ψ 和 σ_ψ 为模型常数；稳定性参数 s_m 和 s_h 由 Algebraic 应力模型给出。在水面和河床处，紊流动能和掺混长度计算如下：

$$K = \frac{1}{2}B_1^{2/3}|\tau_b|^2, \quad l = \kappa_0 d_b \text{ or } \kappa_0 d_s \tag{7.22}$$

其中，τ_b 为河床剪切应力；$\kappa_0 = 0.4$ 为卡门常数；B_1 为常数；d_b 和 d_s 分别为距河床和水面的距离。

垂向边界条件中，对于自由水面，模型认为内部雷诺应力和剪切应力保持平衡，即

$$\nu \frac{\partial \vec{u}}{\partial z} = \tau_w, \quad z = \eta \tag{7.23}$$

式中，剪切应力 τ_w 可由 Zeng 等（1998）得到的方法进行计算。

对于河床底部，模型采用如下形式，即

$$\nu \frac{\partial \vec{u}}{\partial z} = \tau_b, \quad z = -h \tag{7.24}$$

式中，床底摩擦应力 $\vec{\tau_b} = C_D|\vec{u_b}|\vec{u_b}$；底部边界层内的流速分布服从对数分布规

律，即 $\vec{u} = \vec{u_b}\ln\left[(z+h)/z_0\right]/\ln(\delta_b/z_0)$，其中 $z_0 - h \leqslant z \leqslant \delta_b - h$，$\delta_b$ 是底部计算单元的厚度，z_0 是床底粗糙度，$\vec{u_b}$ 是底部计算单元顶部的流速。

结合紊流封闭条件，得到稳定性参数、紊流动能和掺混长度的计算如下：

$$s_m = g_2, \qquad K = \frac{1}{2}B_1^{2/3}C_D \mid\vec{u_b}\mid^2, \qquad l = \kappa_0(z+h) \qquad (7.25)$$

式中，g_2 和 B_1 为常数，且满足 $g_2B_1^{1/3} = 1$。因此边界层内的雷诺应力为常数，计算公式如下：

$$\nu\frac{\partial\vec{u}}{\partial z} = \frac{\kappa_0}{\ln(\delta_b/z_0)}C_D^{1/2}\mid\vec{u_b}\mid\vec{u_b}, \qquad z_0 - h \leqslant z \leqslant \delta_b - h \qquad (7.26)$$

从式（7.26）可以看出，在边界层内，动量方程中的垂向黏性项为 0。

拖曳系数计算公式如下：

$$C_D = \left(\frac{1}{\kappa_0}\ln\frac{\delta_b}{z_0}\right)^{-2} \qquad (7.27)$$

为使模型能够封闭求解，还需要水的密度函数以及潮汐位和科氏力的定义，详情请见 Zhang 和 Baptista（2008）。

7.1.4.2 泥沙输移模块

除上述水流运动基本方程外，模型还自带溢油模块、水质模块及泥沙模块等。其中，泥沙输移模块为 Pinto 等（2012）结合 SELFE 模型原有的对流扩散程序和经典的 Roms 开发的 MORSELFE，主要包括悬移质输沙模块、推移质输沙模块及河床变形模块三部分。

1）悬移质输沙方程：

$$\frac{\partial C_q}{\partial t} + u\frac{\partial C_q}{\partial x} + v\frac{\partial C_q}{\partial y} + w\frac{\partial C_q}{\partial z} = \frac{\partial}{\partial z}\left(\kappa\frac{\partial C_q}{\partial z}\right) + \omega_{s,q}\frac{\partial C_q}{\partial z} + F_h \qquad (7.28)$$

式中，C_q 为级配为 q 的含沙量（kg/m³）；κ 为泥沙垂向扩散系数；F_h 为水平扩散项，模型当中将其忽略；$\omega_{s,q}$ 为级配为 q 的泥沙沉速（m/s）。模型自带泥沙沉速公式如下：

$$\omega_{s,q} = \frac{\nu_a}{d_{50,q}}\left[(10.36^2 + 1.049D_{*,q}^2)^{1/2} - 10.36\right]$$

其中，ν_a 为水的运动黏滞系数（m²/s）；$d_{50,q}$ 为级配 q 的中值粒径（m）；$D_{*,q} = d_{50,q}\left[g(s-1)/\nu_a^2\right]^{1/3}$ 是关于级配 q 的无量纲参数，$s = \rho_{s,q}/\rho_w$，$\rho_{s,q}$ 和 ρ_w 分别为泥沙和水的密度（kg/m³）。泥沙沉速还可以利用 Rubey 公式或者武水公式直接计算得出。

悬移质与床面泥沙的交换通量包括从水流进入床面的沉积泥沙通量和从床面

进入水流的侵蚀泥沙通量，净泥沙通量是二者之差。

沉积通量的计算公式如下：

$$D_q = \omega_{s,q} c_1 \qquad (7.29)$$

式中，c_1 为底部计算单元的悬移质浓度。

侵蚀通量的计算方法如下：

$$E_q = E_{0,q}(1 - p)f_q\left(\frac{\tau_{sf}}{\tau_{cr,q}} - 1\right), \qquad \tau_{sf} > \tau_{cr,q} = \theta_{cr,q} g d_{50,q}(\rho_s - \rho_w) \quad (7.30)$$

式中，$E_{0,q}$ 为床面的可侵蚀常数（kg/m²s），由泥沙和床面条件决定；p 为床面顶层的泥沙孔隙率；f_q 为级配 q 的体积百分比；$\tau_{cr,q}$ 为级配 q 的临界剪切应力（N/m²）；$\tau_{sf} = \sqrt{\tau_{bx}^2 + \tau_{by}^2}$ 为床面剪切应力（N/m²）；$\theta_{cr,q} = 0.3/(1 + 1.2D_{*,q}) + 0.055(1 - e^{-0.022D_{*,q}})$ 由临界 Shields 数推导得到（Soulsby and Whitehouse，1997）。

在计算悬移质泥沙起动时，床面剪切力（τ_{bx}，τ_{by}）的计算非常重要。床面剪切力的计算分为线性公式、二次方公式和对数公式。其形式如下：

$$(\tau_{bx}, \tau_{by}) = (\gamma_1 + \gamma_2\sqrt{u^2 + v^2})(u, v) \qquad (7.31)$$

式中，u、v 为底部单元的水平流速。通过令 γ_1 和 γ_2 分别为 0 可得到二次方公式和线性公式。对数公式则为二次方公式的一种特殊形式，此时：

$$\sqrt{u^2 + v^2} = \frac{1}{\kappa_0}\sqrt{\frac{|\tau_{bx}| + |\tau_{by}|}{\rho}}\ln\frac{\delta_b}{z_0} \qquad (7.32)$$

式中，ρ 为浑水密度，计算方法如下：

$$\rho = \rho_w + \sum_{q=1}^{N_{sed}}\frac{C_q}{\rho_{s,q}}(\rho_{s,q} - \rho_w) \qquad (7.33)$$

式中，N_{sed} 为泥沙级配总数。推导可得 $\gamma_2 = [\kappa_0/\ln(\delta_b/z_0)]^2$。

鉴于本书研究不涉及推移质计算，推移质输沙模块不在此介绍，详情请见 Pinto 等（2012）。

2）河床变形模块。由悬移质冲淤引起的单元中心的河床高程变化如下：

$$\Delta h_e = \frac{(D - E)\Delta t}{\rho_s(1 - p)} \qquad (7.34)$$

式中，D 和 E 为所有级配泥沙的沉积和侵蚀通量。将河床高程的变化从单元中心换算至节点如下：

$$\Delta h_n = \frac{\sum_{e=1}^{nel} A_e \Delta h_e}{\sum_{e=1}^{nel} A_e} \qquad (7.35)$$

式中，nel 为包含此节点的所有单元的总数；A_e 为各单元面积。

7.1.4.3　方程离散及求解

SELFE 模型对于水流连续方程和动量方程，采用半隐式的有限单元法进行离散，并且连续方程和动量方程同时求解，避免了 CFL 稳定性条件的限制。对于动量方程中的对流项，模型采用欧拉-拉格朗日方法（ELM）进行处理，从而放松了数值稳定性的限制。悬移质输沙方程中的对流项采用有限体积迎风法（FVUM）或者高阶 TVD 格式进行离散。当采用有限体积迎风法进行离散时，垂向对流项是为隐格式而水平对流项为显格式；当采用高阶 TVD 格式进行离散时，由于格式非线性，对流项均为显式。悬移质输沙方程中的扩散项采用隐格式进行离散。

为求解耦合的水流连续方程（7.16）和动量方程（7.17），将其及垂向边界方程（7.23）和（7.24）离散如下：

$$\frac{\eta^{n+1} - \eta^n}{\Delta t} + \theta \nabla \cdot \int_{-h}^{\eta} \vec{u}^{n+1} \mathrm{d}z + (1-\theta) \nabla \cdot \int_{-h}^{\eta} \vec{u}^n \mathrm{d}z = 0 \qquad (7.36)$$

$$\frac{\vec{u}^{n+1} - \vec{u}_*}{\Delta t} = \vec{f}^n - g\theta \nabla \eta^{n+1} - g(1-\theta) \nabla \eta^n + \frac{\partial}{\partial z}\left(\nu^n \frac{\partial \vec{u}^{n+1}}{\partial z}\right) \quad (7.37)$$

$$\begin{cases} \nu^n \dfrac{\partial \vec{u}^{n+1}}{\partial z} = \tau_{\mathrm{w}}^{n+1}, & z = \eta^n \\[2mm] \nu^n \dfrac{\partial \vec{u}^{n+1}}{\partial z} = \chi^n \vec{u}_{\mathrm{b}}^{n+1}, & z = -h \end{cases} \qquad (7.38)$$

式中，上标表示时间步数；$0 \leqslant \theta \leqslant 1$ 为加权系数；$\vec{u}_*(x, y, z, t^n)$ 为 ELM 计算得到的逆向追踪值；$\chi^n = C_{\mathrm{D}} |\vec{u}_{\mathrm{b}}^n|$。

对于方程（7.36），其迦辽金加权残值弱形式如下：

$$\int_{\Omega} \phi_i \frac{\eta^{n+1} - \eta^n}{\Delta t} \mathrm{d}\Omega + \theta\left[-\int_{\Omega} \nabla\phi_i \cdot \vec{U}^{n+1}\mathrm{d}\Omega + \int_{\Gamma_v} \phi_i \hat{U}_n^{n+1}\mathrm{d}\Gamma_v + \int_{\overline{\Gamma_v}} \phi_i U_n^{n+1}\mathrm{d}\overline{\Gamma_v}\right]$$

$$+ (1-\theta)\left[-\int_{\Omega} \nabla\phi_i \cdot \vec{U}^n\mathrm{d}\Omega + \int_{\Gamma} \phi_i U_n^n\mathrm{d}\Gamma\right] = 0, \quad i = 1, 2, \cdots, N_p$$

$$(7.39)$$

式中，N_p 为节点总数；$\Gamma \equiv \Gamma_v + \overline{\Gamma_v}$ 为控制体 Ω 的边界，其中 Γ_v 为指定自然边界的边界部分；$\vec{U} = \int_{-h}^{\eta} \vec{u}\mathrm{d}z$ 为垂向积分的流速；U_n 为边界法向流速；$\hat{U}_n$ 为边界条件；ϕ_i 为形函数。

对动量方程（7.37）进行垂向积分得到：

$$\vec{U}^{n+1} = \vec{G}^n - g\theta H^n \Delta t \eta^{n+1} - \chi^n \Delta t \vec{u}_b^{n+1} \tag{7.40}$$

式中，

$$\vec{G}^n = \vec{U}_* + \Delta t [\vec{F}^n + \tau_w^{n+1} - g(1-\theta)H^n \nabla \eta^n],$$

$$H^n = h + \eta^n, \qquad \vec{F}_n = \int_{-h}^{\eta^n} \vec{f} \mathrm{d}z, \qquad \vec{U}_* = \int_{-h}^{\eta^n} \vec{u}_* \mathrm{d}z$$

为求解式（7.40）中的未知项 $\vec{u}_b^{n+1}$，将离散的动量方程应用至底部单元进行求解，从而得到：

$$\vec{u}_b^{n+1} = \vec{f}_b^n - g\theta \Delta t \nabla \eta^{n+1}, \qquad \vec{f}_b^n = \vec{u}_{*b} + \vec{f}_b^n \Delta t - g \Delta t (1-\theta) \nabla \eta^n \tag{7.41}$$

式中，垂向黏度包含在 $\vec{u}_{*b}$ 和科氏项 $\vec{f}_b^n$ 当中。

将式（7.41）代入式（7.40）中得到：

$$\vec{U}^{n+1} = \vec{G}^n - g\theta \hat{H}^n \Delta t \nabla \eta^{n+1}, \qquad \hat{\vec{G}}^n = \vec{G}_n - \chi^n \Delta t \vec{f}_b^n, \qquad \hat{H}^n = H^n - \chi^n \Delta t \tag{7.42}$$

将式（7.42）代入式（7.39）得到关于水位的方程如下：

$$\int_{\Omega} [\phi_i \eta^{n+1} + g\theta^2 \Delta t^2 \hat{H}^n \nabla \phi_i \cdot \eta^{n+1}] \mathrm{d}\Omega - g\theta^2 \Delta t^2 \times \int_{\overline{\Gamma}_v} \phi_i \hat{H}^n \frac{\partial \eta^{n+1}}{\partial n} \mathrm{d}\overline{\Gamma}_v$$
$$+ \theta \Delta t \int_{\Gamma_v} \phi_i \hat{U}_n^{n+1} \mathrm{d}\Gamma_v = I^n \tag{7.43}$$

式中，

$$I^n = \int_{\Omega} [\phi_i \eta^n + (1-\theta) \Delta t \nabla \phi_i \cdot \vec{U}^n + \theta \Delta t \nabla \phi_i \cdot \hat{\vec{G}}^n] \mathrm{d}\Omega$$
$$- (1-\theta) \Delta t \int_{\Gamma} \phi_i U_n^n \mathrm{d}\Gamma - \theta \Delta t \int_{\overline{\Gamma}_n} \phi_i \vec{n} \cdot \hat{\vec{G}}^n \mathrm{d}\overline{\Gamma}_n$$

结合边界条件求解式（7.43）即可得到所有节点的水位。

得到节点水位后，采用半隐格式的伽辽金有限单元法沿柱状控制体的侧面中心求解动量方程式（7.17）如下：

$$\int_{-h}^{\eta} \gamma_k \left[\vec{u} - \Delta t \frac{\partial}{\partial z} \left(\nu \frac{\partial \vec{u}}{\partial z} \right) \right]_{j,k}^{n+1} \mathrm{d}z$$
$$= \int_{-h}^{\eta} \gamma_k \{ \vec{u}_* + \Delta t [\vec{f}_{j,k}^n - g\theta \nabla \eta_j^{n+1} - g(1-\theta) \nabla \eta_j^n] \} \mathrm{d}z \tag{7.44}$$

式中，$\gamma_k(z)$ 为垂向的形函数。

求得所有边上的流速后，利用适当的插值函数，通过节点周围所有边的加权平均可求得某一节点的流速。

得到节点流速后，针对某一柱状单元采用有限体积法来求解垂向流速。具体方程如下：

$$\hat{S}_{k+1}(\bar{u}_{k+1}^{n+1}n_{k+1}^x + \bar{v}_{k+1}^{n+1}n_{k+1}^y + \bar{w}_{i,k+1}^{n+1}n_{k+1}^z) - \hat{S}_k(\bar{u}_k^{n+1}n_k^x + \bar{v}_k^{n+1}n_k^y + \bar{w}_{i,k}^{n+1}n_k^z)$$

$$+ \sum_{m=1}^{3} \hat{P}_{js(i,m)}(\hat{q}_{js(i,m),k}^{n+1} + \hat{q}_{js(i,m),k+1}^{n+1})/2 = 0, \qquad k = k^b, \cdots, N_z - 1$$

$$(7.45)$$

式中，$\hat{S}$ 和 $\hat{P}$ 分别为单元顶面、底面和三个侧面面积；(n^x, n^y, n^z) 为外法向矢量；$\bar{u}$ 和 $\bar{v}$ 为顶面和底面的平均水平流速；$\hat{q}$ 为每个面的外法向流速。垂向流速的求解由底部向顶部进行，其中底部的边界条件为 $(u, v, w) \cdot \vec{n} = 0$。

下面介绍 SELFE 模型对计算区域的离散。在水平方向上，计算区域被离散为非结构化的三角形网格。在垂向上则采用 S 坐标和 Z 坐标的混合坐标。取静止海平面为参考平面（MSL），即 $z = 0$。取 $z = -h_s$ 为 S 坐标与 Z 坐标的分界线。在 $z > -h_s$ 部分为随地形变化的 S 坐标，在 $z < -h_s$ 部分则为水平的 Z 坐标。混合坐标如图 7.1（a）所示。对于单一的 Z 坐标，在划分垂向网格时会在床面和水面附近产生阶梯从而引入误差；而对于单一的 S 坐标，则会由于坐标随地形变化而产生静压不一致现象，导致在模拟陡坡降和强层理区域时出现问题。在混合的 SZ 坐标下所划分的垂向网格兼具二者的优点，如图 7.1（b）所示：在浅水区域使用 S 坐标能够有效模拟地形变化；在深水区域使用 Z 坐标能够避免静压不一致所产生的问题，同时由于深水区流速较小，Z 坐标所产生的阶梯而引入的误差也是极小的。

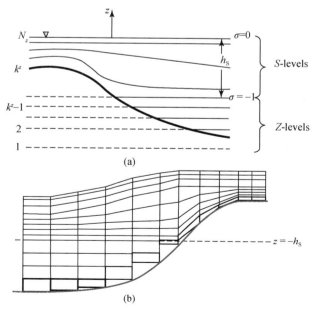

图 7.1　SZ 混合坐标及垂向网格示意图（Zhang and Baptista，2008）

通过程序对离散后的方程及计算区域进行计算，程序采用了基于 MPI 的并行模式，有效提高了模型的求解效率。

7.2 地形处理

7.2.1 地形获取

由于本书研究的区域较小，黄河统测断面在此显得过于稀疏，而物理模型试验只测了黄河统测断面的地形，用模型测得地形数据插值不能满足要求。需要找到一种精度满足要求、成本低廉、操作简单的方法来测量地形，为此选择了运动摄像结构重构技术。

运动摄像结构重构技术（Structure from Motion，SfM）是根据人眼能通过不同角度的系列图片重构物体三维结构的原理，对同一物体在不同位置拍摄多幅图片，识别每张图片中的特征点，再将特征点进行匹配得到同名点。之后根据投影几何关系反算出拍摄每张照片时相机的内外参数，从而得到完整的投影方程。得到拍摄每张照片时的投影方程后，即可根据同名点在每张图片中的坐标反算出真实世界坐标，重构物体的三维结构。这里对于 SfM 技术的基本原理不作详细介绍。

地形的获取步骤如下：需要自制一个水平标定仪，取一块木板，钻三个孔，每个孔分别插上可以调节高度的螺栓，如图 7.2 所示，用水平尺配合调节螺栓高度使木板在各个方向上保持水平，以此为基准面，如图 7.3 所示。

图 7.2　螺栓调节高度

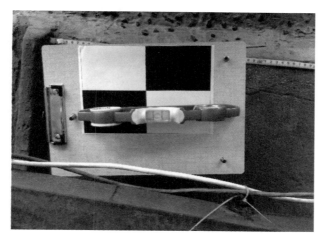

图7.3 水平仪标定

在木板上放置一张 A4 纸，纸上打印棋盘状黑白相间的格子，每个格子长 10cm，宽7cm，以此标定模型的空间尺度。如图 7.4 所示。图中有 A、B、C、D、E、F、G 七个点作为标定尺度的基准点。我们可以设定：A 点的坐标为（0，0，0），B 点的坐标为（0.1，0，0），C 点的坐标为（0，0.07，0），D 点的坐标为（0.1，0.07，0），E 点的坐标为（0.2，0.14，0），F 点的坐标为（0.1，0.14，0），G 点的坐标为（0.2，0.07，0）。

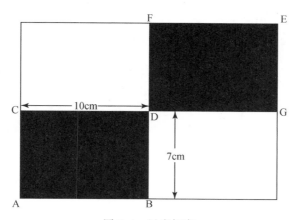

图7.4 尺度标定

将其放在交汇口附近的不过流区域，A 点作为整个模型在真实世界的坐标原点，如图 7.5 所示。拍照时尽量将其包括在内，以便在照片中输入这七个点的坐标来标定整个模型的坐标。本模型最终有 63 张照片包含这个木板，也就是说，这七个点被标定了 63 次，标定结果显示误差率为 0.000 01。

图 7.5　标定

　　为了增加图像辨识率，在拍摄对象上撒一些黑白相间的小纸片，如图 7.6 所示。

图 7.6　增加辨识率

　　用相机从不同角度拍摄整个模型，共拍了 1200 多张照片。将照片放到 SfM 平台上运算。本书使用的 SfM 平台是 Visual SfM。Visual SfM 是 Changchang Wu 开发的免费 SfM 系统，能实现从导入图片到坐标标定并得到点云数据的 SfM 计算全过程，Visual SfM 还采用了基于 CUDA 的 GPU 加速技术使得图片特征点提取速度显著增加，同名点匹配和结构重构采用了多核并行算法，提高了计算速度。最后模型采用了 1200 张中的 1000 张，建成如图 7.7 所示的模型，从图中可以看出，模型还原了拍摄每张照片相机的坐标和方向角。

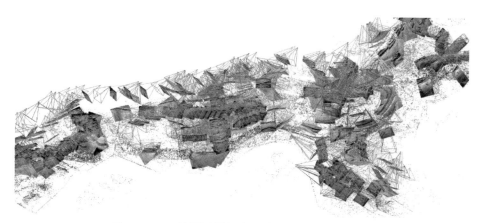

图 7.7　SfM 计算还原每张照片的拍摄点和方向角

最后将 A、B、C、D、E、F、G 七个点的坐标输入到模型中，使得模型的坐标与真实世界的坐标一致，模型最终得到 1600 万个高程点，将其用 tecplot 插值得到如图 7.8 所示的地形图。

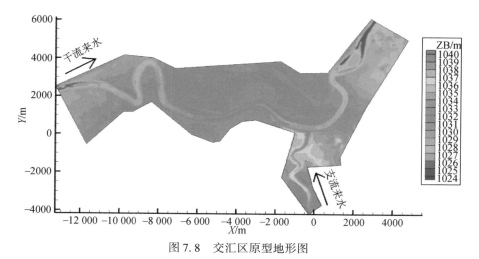

图 7.8　交汇区原型地形图

7.2.2　地形验证

由于测量的真值无法获得，最可行的是将水准仪的测量结果作为验证标准，尽管其测量仍存在着误差。选取交汇口上游附近的 70 断面和下游附近的 70+1 断面、70+2 断面作为验证对象，断面验证结果如图 7.9 ~ 图 7.11 所示。

　　从图 7.9 中可以看出右侧边壁稍有误差，陡壁的测量无论是水准仪还是 SfM 技术产生误差都是可能的。

　　图 7.10 中在嫩滩部分产生了一点误差，有可能是断面切割产生了位移。

　　图 7.11 中嫩滩和陡壁吻合的都比较好，主槽底部稍微有点误差，可能是光线原因导致 SfM 测量误差。

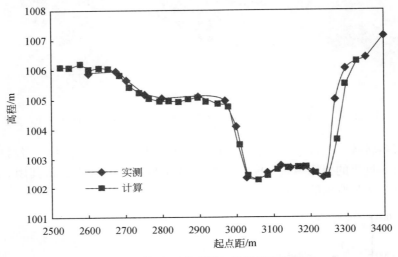

图 7.9　断面 70 的实测与计算值的比较

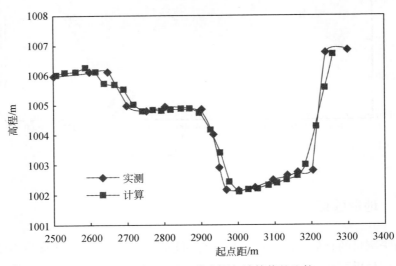

图 7.10　断面 70+1 的实测与计算值的比较

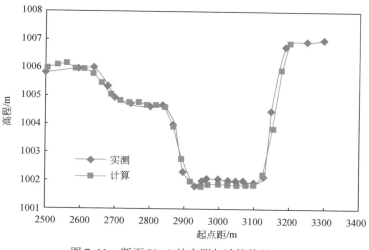

图 7.11　断面 70+2 的实测与计算值的比较

从这三张断面高程图可以看出通过 SfM 平台计算的地形数据是可信的，而用 SfM 技术得到的高程点达 1500 万个，远远超出水准仪的百十来个点，从 tecplot 中提取任意断面十分方便。

7.2.3　网格划分

在网格划分时将交汇区离散为四边形网格，其中主槽为结构化网格，滩地上为非结构化网格，对入汇口及附近区域网格进行加密，网格尺度为 2cm（图 7.12）。

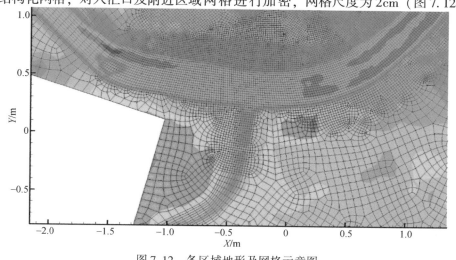

图 7.12　各区域地形及网格示意图

总共 32 891 个网格。

7.3 流速验证

首先采用几组清水试验来验证数学模型水流计算的正确性。由于模型主槽比较浅,流量比较小,用旋转流速仪测得的结果可能误差较大。为了减小误差,我们采用 PIV(粒子图像测速)方法来测主槽中清水的流速,即向主槽中倒入牛奶,拍摄一段视频,然后用 PIV 方法算出流速,测得的流速为表面流速,假设其在垂直方向上满足壁面律(王兴奎等,2002),将其换算后与二维数值模拟结果比较。

图 7.13 是流量为 2.1L/s 时的 PIV 测速结果(图中绿色线段为断面位置),图 7.14 为数学模型计算结果与 PIV 测量值的比较。可以看出,模型计算所得比 PIV 测值稍高一点,但是误差在可以接受的范围内。

图 7.13 流量为 2.1L/s 时实测流速分布

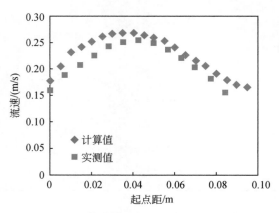

图 7.14 数学模型与 PIV 实测流速比较

图 7.15 是流量为 2.8L/s 时的 PIV 测速结果，图 7.16 为相应的数学模型计算结果与 PIV 测量值的比较。右岸吻合的比较好，左岸有少许误差。

图 7.15　流量为 2.8L/s 时实测流速分布

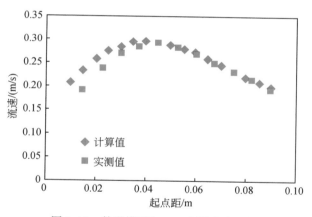

图 7.16　数学模型与 PIV 实测流速比较

图 7.17 是流量为 3.5L/s 时的 PIV 测速结果，图 7.18 为相应的数学模型计算结果与 PIV 测量值的比较，可以看出，吻合得比较好。

图 7.19 是流量为 5L/s 时的 PIV 测速结果，图 7.20 为相应的数学模型计算结果与 PIV 测量值的比较，吻合较好。另外，可以看出，当流量从 3.5L/s 增加到 5L/s 后，流速几乎没有改变甚至有稍许降低，这是由于过水面积增加导致流速降低。

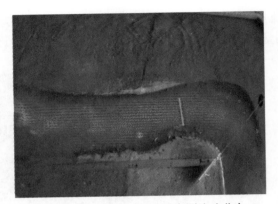

图 7.17　流量为 3.5L/s 时实测流速分布

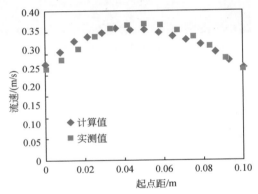

图 7.18　数学模型与 PIV 实测流速比较

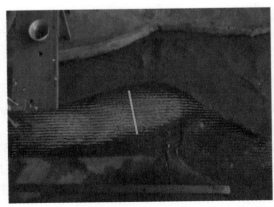

图 7.19　流量为 5L/s 时实测流速分布

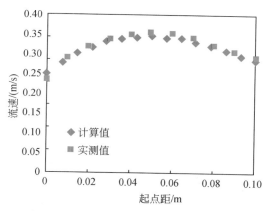

图 7.20   数学模型与 PIV 实测流速比较

7.4   沙坝形成机理模拟

7.4.1   沙坝形态模拟

高含沙水流中由于泥沙粒悬浮在水中，入汇口的流速很大，所以在干支流剪切流带会形成弧形弯道，引导支流洪水继续向干流下游行进，如图 7.21 所示。

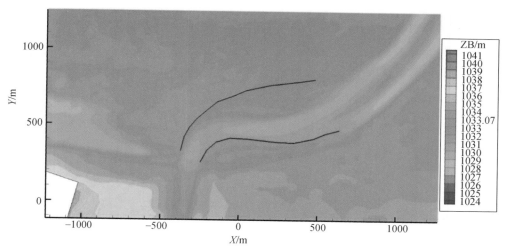

图 7.21   支流高含沙洪水入汇形成的弧形导流区

物理试验的结果也是如此，如图 7.22 所示。

图 7.22 支流高含沙洪水入汇形成的弧形导流区

　　高含沙支流入汇没有在入汇口形成堆积体，是因为从支流进入主流的水流流速及挟沙能力很大，难以形成淤积。除此之外，在入汇口上游形成一个横穿河宽的沙坝，在下游形成回流淤积区，如图 7.23 和图 7.24 所示。

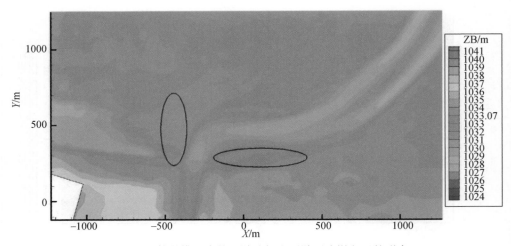

图 7.23 数学模型中的上游沙坝和下游回流淤积区的形态

图 7.24   物理模型中的上游沙坝和下游回流淤积区的形态

7.4.2   沙坝的形成和消亡过程

因为支流水流冲击对岸后形成回流，如图 7.25 所示，因此泥沙会先在对岸淤积下来，逐渐向右岸发展，最后连成一片堵塞干流。

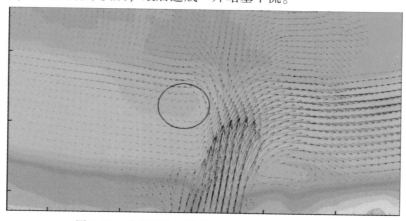

图 7.25   支流高含沙洪水入汇形成的上游回流区

以交汇口上游附近的 70 断面为例可以看出沙坝的形成过程，如图 7.26 所示。

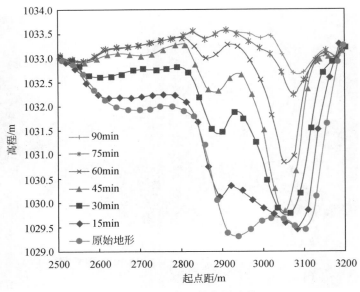

图 7.26　70 断面的发展过程

同时在下游形成一个回流区，如图 7.27 所示，导致下游形成回流淤积区，并且逐渐向下游发展。

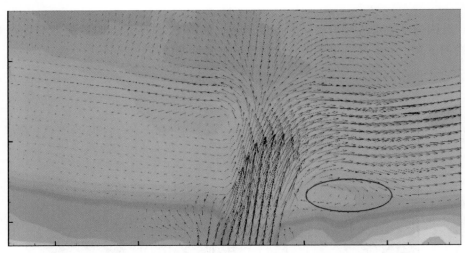

图 7.27　支流高含沙洪水入汇形成的下游回流区

从下游的 70+1 断面和 70+2 断面可以看出回流淤积区的发展过程，如图 7.28 和图 7.29 所示。

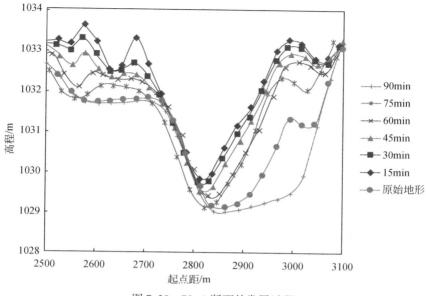

图 7.28 70+1 断面的发展过程

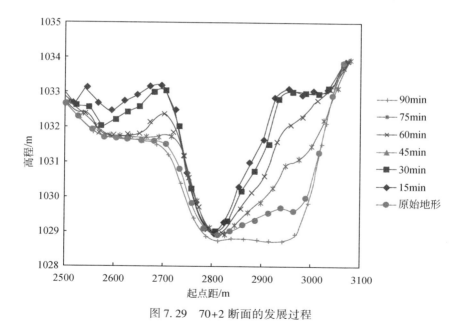

图 7.29 70+2 断面的发展过程

上游和下游的地形发展过程如图 7.30 所示。

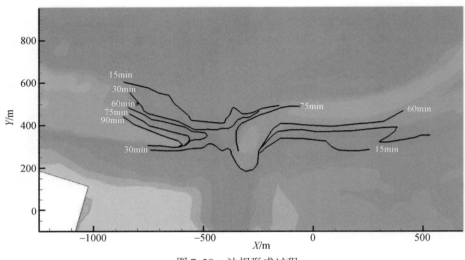

图 7.30　沙坝形成过程

形成沙坝后，干流原有流量很难冲开沙坝，设定干流有一场 2000m³/s 流量的洪水，可观察到沙坝的消亡过程，首先会在沙坝前面壅高，然后在沙坝最薄弱的地方发生一个小规模的溃坝，如图 7.31 所示。

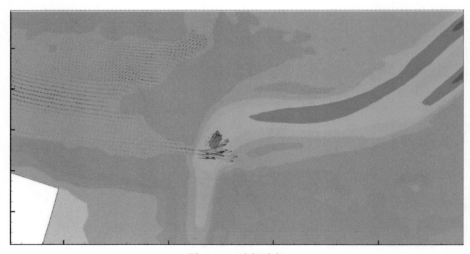

图 7.31　沙坝溃坝

从 70 断面的发展过程可以看出，沙坝先在左岸形成一个小规模溃口，继而溃口进一步扩大，发展到一定程度后右岸也形成溃口，沙坝被分割成不连续的几块，其过程如图 7.32 所示。

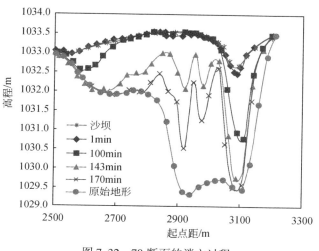

图 7.32　70 断面的消亡过程

相比之下，下游的沙洲消亡过程要缓慢平稳，从干流中央逐渐向岸边扩展，可以从 70+1 断面和 70+2 断面看出其发展过程，如图 7.33 和图 7.34 所示。

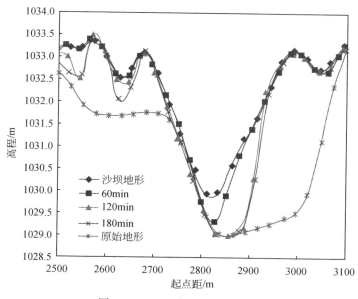

图 7.33　70+1 断面的消亡过程

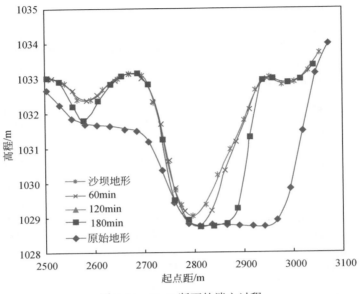

图 7.34　70+2 断面的消亡过程

上游沙坝和下游沙坝的消亡过程如图 7.35 所示。

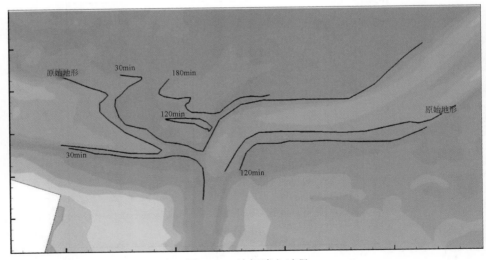

图 7.35　沙坝消亡过程

7.5 交汇区流场和含沙量分析

为研究不同流量、不同汇流比以及不同含沙量情况下交汇区的水流结构和河床变形，制定如表 7.1 所示的模拟方案。其中，情景 3 为 1989 年 7 月 21 日发生在西柳沟的洪水入黄堵河事件，洪水的流量和含沙量过程如图 7.36 所示。

表 7.1 不同模拟情形特征值

情景序号	描述	洪量 $W_t/10^4 m^3$	沙量 $S_t/10^4 t$	干流流量 $Q_m/(m^3/s)$	支流流量 $Q_t/(m^3/s)$	支流含沙量 $C_t/(kg/m^3)$	历时 T/h
1	小汇流比低含沙	1500	300	500	500	200	8.33
2	大汇流比高含沙	1600	1600	1000	2000	1000	2.22
3	1989 年实测洪水	7275	4743	1200	6490	1250	24

本节首先将数值模拟得到的交汇区流场与模型试验的结果进行对比，利用数值模拟结果方便提取流线的特点，结合模型试验的结果，得到交汇区流场的基本分区；然后利用 SiFSTAR2D 的结果分析各区域的平面流场，主要包括壅水区的水位、流速随时间的变化、高流速区的流速变化、回流区的形状和大小等；接着利用 SELFE 模型得到的结果分析剪切层及两侧的垂向流场；最后分析交汇区的含沙量变化。

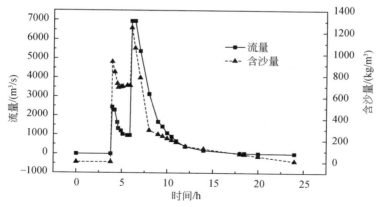

图 7.36 1989 年 7 月 21 日洪水流量及含沙量过程

7.5.1 交汇区流场分析

将模型试验和数值模拟得到的交汇区流场叠加，其中图 7.37（a）和图 7.37（b）分别为情景 1 时，模型试验与 SiFSTAR2D 和 SELFE 模型叠加得到的交汇区流场；图 7.38（a）和图 7.38（b）分别为情景 2 时，模型试验与 SiFSTAR2D 和 SELFE 模型叠加得到的交汇区流场。

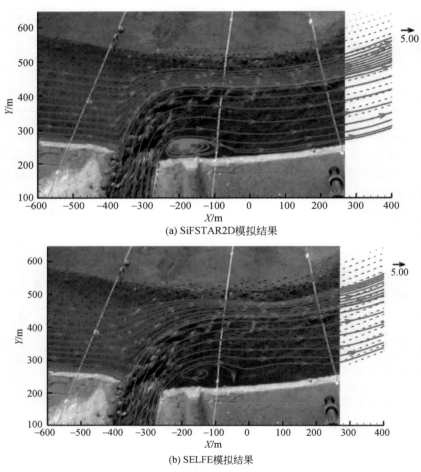

(a) SiFSTAR2D模拟结果

(b) SELFE模拟结果

图 7.37　情景 1 交汇区流场

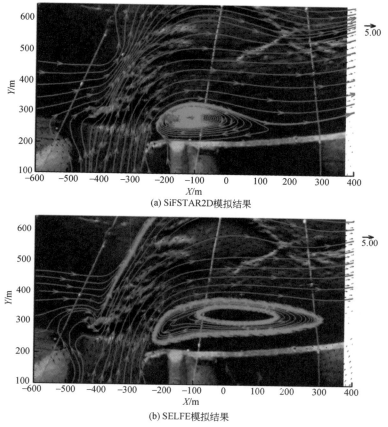

(a) SiFSTAR2D模拟结果

(b) SELFE模拟结果

图 7.38　情景 2 交汇区流场

　　根据上述交汇区水沙运动情况和流场图，将交汇区流场分区概化如图 7.39 所示。按照各区域水流的特点，将交汇区流场分为壅水区、高流速区、水流偏转带和回流区四个区域。其中，壅水区内流速降低，水位升高；高流速区内，流速大于入汇前；水流偏转带内水流方向发生偏转，流速较高；回流区内形成漩涡水流，流速降低，局部区域流向改变。

7.5.1.1　平面流场

　　为分析交汇区平面流场，在交汇区选取如图 7.40 所示的点 A、B、C 和断面 Z、H1 和 H2。其中，点 A、B 和 C 分别位于壅水区左岸、中心和右岸附近；点 D 和 E 位于入汇口下侧，其中 E 点在情景 2 的回流区内；断面 Z 沿孔兑深泓线延伸，穿过干流主槽至左岸；断面 H1 和断面 H2 为干流主槽的横断面。

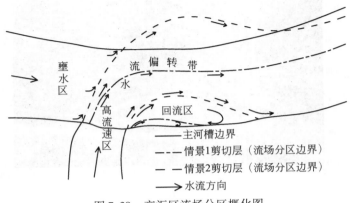

图 7.39　交汇区流场分区概化图

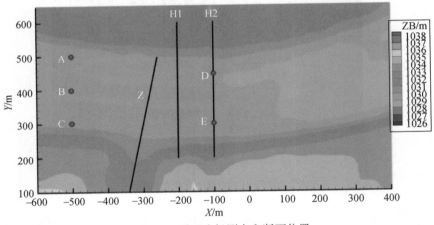

图 7.40　平面流场测点和断面位置

1）壅水区。对于壅水区的流场分析，主要分析支流入汇后，A、B 和 C 三点的流速和水位的变化情况。主要从以下两方面进行：①对比同一情景当中不同位置的流速水位变化情况；②对比不同含沙量情况下的流速水位变化情况。

首先分析同一情景当中 A、B 和 C 三点的流速和水位随时间的变化情况。对于情景 1，三点流速和水位随时间的变化如图 7.41 所示。从图中可以看出，对于情景 1，当支流开始入汇后，三点的水位流速变化基本同步，壅高约 1.2m。流速则均迅速降低。降低之后的流速 A 点最大，C 点最小，B 点居中，这主要是由于 A 点位于干流主槽左岸，距离入汇口较远，受到支流来水的拦截作用影响较小，B 点和 C 点距离入汇口的距离依次减小，受到的影响依次增大，故而流速依次降低。

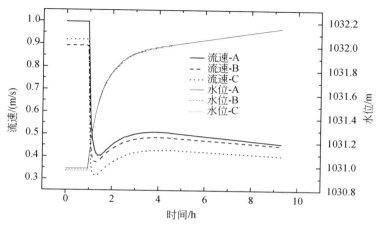

图 7.41　情景 1 中 A、B、C 三点流速水位随时间变化过程

　　对于情景 2，A、B 和 C 三点的流速和水位随时间变化过程如图 7.42 所示。从图中可以看出，支流开始入汇后，由于受到支流来水的拦截作用，三点的水位同步升高，但是 A 点最终水位较 B、C 两点高 0.2m 左右。

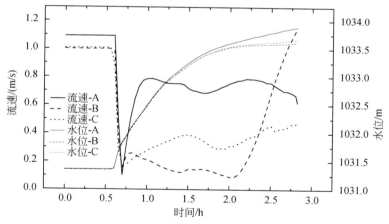

图 7.42　情景 2 中 A、B、C 三点流速水位随时间变化过程

　　支流开始入汇后，三点流速迅速降低，降低之后开始产生不同步变化。对于 A 点，流速在降低之后迅速升高，这主要是由于支流来水较大，与对岸撞击之后产生逆向上游的水流，故而流速降低之后迅速升高，且升高的流速流向向上；对于 B 点，流速降低之后维持一段时间的低流速状态，之后又开始回升，这主要是由于入汇口上侧沙坝存在一个缺口，支流来水经此缺口流向上游，故而 B 点流速回升，且流向逆向上游；对于 C 点，流速降低之后开始升高，但是升高速度较

慢，这是由于部分支流来水从主槽溢出，由此处汇入干流，导致流速逐渐升高。

　　总体来看，在汇流比和支流含沙量较小的情况下（情景 1），A、B 和 C 三点的水位变化基本相同，流速变化存在较小差异，主要是由于受到入汇水流的影响大小不同而造成的；在汇流比和支流含沙量较大的情况下（情景 2），三点水位变化存在较小差异，流速变化完全不同，主要是由于各点距离入汇口距离以及河床淤积情况不同所造成的。

　　接下来分析支流有无来沙对于 A、B 和 C 三点的流速水位的影响。对于情景 1，分别绘制当支流来水含沙量为 0 和 200kg/m³ 时，A、B 和 C 三点的流速和水位随时间的变化情况如图 7.43 ~ 图 7.45 所示。

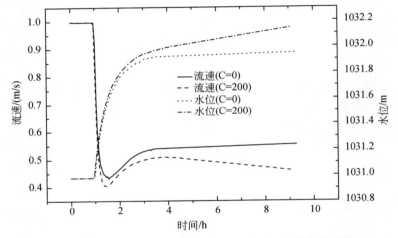

图 7.43　情景 1 中支流有无来沙时 A 点流速水位变化情况

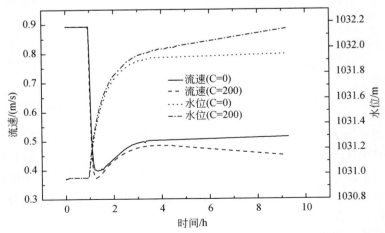

图 7.44　情景 1 中支流有无来沙时 B 点流速水位变化情况

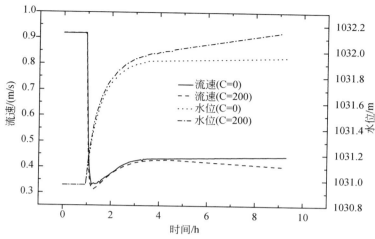

图 7.45 情景 1 中支流有无来沙时 C 点流速水位变化情况

可以看出，对于情景 1，当支流无来沙时，壅水区三点的流速和水位变化趋势与支流来水含沙量为 200kg/m³ 时基本一致。但是，相较于支流无来沙情况，当支流来水含沙量为 200kg/m³ 时，壅水区三点的水位更高，流速更低，其中水位高出约 0.2m。这是由于支流来沙在交汇区形成沙坝增强了对干流的壅堵作用。

对于情景 2，绘制支流无来沙和支流含沙量为 1000kg/m³ 时，A、B 和 C 三点的流速和水位变化过程如图 7.46 ~ 图 7.48 所示。当支流来水含沙量为 1000kg/m³ 时，壅水区水位变化情况与支流无来沙时基本相同，只是水位高出 0.3 ~ 0.5m，这是由于交汇区形成沙坝对干流的壅堵作用增强所导致的。

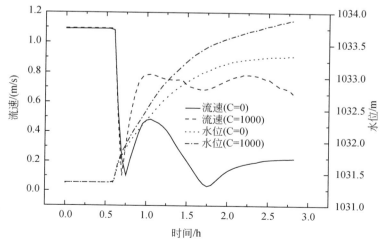

图 7.46 情景 2 中支流有无来沙时 A 点流速水位变化情况

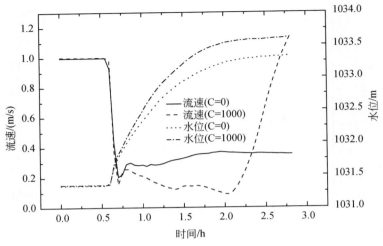

图 7.47　情景 2 中支流有无来沙时 B 点流速水位变化情况

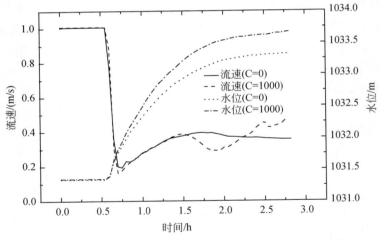

图 7.48　情景 2 中支流有无来沙时 C 点流速水位变化情况

　　当支流来水含沙量为 1000kg/m³ 时，流速变化与支流无来沙时存在较大差异。对于 A 点，当支流没有来沙时，支流入汇后，流速迅速降低，之后由于支流来水与对岸撞击之后发生偏转故而流速产生一定程度的回升，但是此后由于壅水区水位的升高，对撞击偏转后的水流存在较大的削弱作用，故而流速又开始下降；当支流来水含沙量为 1000kg/m³ 时，流速在降低回升之后维持在较高水平，这是由于此时此处河床高程较高，水流逆向上游流动。对于 B 点，当支流没有来沙时，流速在降低之后有小幅回升，此后维持在较低水平；当支流来水含沙量为 1000kg/m³时，流速在降低之后维持在低水平，一段时间后又快速回升，这是由于壅水区沙坝在此存在一个缺口，使得支流来水逆向上游流动，从而导致流速回升。对于 C 点，支流无来沙与支流来水含沙量为 1000kg/m³时，流速大小的变化基本同步，但是流向不同。

综上来看，对于情景 1，相较于支流无来沙情况，当支流来沙为 200kg/m³时，壅水区三点流速水位变化存在较小差异，表现为流速较小，水位较高；对于情景 2，相较于支流无来沙情况，支流来沙为 1000kg/m³时，壅水区三点水位变化存在较小差异，表现为水位较高，流速变化则完全相同，表现为当支流无来沙时，三点流速大小均维持较低水平，方向基本向下，当支流来沙为 1000kg/m³时，三点流速大小各不相同，方向则变为基本向上。造成上述现象的根本原因是支流来沙在交汇区形成沙坝，增强了对干流的壅堵作用，使得交汇区水流逆向上游流动。

2）高流速区。绘制沿断面 Z 的河床高程和流速变化曲线如图 7.49 所示。从图中可以看出，由于孔兑河床高于干流主河道，在入汇口处形成比降较大的陡坎。在此陡坎处，流速经历了一个先增加后减小的过程。从图 7.49 中还可以看出，高流速区水流速度沿程降低速度比升高速度快。高流速区之后，河床比降降低，河道变宽，输沙能力降低，这是孔兑泥沙在交汇区淤积的重要原因。

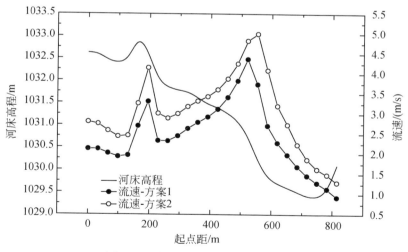

图 7.49　断面 Z 河床高程和流速分布

3）回流区。在入汇口的下游侧，由于支流水流的顶托和庇护，会形成一个回流区，其外形如图 7.50 所示。

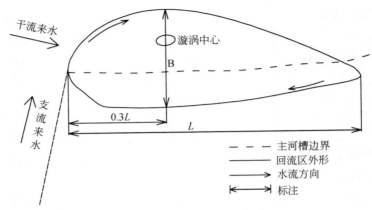

图 7.50　回流区外形概化图

　　当水流条件为情景 1，支流没有来沙时，回流区的长度约为 200m，宽度约为 90m；当水流条件为情景 2，支流没有来沙时，回流区长度约为 370m，宽度约为 130m。回流区的最大宽度出现在距离回流区上端约 0.3L 处（L 为回流区的总长度，且随着汇流比的增大），最大宽度的位置会略微的向上游移动，这是由于支流来水的顶托和庇护作用增强所导致的。此外，当支流没有来沙时，回流区内的水流呈漩涡状，漩涡中心位于回流区最大宽度附近偏左岸处。

　　当支流有来沙时，回流区的外形和水流结构会产生变化。从外形来看，回流区长度和宽度均会增加，总体外形变的狭长。这一方面是由于支流含沙水流容重增加，对干流的顶托作用增强；另一方面是由于回流区河床抬升导致对水流的顶托作用向下游发展，从而使得回流区整体长度向下游延伸。当支流没有来沙时，回流区水流为漩涡水流，其流线形状和分布都较为简单。当回流区内河床淤积抬升时，区域内整体水深减小，河床高程分布逐渐复杂，使得回流区内水流结构复杂多变。

　　对于情景 1 和 2，分别绘制沿入汇口下侧断面 H1 和 H2 的水位和流速分布如图 7.51 和图 7.52 所示，其中流速 U 为沿 X 方向的流速，正负表示方向，流速 U_m 为 X 和 Y 方向的合成流速，无方向。

　　从流速 U 的分布曲线可以看出，右岸存在明显的向上游流动的水流，即为回流区。从水位分布曲线来看，右岸回流区的水位明显低于左岸。对于情景 1，左右岸最大水位差约为 0.3m；对于情景 2，左右岸最大水位差约为 0.4m。

　　当支流有来沙时，断面 H1 和 H2 水位整体升高，最大流速有所降低，过水断面面积增加。对于情景 1，相较于支流无来沙情况，当支流来沙为 200kg/m³ 时，整个断面水位平均升高近 0.3m；对于情景 2，相较于支流无来沙情况，当支流来沙为 1000kg/m³ 时，整个断面水位平均升高近 0.8m。

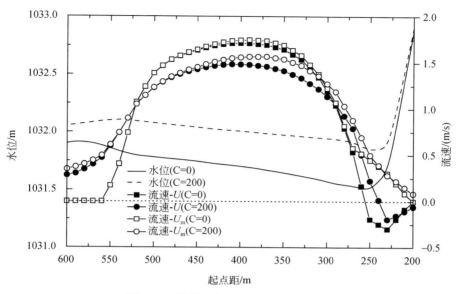

图 7.51 情景 1 断面 H1 水位流速分布

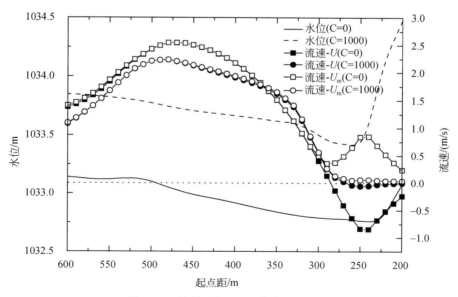

图 7.52 情景 2 断面 H2 水位流速分布

对于情景 2，绘制 D 点和 E 点水位和流速变化过程如图 7.53 所示。从图中可以看出，支流开始入汇后，两点水位呈上升趋势，D 点水位较高。当支流有来沙时，E 点水位要比支流没有来沙时高出约 0.7m。从流速来看，支流开始入汇后，D 点流速先迅速升高后缓慢下降并达到稳定，而 E 点流速则呈下降趋势，且当支流有来沙时，E 点流速会出现波动，这是由于回流区内河床不均匀淤升所导致的。

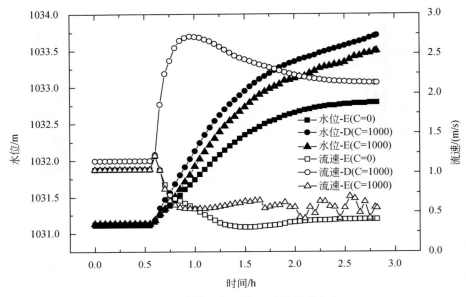

图 7.53　情景 2 点 D 和 E 水位流速变化

7.5.1.2　垂向流场

当干支流水流在交汇区相遇时，会形成一个两股水流强烈掺混的面，即为剪切层或剪切面。剪切层会随着干支流流量大小的变化而摆动。根据模型计算得到的流场提取情景 1 和情景 2 的剪切层位置如图 7.54 所示。从剪切层的整体位置来讲，随着汇流比的增加，剪切层整体向干流上游摆动，并向入汇口对岸延伸。

沿剪切层延伸方向截取与剪切层垂直的断面来提取剪切层两侧的垂向流场。其中，情景 1 和 2 的剪切层及两侧垂向流场分别如图 7.55 和图 7.56 所示，图中横坐标是所截取断面的起点距，纵坐标为沿水深的垂向坐标。从图中可以看出，在剪切层上端，两侧水流向剪切层汇合，且越靠近剪切层，水平流速越小，流向逐渐转变为向上。在剪切层下端，两侧水流流向剪切层的水平速度逐渐减小，甚至向远离剪切层方向流动，尤其是支流来水一侧，这是由于两股水流相互顶托发生偏转所导致的。同时，随着与剪切层距离的增加，水平流速增大，在剪切层附近，流速既有向上，也有向下。

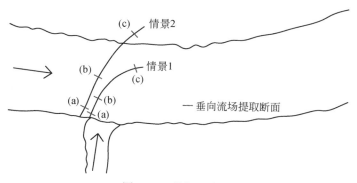

图 7.54 剪切层位置

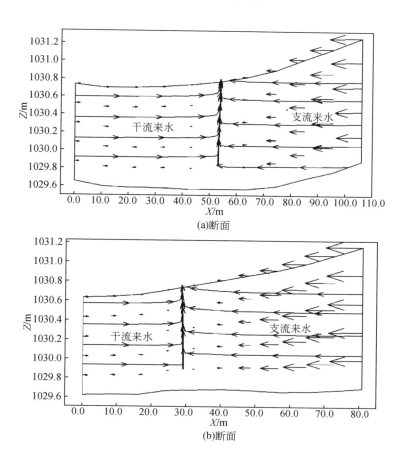

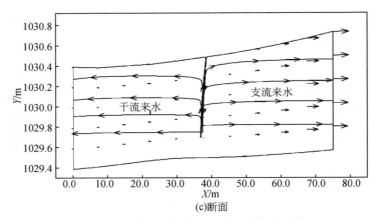

(c)断面

图 7.55　情景 1 剪切层及两侧水流沿程变化

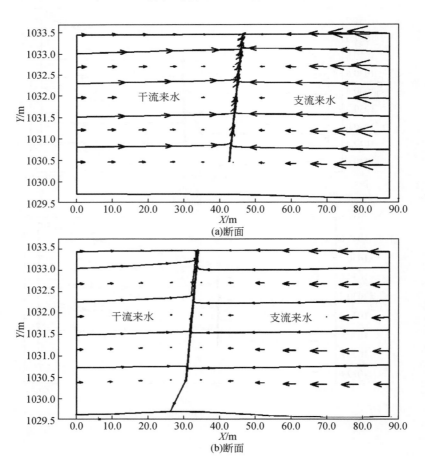

(a)断面

(b)断面

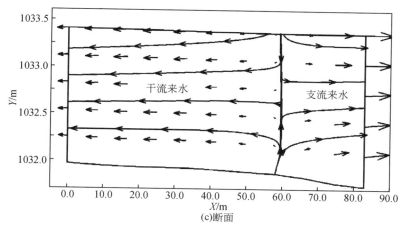

图 7.56 情景 2 剪切层及两侧水流沿程变化

7.5.2 含沙量分析

在不同汇流比和支流来沙量的条件下，交汇区的含沙量分布存在较大差异。如图 7.57 和图 7.58 所示分别为情景 1 和情景 2 交汇区含沙量分布情况。从图中可以看出，对于情景 1，支流来沙全部向下游输送，剪切层两层含沙量相差较大，存在比较明显的"泾渭分明"现象；对于情景 2，交汇区含沙量分布较为复杂，支流来沙在向下游输送的同时，会有一部分输向上游。

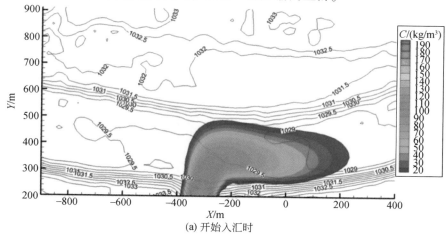

(a) 开始入汇时

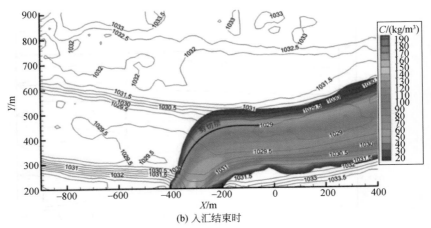

(b) 入汇结束时

图 7.57　情景 1 交汇区含沙量分布

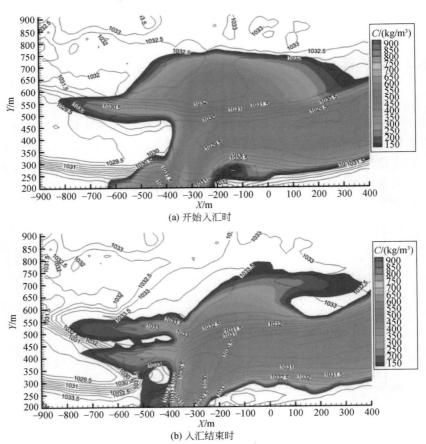

(a) 开始入汇时

(b) 入汇结束时

图 7.58　情景 2 交汇区含沙量分布

对于情景 2，绘制壅水区 A、B 两点及入汇口下侧 D、E 两点的流速及含沙量随时间的变化过程如图 7.59 和图 7.60 所示。从图中可以看出，支流入汇后，A、B 两点的含沙量和流速同步变化，即流速和含沙量同升同降或同步维持恒定。这是由于支流来水逆向上游流动，将泥沙携带至此所导致的。入汇口下侧 D 点的流速和含沙量变化也基本同步。E 点的流速和含沙量在开始入汇时呈现不同的变化趋势，之后二者的变化存在一定波动，显示了回流区流场的多变。

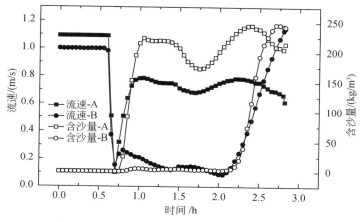

图 7.59 情景 2 壅水区两点流速及含沙量变化过程

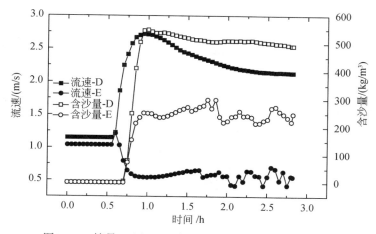

图 7.60 情景 2 入汇口下侧两点流速及含沙量变化过程

7.5.3 河床变形分析

7.5.3.1 平面形态

如图 7.61 和图 7.62 所示分别为情景 1 和 2 交汇区淤积地形，其中数值模拟的结果图中，等高线表示交汇区初始地形，彩色表示河床高程的变化。从图中可以看出，SiFSTAR2D 得到的模拟结果与模型试验得到的淤积地形基本一致。

从图 7.61 可以看出，对于情景 1，支流来沙主要淤积在入汇口下侧，沿干流主槽右岸延伸；入汇口上侧有少量淤积。对于情景 2，从图 7.62 可以看出，入汇口附近的淤积地形主要分为两部分，即入汇口上侧壅水区的沙坝和入汇口下侧回流区的沙洲。壅水区沙坝横在干流主槽，将主槽拦腰截断，是造成干流壅水甚至决堤的主要原因。回流区沙洲从紧邻入汇口下侧开始，沿主槽右岸分布，整体形态与回流区基本相同。在上游回流区沙坝之间和回流区沙洲左侧是行洪通道，通道内淤积较少，支流洪水经此流向下游。对沙坝的形态进行测量，结果如下：壅水区沙坝的整体形态呈梯形，其中靠近左岸的较长底边长度约为 600m，靠近右岸的较短底边长度约为 160m，梯形高度与主槽宽度接近，约为 330m。回流区沙坝的长度和宽度与回流区接近。

根据情景 1 和情景 2 得到的交汇区淤积形态，将高含沙洪水入汇后的交汇区河床地形概化如图 7.63 所示。

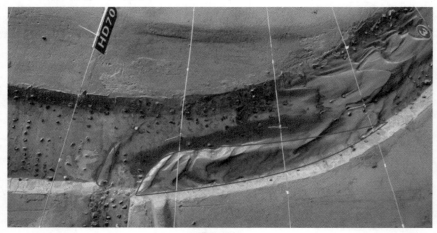

(a)模型试验

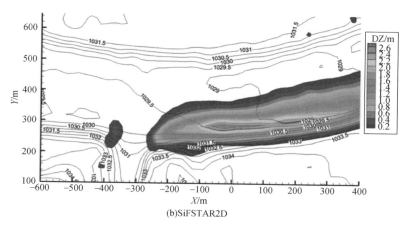

(b)SiFSTAR2D

图 7.61 情景 1 交汇区淤积地形

(a)模型试验

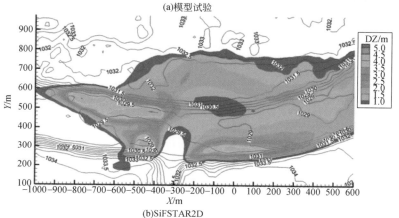

(b)SiFSTAR2D

图 7.62 情景 2 交汇区淤积地形

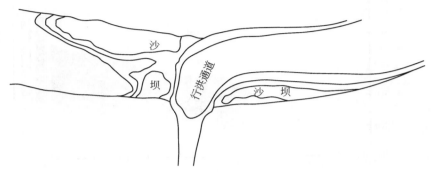

图 7.63　交汇区河床淤积地形概化图

7.5.3.2　断面形态分析

　　为分析入汇口上下游沙坝的形成过程及最终形态，在交汇区建立如图 7.64 所示的 4 条横断面及 1 条纵断面，其中横断面 H3 和 H4 位于入汇口上侧，H5 正对入汇口，H6 位于入汇口下侧，纵断面 Z1 沿着干流主槽右岸延伸。

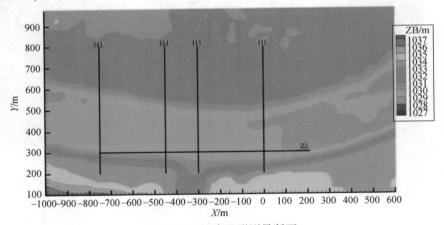

图 7.64　河床地形测量断面

　　1）情景 1。对于情景 1，从淤积平面图来看，仅断面 H6 处发生淤积，其他横断面附近均未产生淤积，绘制断面 H6 的初始地形和最终地形如图 7.65 所示。从图中可以看出，淤积全部发生在断面右岸，最大淤积厚度产生在 $Y = 300\text{m}$ 附近，厚度约为 2.6m。图 7.66 为回流区内点 E 的高程变化过程。从图中可以看出，回流区沙洲的抬升速度比较均匀，约为 0.2m/h。

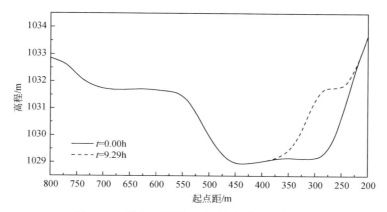

图 7.65 情景 1 断面 H6 初始地形和最终地形

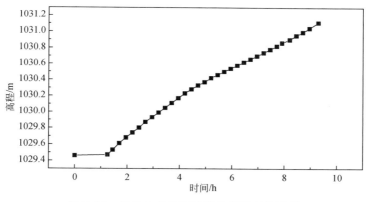

图 7.66 情景 1 点 E 高程变化高程变化过程

2）情景 2。对于情景 2，绘制各横断面初始形态和最终淤积形态如图 7.67～图 7.70 所示。

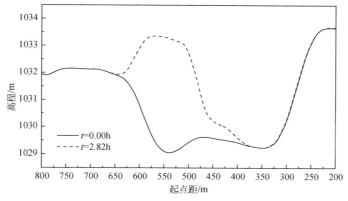

图 7.67 情景 2 断面 H3 淤积形态

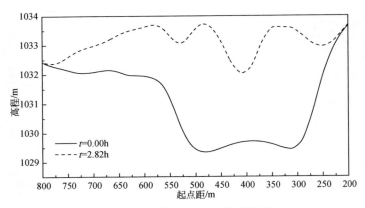

图 7.68　情景 2 断面 H4 淤积形态

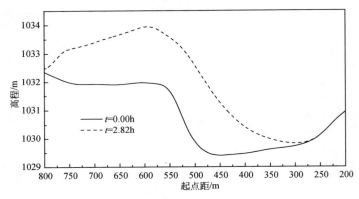

图 7.69　情景 2 断面 H5 淤积形态

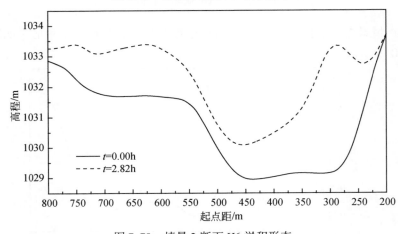

图 7.70　情景 2 断面 H6 淤积形态

在断面 H3 处，泥沙几乎全部淤积在河道左岸，右岸基本没有淤积，淤积萎缩之后的河道断面约为原断面的 1/2。最大淤积厚度在 $Y=540m$ 附近，厚度约为 4.2m。

在断面 H4 处，整个断面全部产生淤积，断面几乎被填平，在主槽中心线附近，形成一个深约 2m，宽约 100m 的缺口。淤积的最大厚度产生在 $Y=480m$ 附近，厚度约为 4.4m。

在断面 H5 处，左岸为支流入汇口，是高流速带，因此左侧基本没有淤积，形成行洪通道。淤积主要发生在与入汇口相对的右侧主槽及滩唇上，最大淤积厚度产生在 $Y=510m$ 附近，厚度约为 2.7m。

在断面 H6 处，整个断面都有淤积，但主要集中在右侧。左侧淤积厚度约为 1.5m，形成行洪通道。最大淤积厚度产生在 $Y=290m$ 附近，厚度约为 4.1m。

对于纵断面 Z1，初始地形和最终形态如图 7.71 所示。可以看出，在紧邻入汇口的 Z1 断面，淤积形状呈双峰状，河床高程在 $X=-300m$ 附近最低，几乎没有淤积抬升，此处即为行洪通道。在行洪通道上下侧分别是壅水区沙坝和回流区沙洲，其中壅水区沙坝的宽度较窄，约为 200m，回流区沙洲较宽，超过 300m。

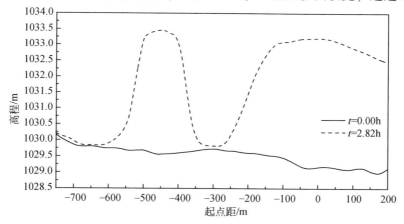

图 7.71 情景 2 断面 Z1 淤积形态

绘制交汇区各点河床高程变化过程如图 7.72 所示，其中 F 点位于入汇口对岸滩唇上。从图中可以看出，对于壅水区沙坝，A 点和 C 点高程先开始升高，其中 A 点的抬升速度约为 3.0m/h，C 点的抬升速度约为 3.6m/h，B 点高程则缓慢升高，抬升速度仅为约 0.2m/h；随着时间的推移，A、C 两点的抬升速度逐渐放缓，A 点降至 1.4m/h 左右，C 点降至 1.0m/h 左右，B 点的抬升速度则迅速增大至 4.0m/h 左右，最终高程 A 点最大，C 点次之，B 点最小。可见，壅水区沙坝的形成过程是从两岸向中间发展，最终合拢。

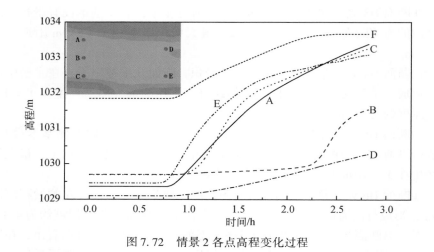

图 7.72   情景 2 各点高程变化过程

对于入汇口下侧两点 D 和 E，支流开始入汇后，E 点高程迅速升高，抬升速度约为 4.8m/h，此后，E 点高程抬升速度逐渐放缓，降至 0.6m/h 左右；而 D 点高程抬升速度较为恒定，维持在 0.6m/h 附近。

对比紧邻入汇口的 C、E 两点可以发现，支流开始入汇后，入汇口下侧河床较上侧先发生淤积。

7.6   典型洪水交汇区演变过程的模拟分析

1989 年 7 月 21 日洪水和含沙量过程线如图 7.36 所示。此次洪水过程有两个洪峰，第一个洪峰在凌晨 4 点左右到达，持续约 20min，流量达到 2450m³/s，约为干流流量的 2 倍，与此次洪峰相对应的含沙量为 900kg/m³ 左右；第二个洪峰在凌晨 6 点左右到达，持续约 20min，流量达到 6940m³/s，接近干流流量的 6 倍，相应的含沙量超过 1200kg/m³。

第一个洪峰到达时，水沙情况与情形 2 比较接近，只是持续时间较短。第一个洪峰达到时，交汇区的流场及河床变形与情形 2 基本相同。第二个洪峰达到时，支流流量接近干流的 6 倍，支流来沙向上游逆行距离远超出情形 2，所形成入汇口上侧沙坝向干流上游延伸达 3.5km。同时，入汇口对岸滩地也产生大量淤积，最大淤积厚度约为 4.0m。最终的淤积情况如图 7.73 所示。对于入汇口局部，淤积后的地形如图 7.74 所示。可以看出，洪水过后，入汇口附近的干流主槽被完全堵死，并形成了供支流洪水排泄的新主槽。

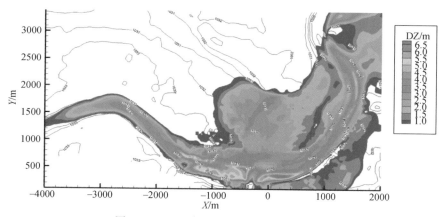

图 7.73   1989 年 7 月 21 日洪水淤积概况

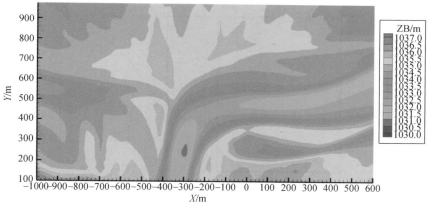

图 7.74   1989 年 7 月 21 日洪水入汇口局部淤积地形

如图 7.75 和图 7.76 所示，分别为洪水入汇后 B 点和 E 点的水位流速变化过程，两点的水位流速变化过程反映了洪水的双峰特性。第一个洪峰到达时，受支流来水的堵截作用，B 点流速迅速降低。由于洪峰持续时间短，一段时间后，流速逐渐回升。位于回流区内 E 点的水位和流速具有相同的变化趋势；第二个洪峰到达时，流速再次迅速降低并快速回升，此时，支流洪水直接抵达 B、E 两点，从而引起流速的快速升高。洪峰过后，由于淤积后的河床高出水面，故而流速逐渐降低。在洪水入汇的过程中，两点水位不断升高，其中 B 点水位最大壅高近 4.0m。

对于入汇口上下侧的断面 H4 和 H6，洪水前后的断面形态分别如图 7.77 和图 7.78 所示，图中 $t = 6.4$h 为第二个洪峰来临前的断面地形。其中，断面 H4 全线淤升，将干流主槽完全堵死，最大淤积厚度超过 6.0m。淤积后的断面 H6 中部形成供支流来水排泄的主槽，最大淤积厚度接近 6.0m。

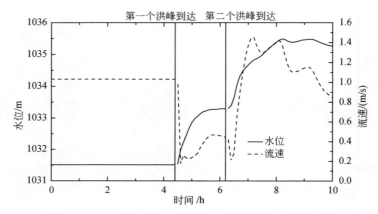

图 7.75　1989 年 7 月 21 日洪水 B 点水位流速变化工程

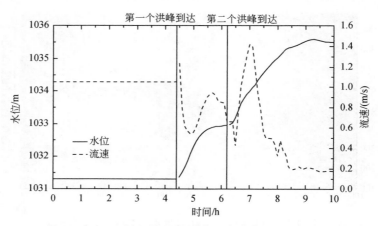

图 7.76　1989 年 7 月 21 日洪水 E 点水位流速变化工程

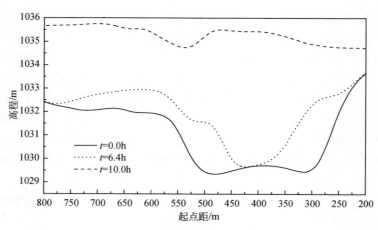

图 7.77　1989 年 7 月 21 日洪水前后断面 H4 形态

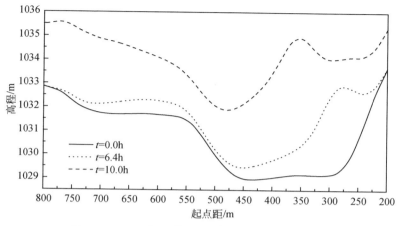

图 7.78　1989 年 7 月 21 日洪水前后断面 H6 形态

　　如图 7.79 所示，为 A、B、C、D、E、F 和 G 七点的河床高程变化过程，其中 G 点位于入汇口对岸滩地上。当第一个洪峰到达时，B 点高程没有变化，A、C 两点的高程则开始升高，壅水区沙坝由两岸向中间发展。由于第一个洪峰的持续时间较短，沙坝未能发展到河道中央。这段时间内，A 点高程升高约 1.8m，C 点高程升高约 1.9m。第二个洪峰到达后，B 点高程迅速升高，在 7∶30 左右与左右岸基本持平。此后，整个断面高程整体抬升，在 10∶00 左右沙坝规模达到

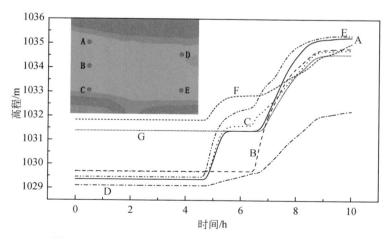

图 7.79　1989 年 7 月 21 日洪水 7 点河床高程变化过程

最大，最大淤积厚度达 6m。在入汇口下侧，位于回流区内的 E 点高程变化与 A、C 两点相似，其高程增加的两个阶段显示了洪水的双峰特性；D 点位于新形成的主槽中心，淤积较少，且两个阶段淤升速度不同，第二阶段的淤升速度大于第一阶段。对于 F 和 G 两点，第一个洪峰到达时，F 点有少量淤积，厚度约为 1.0m，G 点由于距离入汇口较远，未发生淤积；第二个洪峰到达后，F 点继续淤积，同时，由于支流流量很大，G 点也开始淤积。

|第 8 章|　　交汇区沙坝淤堵条件及防治措施

8.1　支流淤堵干流的影响因素

　　黄河上游高含沙洪水交汇区干流形成沙坝淤堵的主要影响因素为干支流流量、支流高含沙洪水来沙量和洪水水量等。支俊峰和时明立（2002）分析认为西柳沟洪水淤堵黄河的条件是"西柳沟洪峰流量达到 3000m³/s，一次洪量大于 2000 万 m³，输沙量达到 1500 万 t"。目前，关于交汇区水沙运动和河床形态问题的研究主要集中在低含沙水流和泥石流交汇区。前者，一般认为水流是塑造河床形态的主导动力，在定宽条件下，汇流比（支流流量和干流流量之比）和交汇角是主要影响因素。

　　对于泥石流而言，汇流比、交汇角、泥石流容重和流变特性等对交汇区淤积产生影响。陈德明（2000）在研究泥石流淤堵判别条件时，依据支流与干流单位时间内浑水动量之比，提出了泥石流发生"堵河"的判别式：

$$\frac{\gamma_{\mathrm{d}} Q_t V_t \sin\alpha}{\gamma Q V} \geqslant C_{\mathrm{r}} \tag{8.1}$$

式中，Q_t 和 Q 分别为支流和干流流量；V_t 和 V 分别为支流和干流的水流流速；γ 和 γ_{s} 分别为清水、泥沙容重；α 为交汇角度。干支流动量比代表了干、支流的水流动力作用的对比关系。支流动量越大，水动力作用越大，入汇后对干流的冲击、挤压程度越大，与干流掺混后形成的混合层就越易于穿越河宽，形成堵河。反之，支流对干流的顶托作用就小，难以形成堵河现象。

　　高含沙水流交汇时，干支流动量比仍然对沙坝形成起着重要作用。浑水动量比实际上综合考虑了汇流比、含沙量等因素。对于高含沙水流交汇而言，除上述因素外，支流洪水水沙量也是重要因素，因为高含沙水流既有很强的堆积作用，也有很强的泥沙输送能力，部分高含沙洪水来沙在汇流口附近淤积，大量泥沙则被输送到下游。因此，足够的来沙量是干流形成淤堵的重要条件之一。

　　沙坝形成过程极其复杂，野外观测十分困难。从仅有的实测资料来看，只有干流壅水高度或流量变化过程等可以佐证沙坝的形成、发展过程。黄河上游支流西柳沟与干流的交汇，只有交汇口上游约 1km 处的昭君坟水文站的壅水高度可近似反映沙坝淤堵的形成和变化过程。因此，这里采用支流西柳沟龙头拐、干流昭君坟水文站的洪水资料，分析汇流比、高含沙洪水水量、沙量对交汇区沙坝淤堵的影响。汇流比采用高含沙洪水期龙头拐水文站的最大洪峰流量与相应的干流昭君坟站的流量的比值。

图 8.1～图 8.3 为干流昭君坟站实测壅水高度与干支流汇流比、西柳沟龙头拐站洪水水量和沙量的关系。从图 8.1 可以看出，支流高含沙洪水与干流交汇期间，干流壅水高度具有随汇流比增大而增大的趋势，当汇流比大于 2 左右时，壅水高度不再发生明显变化。图 8.2 和图 8.3 反映了类似的情况，即当洪水水量大于 1500 万 m^3、沙量大于 2000 万 t 时，壅水高度均不再明显增加且保持相对稳定。产生这一现象的原因在于，当壅水高度变化出现拐点时，干流河段一般都会产生洪水漫滩的情况。由于交汇河段干流河道宽阔达 2000m 以上，水流漫滩后，即使主槽淤积严重、沙坝规模很大，水位继续壅高的幅度也不明显，有时甚至出现壅水高度减小的情况。图 8.1～图 8.3 中尽管实测点群不多，但是汇流比、高含沙洪水水量、沙量等对交汇区沙坝形成规模的影响仍十分明显。因此，可将汇流比、高含沙洪水水量和沙量作为影响沙坝淤堵的主要因素。

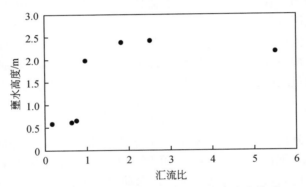

图 8.1　干支流汇流比与昭君坟站壅水高度关系

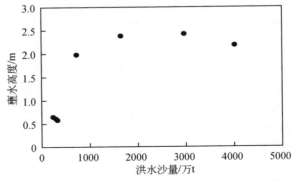

图 8.2　西柳沟龙头拐站洪水沙量与昭君坟站壅水高度关系

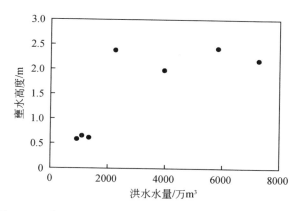

图 8.3 西柳沟龙头拐站洪水水量与昭君坟站壅水高度关系

8.2 沙坝淤堵判别方法

对于高含沙洪水交汇区，干支流动量之比仍是反映干流是否形成淤堵的重要指标。以 γ_m 和 γ_t 分别表示干、支流浑水容重，取 $\gamma_m = \gamma + \left(1 - \dfrac{\gamma}{\gamma_s}\right) \cdot S$、$\gamma_t = \gamma + \left(1 - \dfrac{\gamma}{\gamma_s}\right) \cdot S_t$，对于西柳沟交汇角度 α 为 90°，$\sin\alpha$ 值为 1，则式（8.1）可表示为

$$\frac{\left[\gamma + \left(1 - \dfrac{\gamma}{\gamma_s}\right) \cdot S_t\right] Q_t V_t}{\left[\gamma + \left(1 - \dfrac{\gamma}{\gamma_s}\right) \cdot S\right] Q V} \geqslant C_r \tag{8.2}$$

整理后：

$$\frac{V_t}{V} \cdot \frac{Q_t(1 + 0.000\,62 S_t)}{Q(1 + 0.000\,62 S)} \geqslant C_r \tag{8.3}$$

式中，Q_t 和 Q 分别为支流、干流流量；V_t 和 V 分别为支流、干流的水流流速；S_t 和 S 分别为支流、干流含沙量；γ 和 γ_s 分别为清水、泥沙容重，分别取值 1000kg/m³ 和 2650kg/m³。

与支流高含沙洪水相比，黄河干流昭君坟站含沙量相对较小，平均只有 7kg/m³ 左右。忽略干流含沙量的影响，且式（8.3）左端分子、分母同乘以洪水历时Δt，可以得到

$$\frac{W_t}{W}(1 + 0.000\,62 S_1) \geqslant C_r \frac{V}{V_t} \tag{8.4}$$

令

$$\eta_m = \frac{W_t}{W}(1 + 0.000\,62S_t)$$ (8.5)

式中，W_t、W 分别为支流、干流洪水水量；η_m 表示的实际上是支流高含沙洪水的浑水重量与干流洪水的重量（干流忽略含沙量影响）之间的比值，也可以看作是考虑含沙量影响的汇流比。

$$\eta_m \geqslant C_r \frac{V}{V_t}$$ (8.6)

对于一般挟沙水流，流速随洪水流量的增大而增大，流速与流量之间的关系通常可以用幂函数表示。图 8.4 为西柳沟龙头拐站及干流昭君坟站的流速与流量的关系。可以看到，黄河上游支流由于坡降陡，其流速远大于干流。此外，对于高含沙支流洪水，其流速与流量之间的关系与一般河流相同，也可近似采用幂函数来表示。因此，黄河上游干支流洪水的流速流量之间的关系可以表示为

$$V = KW^{\alpha}$$ (8.7)
$$V_t = K_t W_t^{\alpha_1}$$ (8.8)

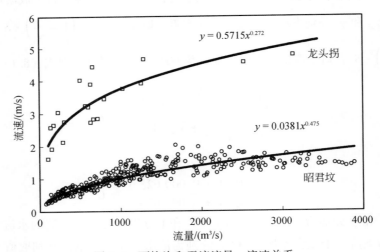

图 8.4 西柳沟和干流流量、流速关系

将式（8.7）和式（8.8）代入式（8.6）可得

$$\eta_m \geqslant C_{rq} \frac{W^{\alpha}}{W_t^{\alpha_1}}$$ (8.9)

式中，$C_{rq}(=C_r K/K_1)$ 为综合系数。

考虑到干流的流量变幅相对较小，其水量近似用一个常数代替，式（8.9）

可以进一步简化为

$$\eta_{\mathrm{m}} \geq C_{\mathrm{rq}} W_t^{-\alpha_1} \qquad (8.10)$$

式（8.10）为以支流来水量和汇流比表示的沙坝淤堵判别条件。公式表明当汇流比达到某一值时，支流入汇后即可形成沙坝淤堵干流，同时也说明当汇流比增大时，造成干流淤堵所需的支流洪水水量可相对减小。

式（8.4）还可以表示为

$$(1 + 0.000\,62 S_t) \geq C_{\mathrm{r}} \frac{WV}{W_t V_t} \qquad (8.11)$$

同样式（8.11）可以简化为

$$f(S_t) \geq C_{\mathrm{rs}} W_t^{-\alpha_2} \qquad (8.12)$$

或

$$f(W_{\mathrm{st}}) \geq C_{\mathrm{rs}} W_t^{-\alpha_3} \qquad (8.13)$$

式中，C_{rs} 为系数式（8.13）为以支流来水量和来沙量表示的沙坝淤堵判别条件。式（8.13）同样表明当支流沙量达到一定程度即可形成干流淤堵现象。

8.3 沙坝淤堵条件

8.1 节通过野外资料初步分析，当汇流比和支流来水量和来沙量满足一定的关系时可形成沙坝淤堵。显然，运用上述关系对是否形成淤堵和淤堵的规模进行判别，将是十分方便快捷的，并在沙坝预判方面具有实际意义。为了得到这样的关系，进一步对实测和试验资料进行分析。

根据黄河上游孔兑实测洪水水沙资料和试验资料，分别点绘了汇流比与支流水量关系（图 8.5）和支流洪水输沙量与水量关系（图 8.6）。在实测资料点据当中，位于图中右上方的菱形点据是水沙量较大的洪水点据，包含了西柳沟 1961 年 8 月 21 日、1966 年 8 月 13 日和 1989 年 7 月 21 等洪水资料，这些洪水均形成了严重的沙坝淤堵，沙坝冲刷、干流水位流量关系恢复正常的时间多达十几，甚至二十多天。这部分点据还包括同期毛不拉沟和罕台川洪水，根据记载这些洪水也导致了严重的沙坝淤堵。位于图中间的三角形点据是洪水水沙量中等的洪水点据，包含了西柳沟 1984 年 8 月 9 日、1976 年 8 月 2 日和 3 日、1978 年 8 月 12 日和 30 日等洪水，这些洪水形成的沙坝淤堵规模较小，沙坝形成后一般在几日内便基本冲刷完，水位流量关系恢复正常。位于图中左边的正方形点据为未形成沙坝淤堵的洪水点据。

由于缺乏对沙坝的实际观测资料，对沙坝规模的判断依据为现场目测、水位壅高程度、冲刷时间等，对沙坝尺度缺乏直接量测数据。在试验条件情况下，沙坝特征参数如长度、高度、体积等均可测量。沙坝高度能够反映沙坝总体规模，

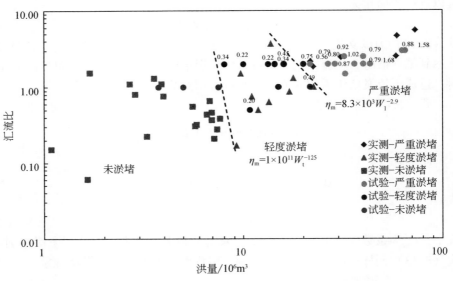

图 8.5 基于实测和试验汇流比与支流洪水水量关系的沙坝判别图

点据旁数据为厚深比值

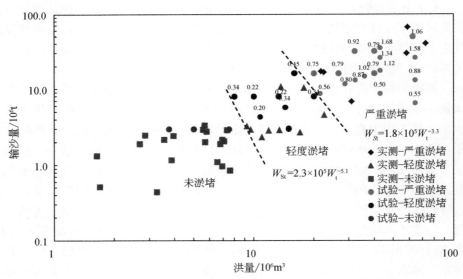

图 8.6 基于实测和试验支流洪水沙量和水量关系的沙坝判别图

点据旁数据为厚深比值

也直接影响沙坝壅水程度，沙坝高度越大，壅水高度越大，沙坝壅水程度越明显。试验中，选用主槽最大断面平均淤积厚度与相应主槽断面平均深度的比值（简称厚深比）作为衡量沙坝规模的指标。交汇口以上壅水区淤积体的淤积厚度是各区中最大的，对上游壅水影响最大。

从图8.5和图8.6可以看出，一部分试验点据与代表严重淤堵的实测数据混在一起，这部分试验点据厚深比范围在0.5~1.68，即一半以上的主槽过流面积被堵塞，根据试验情况，这种情况下水流漫滩并导致大量滩地淤积。一部分试验点据与代表轻微淤堵的实测数据混在一起，这部分试验点据厚深比范围在0.2~0.49，即只有小部分主槽过流面积被堵塞，根据试验情况，这种情况下大多未发生水流漫滩。导致大量滩地淤积的点据正好均位于原型资料中发生严重淤堵的右上方区域。还有个别试验点据落在未发生淤堵的实测点据区，这些试验点据代表的试验中壅水区只有很轻微的淤积，厚深比在0.2以下。根据实测和试验资料的分布情况，初步定义厚深比大于0.5时为严重沙坝淤堵，厚深比在0.2~0.5时为轻度淤堵，厚深比小于0.2时为未淤堵。

根据式（8.10）和式（8.13）以及实测和试验点据分布特点，在图8.5和图8.6上可以得到划分不同淤堵规模的关系线。由此可以得到不同规模沙坝的形成条件：

当汇流比满足：

$$\eta_m > 8.3 \times 10^3 W_t^{-2.9} \tag{8.14}$$

输沙量满足：

$$W_{St} > 1.8 \times 10^5 W_t^{-3.3} \tag{8.15}$$

可形成严重淤堵。

当汇流比满足：

$$\eta_m < 1 \times 10^{11} W_t^{-12.5} \tag{8.16}$$

输沙量满足：

$$W_{St} < 2.3 \times 10^5 W_t^{-5.1} \tag{8.17}$$

不形成淤堵。介于二者之间的为轻度淤堵。

以上各式中 W_t 和 W_{St} 的单位分别为 $10^6 m^3$ 和 $10^6 t$。

黄河上游支流高含沙洪水具有陡涨陡落的特性，洪峰流量与洪水水量及沙量具有较好的关系，如图8.7所示。暴雨期间，根据流域产流关系，分析预估支流洪峰流量后，即可由图8.7初步预测洪水的径流量及沙量，然后可根据图8.5或图8.6判断交汇区是否形成沙坝淤堵或沙坝淤堵程度。

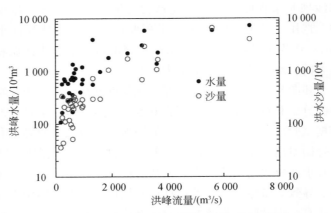

图 8.7　支流高含沙洪水流量与洪量及沙量关系

8.4　沙坝防治措施

(1) 引洪滞沙工程

为了减轻干流淤堵程度，在孔兑中上游设置引洪滞沙工程，将部分洪水分到滞洪区，从而减少进入黄河干流的水、沙量。横亘于十大孔兑中游的库布齐沙漠，沙荒地面积广大，很多地方人烟稀少，地势低凹，适宜进行大量引洪放淤泥沙。新中国成立后，为开发利用孔兑水沙资源，根治洪患和泥沙灾害，当地政府把引洪淤灌作为孔兑综合治理开发的重要环节，组织发动群众，开挖引洪渠道，把洪水泥沙引入库布齐沙漠，淤灌土地，改造风沙，取得了显著成绩。例如，卜尔色太沟上的阿什泉林召引洪工程分洪后，洪水沿分洪渠流入库布齐沙漠腹地，泥沙滞留在沙漠中，洪水用作农田灌溉和沙漠生态建设。当引洪渠引入大洪水或超标准洪水时，一部分洪水会汇入黑赖沟下游，经黑赖沟汇入黄河。尽管这部分洪水又重新回到了黄河，但通过分洪工程分洪坦化了孔兑洪水和泥沙的时间过程，增加了泥沙的沿程落淤，使水沙过程更为协调，再汇入黄河时，既错过了孔兑的沙峰，减少了淤堵黄河干流的概率，同时也减轻了淤堵黄河干流的程度。

十大孔兑引洪滞沙工程有 5 处，分别是位于卜尔色太沟上的恩格贝（阿什泉林召）引洪工程、哈什拉川上的"九大"渠引洪滞沙工程、壕庆河上的马莲壕引洪滞沙工程、母花沟上的公乌素引洪滞沙工程和"八一"胜利渠引洪滞沙工程。这些工程因管护、工程配套、建筑物老化破损、泥沙淤积等问题，目前均不能正常运行。而水沙量最大、经常淤堵干流的西柳沟、毛不拉沟和罕台川等支流，仍未建有引洪滞沙工程。

引洪分沙工程和滞洪拦沙工程的建设需具备以下三个条件：一是在孔兑主要产流区的出口下游有建设分洪枢纽的位置。取水位置河道底部与放淤区高程适当，基本满足自流引洪条件或通过工程措施能够壅高水位保证引洪。取水口河床较窄，有可利用的弯道，有布设进水闸、冲沙闸等引洪建筑物的条件。二是能够找到技术合理、经济可行的放淤区。放淤区地形平缓低洼，丘间低地面积较大，需建围堰等田间工程量较小，并能够形成较大的放淤库容。放淤区应人烟稀少，耕地、房屋等淹没损失小。三是引出的洪水和泥沙必须有综合利用条件及途径，否则在减少入黄泥沙的同时，也会给当地人民群众的生活和生态环境造成诸多不利影响。

孔兑自上游至下游分别为丘陵沟壑区、沙漠区和冲积平原区，洪水主要产生于流域上游的丘陵沟壑区；泥沙则由丘陵沟壑区和沙漠区产生，丘陵沟壑区泥沙主要是暴雨致使流域面上水力冲蚀产生，沙漠区泥沙则是平时风力将库布齐沙漠泥沙推进到河床或河岸，遇到大洪水时，则将此部分泥沙一起带入下游；下游冲积平原区和黄河是孔兑泥沙的落淤区和容泄区。鉴于以上特点，为最大程度地发挥引洪滞沙工程的效用，分洪工程应结合地形和社会经济条件尽可能布置于库布齐沙漠与冲积平原的接合部。以西柳沟为例，分洪口可以规划布置于龙头拐水文站上游约 3km 处，该处河道断面较窄，且右岸有垭口和天然弯道，适合布置泄洪工程或分洪工程。

当预测的洪水水量及沙量较大，将形成严重的沙坝淤堵时，可及时启用引洪滞沙工程，分流洪水沙量及洪量，消除或减轻干流沙坝淤堵程度。

（2）扩大孔兑下游堤距

十大孔兑流域下游为冲积平原区，区内地势平坦，土地肥沃，集中了流域内 65% 以上的人口、耕地及 95% 以上的工业产值，既是内蒙古的主要商品粮生产基地、新兴能源重化工基地，也是受十大孔兑洪水泥沙危害和黄河凌灾危害严重的地区。新中国成立后，特别是改革开放以后，当地群众根据生产需要，在孔兑平原区河段初步建成了堤防工程体系，对保护沿岸群众生产生活安全，保障区域内县城、工业区、城镇的安全，保障区域经济的快速发展发挥了十分重要的作用。

但是，十大孔兑下游属河流冲积扇区，是泥沙堆积场所，孔兑堤防修建后束窄了泥沙堆积空间，堤内河道逐渐淤积抬高。其中，毛不拉沟和罕台川下游已形成地上悬河，河床高出背水堤脚地面 3~5m，高出堤防保护区平均地面 3~6m，毛不拉沟淤积厚度达 5.04m，罕台川淤积厚度为 3.60m。此外，卜尔色太沟、东柳沟河道下游也发生了淤积，年均淤积厚度分别为 0.07m 和 0.05m，其余 6 条支流河道淤积较轻。河道淤积导致主槽排洪输沙能力下降，间接降低了堤防防洪标准，使堤防溃决和洪灾风险增大。同时，由于束窄了下游滞沙空间，孔兑洪水泥沙将更多地进入黄河干流，加重干流河道淤积。因此，可以通过适当扩大堤距，增大孔兑下游滞洪沉沙空间，从而减少进入干流的洪水沙量，减轻干流淤堵。

（3）改变支流入汇角度

支流与干流的交汇角度是影响交汇区冲淤变化的重要因素，现有研究中关于交汇角对一般挟沙水流和泥石流交汇区冲淤影响的研究成果已经证明了这一点。例如，惠遇甲和张国生（1990）通过水槽试验证明在一定的汇流比情况下，交汇角增大，会使干流上游段流速减小，比降减缓，淤积增多；郭志学等（2003）在研究交汇角对泥石流堵河的影响时，发现在30°、60°和120°交汇角下淤积量随交汇角增大而增大；陈德明等（2002）进行的泥石流入汇主河水槽试验结果也表明在30°、60°和90°交汇条件下，30°交汇的堵河程度要小于60°和90°。实际当中也有减小交汇角后减轻了交汇区淤堵的例子。例如，云南小江支流蒋家沟是一条经常发生泥石流的小沟，在1968年修建蒋家沟泥石流导流堤之前，与小江交汇角为90°，泥石流几乎连年堵塞小江，导流堤修建后，蒋家沟泥石流沿导流堤与小江交汇角为35°，泥石流堵河现象大为减少，1998年发生了最大流量为2920m³/s的泥石流，小江仍未被堵塞（党超等，2009）。可见交汇角度对交汇区淤堵影响很大，较小的角度引起的交汇区淤堵程度也较轻。

黄河上游十大孔兑与黄河干流的交汇情况各不相同，如罕台川与干流交汇角度在50°～70°，变化范围较小；毛不拉沟与干流交汇角在45°～140°，变化范围较大，变化的原因主要是干流河势的变化；西柳沟与干流的交汇角多年维持在90°左右，非常稳定。同一般含沙水流交汇一样，通过减小交汇角度可以减少交汇区淤堵。首先，减小交汇角可减少汇流口上游淤堵。交汇角度较大的情况下，支流对干流的顶托作用较大，形成的壅水区范围较大，水深较深，流速较低，支流高含沙水流向壅水区的扩散作用会越强烈，泥沙更易淤积。黄河干流的包钢取水口虽然在西柳沟口上游1.5km处，但在历次大洪水中均被堵塞，很重要的原因就是交汇角度太大，形成的壅水区范围较大，泥沙扩散距离较远。减小交汇角度后，支流对干流的顶托作用将减弱，上游壅水程度减小，水流流速增大，向上游的泥沙扩散量会减小，泥沙将更多地被输往下游。其次，减小交汇角度可以减少回流区淤堵。回流区由于低速、低紊动强度的特点易于泥沙淤积，相关研究表明回流区规模与交汇角度呈正相关，交汇角度越大，回流区宽度和长度越大，反之，亦然。当交汇角减小到一定程度，回流区可以不复存在。

参 考 文 献

陈春光,姚令侃,杨庆华.2004.泥石流与主河水流交汇的试验研究.西南交通大学学报,39
　　(1):10-14.

陈春光,姚令侃,刘翠容,等.2013.泥石流堵河条件的研究.水利学报,44(6):648-656.

陈德明.2000.泥石流与主河交汇机理及其河床响应特征.北京:中国水利水电科学研究院博
　　士学位论文.

陈德明,王兆印,何耘.2002.泥石流入汇对河流影响的实验研究.泥沙研究,(03):22-28.

陈建国,王崇浩.2011.黄河宁蒙河段河流健康指标及输水输沙通研究.北京:中国水利水电
　　科学研究院、水利部水沙与江河治理重点实验室.

党超,程尊兰,刘晶晶.2009.泥石流堵塞主河条件.山地学报,27(5):557-563.

窦国仁,柴挺生,樊明,等.1978.丁坝回流及其相似律的研究.水利水运科技情报,(3):
　　1-24.

费祥俊,邵学军.2004.泥沙源区沟道输沙能力的计算方法.泥沙研究,(01):1-8.

冯国华,张庆琼.2008.十大孔兑综合治理与黄河内蒙古段度汛安全.中国水土保持,04:
　　8-10.

郭志学,方铎,余斌.2003.泥石流与主河交汇的试验研究.水土保持学报,17(5):175-177.

郭志学,余斌,曹叔尤,等.2004.泥石流入汇主河情况下交汇口附近变化规律的试验研究.
　　水利学报,(01):33-37.

韩其为.2003.水库淤积.北京:科学出版社.

侯素珍,常温花,王平.2008.“十一五”国家科技支撑计划专题报告:内蒙古河段合理主槽过
　　流能力及相应水沙条件.郑州:黄河水利科学研究院.

胡建华,叶春江,曹俊峰,等.2008.黄河宁蒙河段近期防洪工程建设可行性研究报告.郑
　　州:黄河勘测规划设计有限公司.

黄河勘测规划设计有限公司.2005.黄河宁蒙河段近期防洪工程可行性研究报告.郑州:黄河
　　勘测规划设计有限公司.

黄河勘测规划设计有限公司.2011.黄河宁蒙河段主槽淤积萎缩原因及治理措施和效果研究.
　　郑州:黄河勘测规划设计有限公司.

黄河干流水库调水调沙关键技术研究与龙羊峡、刘家峡水库运用方式调整研究课题组.2008.
　　黄河上游兰州至头道拐河段冲淤分析.郑州:黄河水利科学研究院.

黄河水利委员会.2008.黄河流域防洪规划.郑州:黄河水利出版社.

黄河水利委员会黄河水利科学研究院.2012.宁蒙河道2012年洪水调查报告.郑州:黄河水利
　　委员会黄河水利科学研究院.

黄河水利委员会勘测规划设计院．1993．黄河志·卷四：黄河勘测志．郑州：河南人民出版社．

惠遇甲，张国生．1990．交汇河段水沙运动和冲淤特性的试验研究．水力发电学报，9（03）：33-42．

李海彬，张小峰，胡春宏，等．2010．基于 BG 分割算法的河川年输沙量突变分析．水利学报，41（12）：1387-1392．

刘月兰，韩少发，吴知．1987．黄河下游河道冲淤计算方法．泥沙研究，（3）：30-42．

罗秋实，周丽艳，张厚军，等．2011．支流来水来沙对黄河宁蒙河段冲淤的影响．人民黄河，33（11）：29-31+34．

麦乔威，赵业安，潘贤娣．1980．黄河下游河道的泥沙问题．河流泥沙国际学术讨论会论文集．北京：光华出版社．

潘冲，王惠群，管卫兵，等．2011．长江口及邻近海域溢油实时预测研究．海洋学研究，29（3）：176-186．

齐璞，王昌高，孙赞盈．1993．黄河艾山以下河道输沙特性研究．齐璞，赵文林，杨美卿．黄河含沙水流运动规律及应用前景．北京：科学出版社．

钱宁，张仁，赵业安，等．1978．从黄河下游的河床演变规律来看河道治理中的调水调沙问题．地理学报，33（1）：13-26．

钱宁，张仁，李九发，等．1981．黄河下游挟沙能力自动调整机理的初步探讨．地理学报，36（2）：143-156．

钱宁，张仁，周志德．1987．河床演变学．北京：科学出版社．

钱宁．1989．高含沙水流运动．北京：清华大学出版社．

钱意颖，杨文海，赵文林．1980．高含沙水流的基本特性．河流泥沙国际学术研讨会论文集．北京：光华出版社．

秦毅，张晓芳，王凤龙 等．2011．黄河内蒙古河段冲淤演变及其影响因素．地理学报，66（03）：324-330．

申冠卿，张晓华．2006．黄河输沙水量研究．郑州：黄河水利科学研究院．

申冠卿，张原锋，侯素珍，等．2007．黄河上游干流水库调节水沙对宁蒙河道的影响．泥沙研究，（01）：57-75．

申冠卿，张原锋，尚红霞．2008．黄河下游河道对洪水的响应机理与泥沙输移规律．郑州：黄河水利出版社．

申红彬，吴保生，郑珊，等．2013．黄河内蒙古河段平滩流量与有效输沙流量关系．水科学进展，24（4）：477-482．

万兆惠，沈受百．1978．黄河干支流的高浓度输沙现象，黄河泥沙研究报告选编．郑州：黄河水利科学研究院．

王道儒，温晶，龚文平，等．2011．非结构网格三维斜压模型研究人类活动对海南岛清澜潮汐汊道水动力影响．海洋工程，29（1）：53-60．

王桂仙，陈稚聪．1987．嘉陵江入汇时重庆河段影响的分析．泥沙研究，（04）：1-11．

王平，侯素珍，张原锋，等．2013．黄河上游孔兑高含沙洪水特点与冲淤特性．泥沙研究，（01）：67-73．

王协康，王宪业，卢伟真，等．2006．明渠水流交汇区流动特征试验研究．四川大学学报（工程科学版），38（2）：1-5．

王兴奎，邵学军，李丹勋．2002．河流动力学基础．北京：中国水利水电出版社．

王彦君，吴保生，王永强，等．2015．黄河内蒙古河段非汛期和汛期冲淤量计算方法．地理学报，70（7）：1137-1148．

王兆印，黄金池，苏德惠．1998．河道冲刷和清水水流河床冲刷率．泥沙研究，(01)：3-13．

吴保生，张原锋．2007．黄河下游输沙量的沿程变化规律和计算方法．泥沙研究，(01)：30-35．

吴保生．2008a．冲积河流河床演变的滞后响应模型-I模型建立．泥沙研究，(06)：1-7．

吴保生．2008b．冲积河流平滩流量的滞后响应模型．水利学报，39（06）：680-687．

吴保生，申冠卿．2008．来沙系数物理意义的探讨．人民黄河，30（4）：15-16．

吴保生，张原锋，申冠卿，等．2010．维持黄河主槽不萎缩的水沙条件研究．郑州：黄河水利出版社．

吴保生，郑珊，李凌云．2012．黄河下游塑槽输沙需水量计算方法．水利学报，43（5）：594-601．

吴保生，傅旭东，钟德钰，等．2013．黄河内蒙古河段冲淤演变规律及治理措施效果分析．黄河勘测规划设计有限公司，清华大学水沙科学与水利水电工程国家重点实验室．

吴保生．2014．内蒙古十大孔兑对黄河干流水沙及冲淤的影响．人民黄河，36（10）：5-8．

吴保生，刘可晶，申红彬，等．2015a．黄河内蒙古河段输沙量与淤积量计算方法．水科学进展，26（03）：311-321．

吴保生，王永强，王彦君，等．2015b．黄河内蒙古河道冲淤及同流量水位的变化特点．泥沙研究，(03)：8-14．

武盛，于玲红．2001．西柳沟泄洪对包钢造成的危害及其对策．包钢科技，27（S1）：159-161，147．

谢鉴衡．1990．河流模拟．北京：中国水利水电出版社．

杨根生，邸醒民，黄兆华．1991．黄土高原地区北部风沙区土地沙漠化综合治理．北京：科学出版社．

杨振业．1984．1961、1966年内蒙古昭君坟段泥沙淤积黄河受阻的情况分析．人民黄河，(06)：15-19．

姚文艺，冉大川，陈江南．2013．黄河流域近期水沙变化及其趋势预测．水科学进展，24（05）：607-616．

张二凤．2004．长江中下游人类活动对河流泥沙来源及入海泥沙的影响研究．上海：华东师范大学博士学位论文．

张红武．1987．河流力学选讲．郑州：黄科所讲义．

张红武，江恩惠，白咏梅．1994．黄河高含沙洪水模型的相似律．郑州：河南科学技术出版社．

张瑞瑾，段文忠，吴卫民．1983．论河道水流比尺模型变态问题．第二次河流泥沙国际学术讨论会论文集．北京：水利水电出版社．

张晓华，裴明胜，潘贤娣，等．2002．黄河冲积性河道的调整．泥沙研究，(03)：1-8．

张晓华，郑艳爽，尚红霞．2008a．内蒙河道冲淤规律及输沙特性研究．人民黄河，30（11）：42-44．

张晓华，尚红霞，郑艳爽，等．2008b．黄河干流大型水库修建后上下游再造床过程．郑州：黄河水利出版社．

赵昕，汪岗，韩学士．2001．内蒙古十大孔兑水土流失危害及治理对策．中国水土保持，（03）：4-6．

赵业安，潘贤娣，樊左英，等．1989．黄河下游河道冲淤情况及基本规律．黄河水利委员会水利科学研究所科学研究论文集（第一集：泥沙、水土保持）．郑州：河南科学技术出版社．

郑艳爽，刘树君，彭红，等．2012．黄河典型冲积性河道输沙能力影响因素分析．人民黄河，34（10）：34-36．

支俊峰，时明立．2002．"89.7.21"十大孔兑区洪水泥沙淤堵黄河分析//汪岗，范昭．黄河水沙变化研究．郑州：黄河水利出版社：453-459．

钟德钰，张红武．2004．考虑环流横向输沙及河岸变形的平面二维扩展数学模型．水利学报，（07）：14-20．

钟德钰，张红武，张俊华，等．2009．游荡型河流的平面二维水沙数学模型．水利学报，40（09）：1040-1047．

朱泽南，王惠群，管卫兵，等．2013．丰水期珠江口黏性泥沙输运的三维数值模拟．海洋学研究，31（3）：25-35．

Baptista A M, Zhang Y, Chawla A, et al. 2005. A cross-scale model for 3D baroclinic circulation in estuary – plume – shelf systems: II. Application to the Columbia River. Continental Shelf Research, 25 (7): 935-972.

Best J L, Reid I. 1984. Separation zone at open-channel junctions. Journal of Hydraulic Engineering, 110 (11): 1588-1594.

Best J L, Rhoads B L. 2008. Sediment transport, bed morphology and the sedimentology of river channel confluences// Rice, Stephen, Andre Roy, et al. River Confluences, Tributaries and the Fluvial Network. England: John Wiley & Sons.

Best J L. 1987. Flow dynamics at river channel confluences: implications for sediment transport and bed morphology. The Society of Economic Paleontologists and Mineralogists (SEMP), Recent Development in Fluvial Sedimentology (SP39): 27-35.

Best J L. 1988. Sediment transport and bed morphology at river channel confluences. Sedimentology, 35 (3): 481-498.

Bigelow P E, Benda L E, Miller D J, et al. 2007. On debris flows, river networks, and the spatial structure of channel morphology. Forest Science, 53 (2): 220-238.

Biron P M, Lane S N. 2008. Modelling hydraulics and sediment transport at river confluences//Rice, Stephen, Andre Roy, et al. River Confluences, Tributaries and the Fluvial Network. England John Wiley & Sons.

Biron P, Best J L, Roy A G. 1996. Effects of bed discordance on flow dynamics at open channel confluences. Journal of Hydraulic Engineering, 122 (12): 676-682.

Biron P, Roy A G, Best J L, et al. 1993. Bed morphology and sedimentology at the confluence of unequal depth channels. Geomorphology, 8 (2): 115-129.

Boyer C, Verhaar P M, Roy A G, et al. 2010. Impacts of environmental changes on the hydrology and sedimentary processes at the confluence of St. Lawrence tributaries: potential effects on fluvial ecosystems. Hydrobiologia, 647 (1): 163-183.

Ghobadian R, Bajestan M S. 2007. Investigation of sediment patterns at river confluence. Journal of Applied Sciences, 7 (10): 1372-1380.

Hooke R L B. 1967. Processes on arid-region alluvial fans. The Journal of Geology, 75: 438-460.

Kenworthy S T, Rhoads B L. 1995. Hydrologic control of spatial patterns of suspended sediment concentration at a stream confluence. Journal of Hydrology, 168 (1): 251-263.

Knighton D. 1996. Fluvial Forms and Processes. New York: John Wiley & Sons.

Leite R M, Blanckaert K, Roy A G, et al. 2012. Flow and sediment dynamics in channel confluences. Journal of Geophysical Research: Earth Surface (2003 – 2012), 117: 1-19.

Liu T, Li C, Fan B. 2012. Experimental study on flow pattern and sediment transportation at a 90° open-channel confluence. International Journal of Sediment Research, 27 (2): 178-187.

Long Y, Chien N. 1986. Erosion and transportation of sediment in the Yellow River basin. International Journal of Sediment Research, 1 (1): 1-38.

Merriam C. F. 1937. A comprehensive study of rainfall on the Susquehanna valley. Eos, Transactions American Geophysical Union, 18 (2): 471-476.

Mosley M P. 1976. An experimental study of channel confluences. The journal of geology, 84: 535-562.

Page K, Read A, Frazier P, et al. 2005. The effect of altered flow regime on the frequency and duration of bankfull discharge: Murrumbidgee River, Australia. River Research and Applications, 21 (5): 567-578.

Pinto L, Fortunato A B, Zhang Y, et al. 2012. Development and validation of a three-dimensional morphodynamic modelling system for non-cohesive sediments. Ocean Modelling, 57: 1-14.

Qin Y, Zhang X, Wang F, et al. 2011. Scour and silting evolution and its influencing factors in Inner Mongolian Reach of the Yellow River. Journal of Geographical Sciences, 21 (6): 1037-1046.

Rhoads B L, Riley J D, Mayer D R. 2009. Response of bed morphology and bed material texture to hydrological conditions at an asymmetrical stream confluence. Geomorphology, 109 (3): 161-173.

Rodrigues M, Oliveira A, Queiroga H, et al. 2009. Three-dimensional modeling of the lower trophic levels in the Ria de Aveiro (Portugal). Ecological Modelling, 220 (9): 1274-1290.

Rosgen D. 1996. Applied River Morphology. Pagosa Springs, Colorado: Wildland Hydrology.

Roy A G, Bergeron N. 1990. Flow and particle paths at a natural river confluence with coarse bed material. Geomorphology, 3 (2): 99-112.

Shakibainia A, Tabatabai M R M, Zarrati A R. 2010. Three-dimensional numerical study of flow structure in channel confluences. Canadian Journal of Civil Engineering, 37 (5): 772-781.

Simons D B, Şentürk F. 1992. Sediment Transport Technology: Water and Sediment Dynamics.

Colorado: Water Resources Publication, LLC.

Soulsby R L, Whitehouse R J S. 1997. Threshold of sediment motion in coastal environments. Proceedings of the 13th Australasian Coastal and Ocean Engineering Conference and the 6th Australasian Port and Harbour Conference, Volume I. Christchurch, N. Z. : Centre for Advanced Engineering, University of Canterbury, 145-150.

Sukhodolov A N, Rhoads B L. 2001. Field investigation of three-dimensional flow structure at stream confluences: 2. Turbulence. Water Resources Research, 37 (9): 2411-2424.

Szupiany R N, Amsler M L, Parsons D R, et al. 2009. Morphology, flow structure, and suspended bed sediment transport at two large braid-bar confluences. Water Resources Research, 45 (5): 1-19.

Tsai Y F. 2006. Three-dimensional topography of debris-flow fan. Journal of Hydraulic Engineering, 132 (3): 307-318.

Umlauf L, Burchard H. 2003. A generic length-scale equation for geophysical turbulence models. Journal of Marine Research, 61 (2): 235-265.

Weber L J, Schumate E D, Mawer N. 2001. Experiments on flow at a 90° open-channel junction. Journal of Hydraulic Engineering, 127 (5): 340-350.

Wu B S, Molinas A, Julien P Y. 2004. Bed-material load computations for nonuniform sediments. Journal of hydraulic engineering, 130 (10): 1002-1012.

Zeng X, Zhao M, Dickinson R E. 1998. Intercomparison of bulk aerodynamic algorithms for the computation of sea surface fluxes using TOGA COARE and TAO data. Journal of Climate, 11 (10): 2628-2644.

Zhang Y, Baptista A M, Myers E P. 2004. A cross-scale model for 3D baroclinic circulation in estuary-plume-shelf systems: I. Formulation and skill assessment. Continental Shelf Research, 24 (18): 2187-2214.

Zhang Y, Baptista A M. 2008. SELFE: a semi-implicit Eulerian-Lagrangian finite-element model for cross-scale ocean circulation. Ocean modelling, 21 (3): 71-96.